教科書ガイド

教科書の内容がすべ

東京書籍版

新編
新しい算数
完全準拠

5年

『教科書ガイド』ってどんな本？

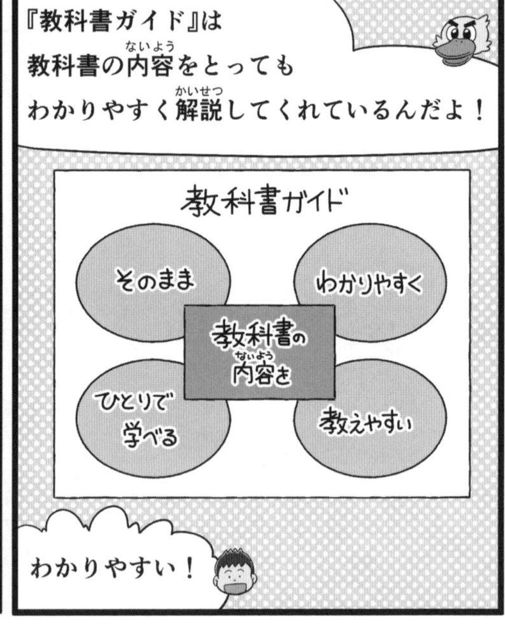

『教科書ガイド』東京書籍版　算数編

はじめに

この教科書ガイドは、東京書籍「**新編　新しい算数　5年上・下**」にぴったり合わせてつくられています。教科書の重要なことがらや考え方をわかりやすくまとめてあり、教科書の問題の解き方と答えをくわしく解説してあります。自学自習用として、教科書でわからないところの解決や、毎日の予習・復習におおいに役立ててください。

また、指導する方が教科書の内容を参照する教材としてもおおいに役立ちます。ぜひご活用ください。

教科書内のデジタルコンテンツについて

この本では、教科書に掲載されているデジタルコンテンツの一部を、右のコードから利用できます。コードが読み取れないときは下のアドレスから利用してください。

https://www.asutoro.co.jp/kg/r06/sho/ma/5/

利用にはインターネットを使います。保護者の方とインターネットを使うときの約束を確かめておきましょう。

<保護者のみなさまへ>

コンテンツは無料で使えますが、通信費は別に発生することがあります。

もくじ

『新編 新しい算数5年 教科書ガイド』のしくみ

この番号は教科書の「今日の問題」を表しています。

「考えるときの手がかり」は番号順にまとめてのせています。

問題を考えることによって理解してほしいことがらを示しています。

問題を解くときの考え方です。よく読んで理解してほしいことです。

問題の答えです。なぜこうなるか、「考え方」をヒントに自分でみちびいてみましょう。

この番号は教科書の「練習問題」を表しています。

教科書のページを表しています。

教科書 上 p.74~75

教 上 p.74~75

2 右の㋚と㋛の四角形は合同です。2つの図形を重ねずに、合同であることを説明しましょう。

2 ㋚、㋛のどこに注目すればよいでしょうか。
3 ㋚と㋛の、対応する辺の長さや角の大きさを調べましょう。

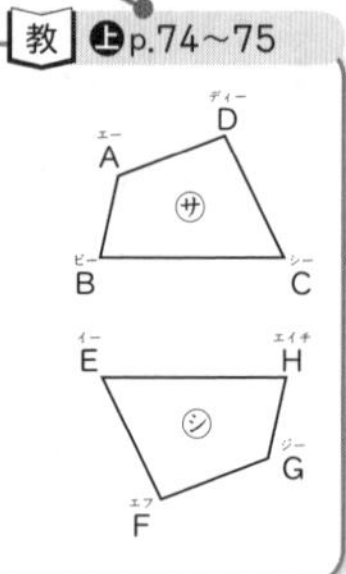

ねらい 合同な図形の特ちょうを考えます。

考え方 2 **1** で合同であるかどうかを調べたとき、何がぴったり重なっていることを調べたかを思い出してみます。
3 合同な図形で、重なり合う辺、角、頂点を、それぞれ**対応する辺、対応する角、対応する頂点**といいます。

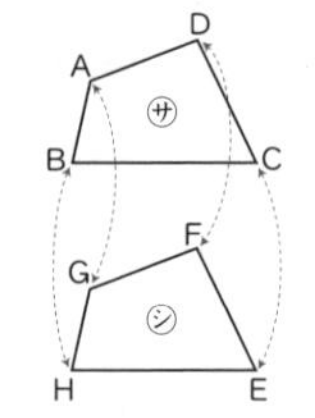

答え 2 辺の長さ、角の大きさ、頂点
3 **対辺する辺は、**
辺ABと辺GH、辺BCと辺HE、辺CDと辺EF、辺DAと辺FG
で、**どれも対応する辺の長さは等しい。**
対応する角は、
角Aと角G、角Bと角H、角Cと角E、角Dと角F
で、**どれも対応する角の大きさは等しい。**

練習

教 上 p.75

1 ㋜と㋝の四角形は合同です。
① 辺ADに対応する辺、角Bに対応する角をいいましょう。
② 辺EHの長さは何cmですか。また、角Fの大きさは何度ですか。

2.2 cm A B 115° 2.4 cm 1.3 cm ㋜ 65° C 3 cm D E H ㋝ F G

76

問題によっては、図やイラストを省略したり、一部の語句を変えたりしているところがあります。

この本の使い方

教科書の問題をまず自分で解いてみましょう。そのあとで、自分の答えがあっているか確かめてみましょう。答えがちがっていたり、わからなかったりしたときは、この教科書ガイドに示されている説明をよく読んで、もう一度問題にとり組んでみましょう。

この教科書ガイドをじょうずに使って、算数を学習することを楽しんでください。

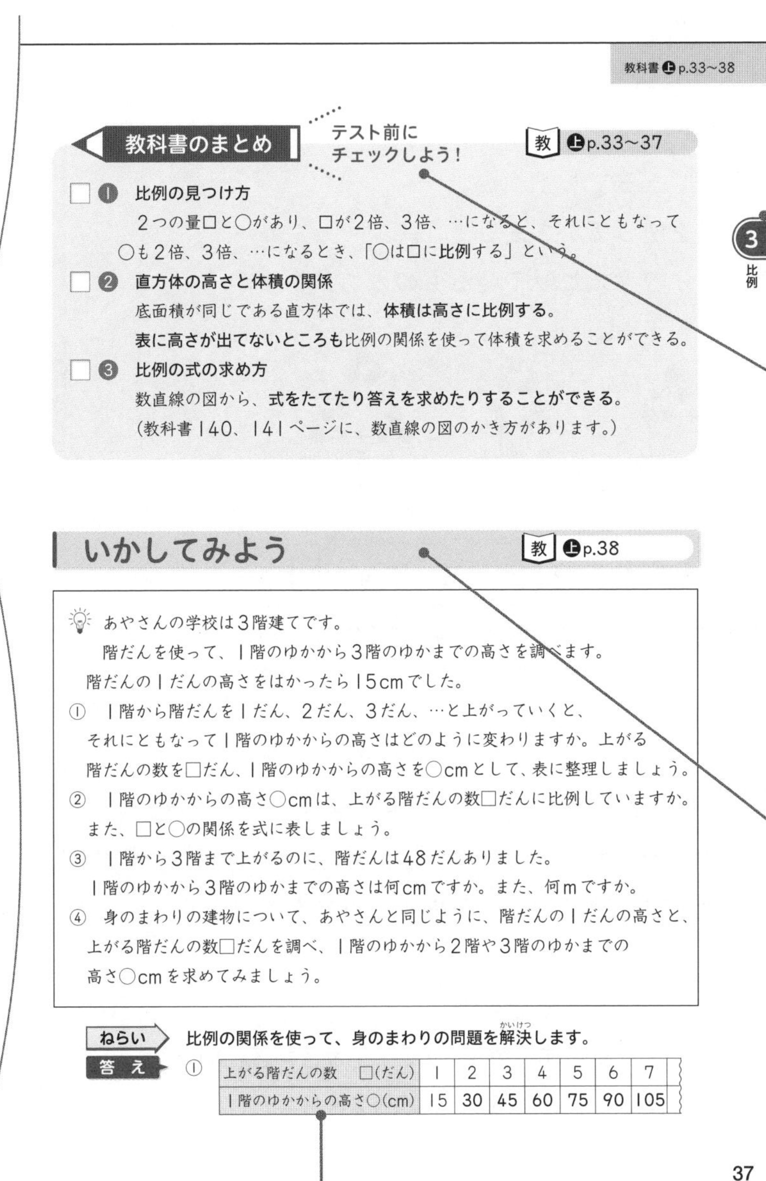

教科書の単元・内容を表しています。

小単元ごとに、教科書の「学習のまとめ」をふり返ることができるようにしています。学習したことを確かめながら、理解できていたら、□にチェックを入れましょう。

「今日の問題」や「練習問題」以外の、さまざまなコーナーも解説してあります。

表や図、数直線などものせています。自分でもかいてみましょう。

4ページの二次元コードから、学習に役立つデジタルコンテンツが使えるよ！

学びのとびら

教 上 p.4～7

1 下のように、おはじきで正三角形の形を作ります。
10番めの正三角形の形を作るのに、おはじきは何個(こ)必要ですか。

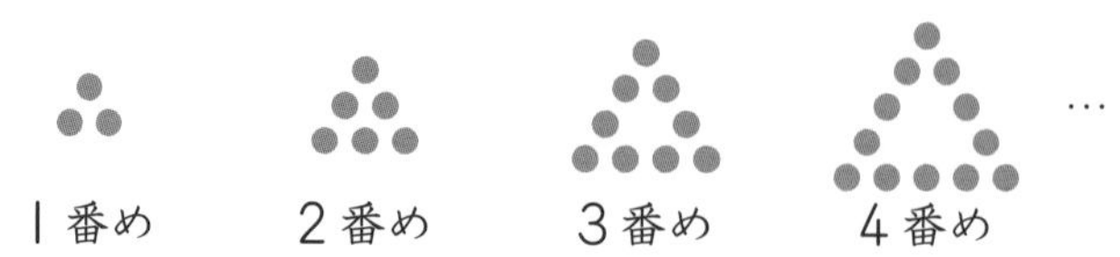

1 どのように考えれば、解決(かいけつ)できるでしょうか。

2 自分の考えを、図や表、式を使ってかきましょう。

3 下の2人の考えの中で、自分の考えと似(に)ているものはありますか。
似ているところを説明しましょう。

こうた

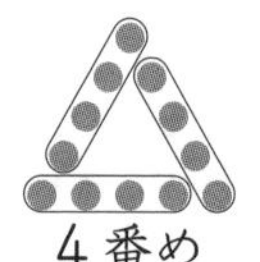

10番めは、10×3＝30　　答え　30個

はると

何番め　□(番め)	1 ×3	2 ×3	3 ×3	4 ×3	5 ×3
おはじきの数○(個)	3	6	9	12	15

10×3＝30　　答え　30個

4 2人の考えの中で、自分の考えとはちがう考えを読み取って、説明しましょう。

5 10番めのおはじきの数を求めるとき、大切なのはどのような考えですか。

ねらい 算数での問題の考え方の手順やノートのつくり方を学びます。

答え 1、2、4、5 省略(しょうりゃく)

3 こうたの考えでは、おはじきの数は
1番めは、1個のまとまりが3つで　1×3＝3(個)
2番めは、2個のまとまりが3つで　2×3＝6(個)
3番めは、3個のまとまりが3つで　3×3＝9(個)
4番めは、4個のまとまりが3つで　4×3＝12(個)
だから、10番めは、10個のまとまりが3つで　10×3＝30(個)
はるとの考えでは、表をたてに見ると　□×3＝○
10番めは、□に10をあてはめて　10×3＝30(個)

整数と小数

整数と小数のしくみをまとめよう

3.75ってどんな数？

教 上p.8

答え

あ　み…3.75＝3＋[0.75]

こうた…3.75は、3.8より[0.05]小さい数です。

3.75＝3.8－[0.05]

はると…3.75は、1を[3]こ、0.1を[7]こ、0.01を[5]こあわせた数です。

り　く…3.75は、0.01を[375]こ集めた数です。

教 上p.9〜10

1 2135という数と、2.135という数を比（くら）べましょう。

1. 教科書9ページの位取りの表に●をかいて、それぞれの数を表しましょう。
2. ㋐の3は、どんな数が何こあることを表していますか。
   また、㋑の3はどうですか。
3. 2.135について、□にあてはまる数字を書きましょう。
4. □にあてはまる数字を書いて、2.135という数のしくみを式に表しましょう。

ねらい 数字のならびが同じ整数と小数について、数のしくみを調べます。

答え 1

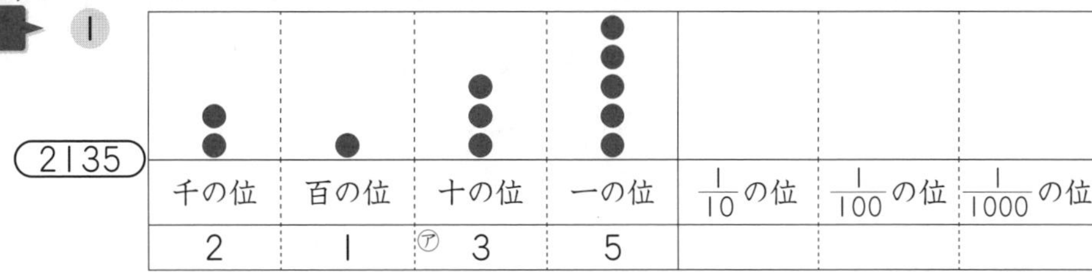

2135

千の位	百の位	十の位	一の位	$\frac{1}{10}$の位	$\frac{1}{100}$の位	$\frac{1}{1000}$の位
2	1	㋐ 3	5			

2.135

千の位	百の位	十の位	一の位	$\frac{1}{10}$の位	$\frac{1}{100}$の位	$\frac{1}{1000}$の位
			2.	1	㋑ 3	5

2 ㋐の3……10が3こ
㋑の3……0.01が3こ

3
1が [2]こ……2
0.1が [1]こ……0.1
0.01が [3]こ……0.03
0.001が[5]こ……0.005
あわせて2.135

しほ
1000が[2]こ……2000
100が[1]こ…… 100
10が[3]こ…… 30
1が[5]こ…… 5
あわせて2135

4 2.135＝1×[2]＋0.1×[1]＋0.01×[3]＋0.001×[5]

こうた
2135＝1000×[2]＋100×[1]＋10×[3]＋1×[5]

練習

教 上p.10

△1 □にあてはまる数字を書きましょう。
7.608＝1×□＋0.1×□＋0.01×□＋0.001×□

ねらい 小数のしくみを考えます。

考え方 7.608の$\frac{1}{100}$の位の0は、0.01が何こあることを表しているのか考えます。

答え 7.608＝1×[7]＋0.1×[6]＋0.01×[0]＋0.001×[8]

教 上p.10

△2 □にあてはまる不等号を書きましょう。
① 0.1□0　② 2.967□3　③ 3□3.15－1.5

ねらい 小数のしくみに注目して、数の大小を考えます。

考え方 上の位から、同じ位の数の大きさを比(くら)べて数の大小を考えます。
③では、3.15－1.5を計算してから比べます。

答え
① >
② <
③ 3.15－1.5＝1.65だから 3[>]3.15－1.5

教 上p.11

2 2.135は、0.001を何こ集めた数ですか。

1 0.005、0.03、0.1、2は、それぞれ0.001を何こ集めた数ですか。

ねらい 0.001をもとにした数の見方を考えます。

答え **2** 2135こ

1 0.005……0.001を 5 こ
0.03 ……0.001を 30 こ
0.1 ……0.001を 100 こ
2 ……0.001を 2000 こ
2.135は、0.001を 2135 こ集めた数です。

―― 練習 ――

教 上p.11

△3 下の①～④の数は、0.001を何こ集めた数ですか。
① 0.003 ② 0.048 ③ 0.999 ④ 6.7

ねらい 小数について、0.001のいくつ分かを考えます。

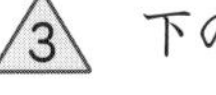

④ 6.7＝6＋0.7だから、0.7、6は、それぞれ0.001を何こ集めた数かを考えます。

答え ① **3こ** ② **48こ** ③ **999こ**
④ 6.7は 0.7……0.001を 700こ
6 ……0.001を6000こ
6.7は、0.001を**6700こ**集めた数

教 上p.11

3 下の□に、右のカードをあてはめて、いろいろな大きさの数をつくりましょう。

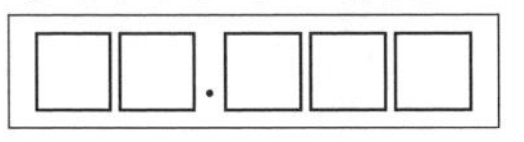

2 つくれる数のうち、いちばん小さい数はいくつですか。

3 つくれる数のうち、2番めに大きい数はいくつですか。

4 つくれる数のうち、50にいちばん近い数はいくつですか。

ねらい **小数点と数字を使って、目的にあった、いろいろな数をつくります。**

考え方 1、3、4、5、8の数字を、どんな順じょでならべればよいかを考えます。

答え ② 左から小さい順にカードをならべると、いちばん小さい数ができます。いちばん小さい数は　**13.458**

③ 左から大きい順にカードをならべて、いちばん大きい数をつくって、$\frac{1}{100}$の位のカードと$\frac{1}{1000}$の位のカードをならべかえた数が、2番めに大きい数です。

いちばん大きい数は　85.431

だから、2番めに大きい数は　**85.413**

④ 50より小さくて50にいちばん近い数と、50より大きくて50にいちばん近い数をつくって、どちらが50に近いか比(くら)べます。

50より小さくて50にいちばん近い数は　48.531

50より大きくて50にいちばん近い数は　51.348

だから、50にいちばん近い数は　**51.348**

教 上 p.12

4 2.98を10倍、100倍、1000倍した数を、表に書きましょう。

① 10倍、100倍、1000倍すると、位はそれぞれどのようになりますか。

② 2.98を10倍、100倍、1000倍することを、式に表しましょう。

ねらい **数を10倍、100倍、1000倍してできる数の、位や小数点の位置を調べます。**

答え **4**

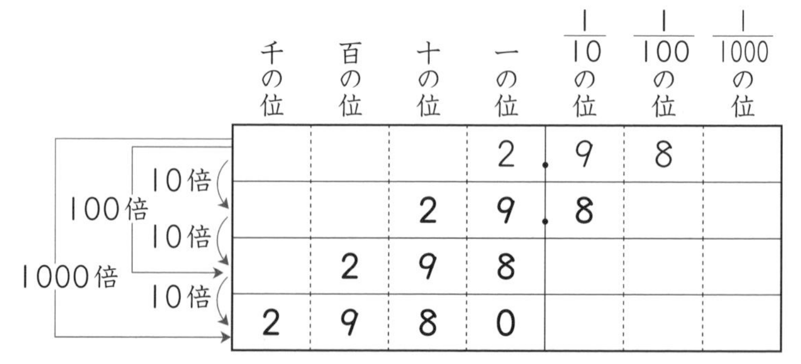

千の位	百の位	十の位	一の位	$\frac{1}{10}$の位	$\frac{1}{100}$の位	$\frac{1}{1000}$の位
			2.	9	8	
		2	9.	8		
	2	9	8			
2	9	8	0			

① **10倍すると1けた、100倍すると2けた、1000倍すると3けた、位が上がる。**

② 2.98× 10＝**29.8**
2.98× 100＝**298**
2.98×1000＝**2980**

練習

教 上 p.12

 61.9、619、6190は、それぞれ6.19を何倍した数ですか。

ねらい **小数点の位置を比べて、もとの数の何倍になっているかを考えます。**

考え方 6.19の小数点の位置がどのようにうつって、61.9、619、6190になっているかを考えます。

答え 小数や整数を10倍、100倍、1000倍すると、小数点の位置は、それぞれ右に1けた、2けた、3けたうつります。このことから

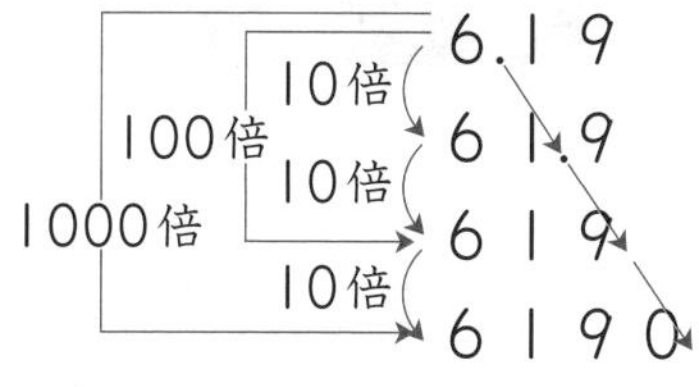

61.9…**10倍**、619…**100倍**、6190…**1000倍**

教 上 p.12

 ① 2.37×10　② 15.2×1000　③ 3.14×100

ねらい **数を10倍、1000倍、100倍した数を考えます。**

考え方 数を10倍、1000倍、100倍すると、小数点の位置はどうなるかを考えます。

答え ① 10倍すると小数点の位置は右に1けたうつるから
2.37×10＝**23.7**

② 1000倍すると小数点の位置は右に3けたうつるから
15.2×1000＝**15200**

③ 100倍すると小数点の位置は右に2けたうつるから
3.14×100＝**314**

教 上p.13

5 634を$\frac{1}{10}$、$\frac{1}{100}$、$\frac{1}{1000}$にした数を、表に書きましょう。

1. $\frac{1}{10}$、$\frac{1}{100}$、$\frac{1}{1000}$にすると、位はそれぞれどのようになりますか。
2. 634を$\frac{1}{10}$、$\frac{1}{100}$、$\frac{1}{1000}$にすることを、式に表しましょう。

ねらい 数を$\frac{1}{10}$、$\frac{1}{100}$、$\frac{1}{1000}$にしてできる数の、位や小数点の位置を調べます。

答え **5**

	千の位	百の位	十の位	一の位	$\frac{1}{10}$の位	$\frac{1}{100}$の位	$\frac{1}{1000}$の位
		6	3	4			
$\frac{1}{10}$			6	3.	4		
$\frac{1}{100}$（$\frac{1}{10}$）				6.	3	4	
$\frac{1}{1000}$（$\frac{1}{10}$）				0.	6	3	4

1. $\frac{1}{10}$にすると**1**けた、$\frac{1}{100}$にすると**2**けた、$\frac{1}{1000}$にすると**3**けた、位がそれぞれ下がる。
2. $634 \div 10 = 63.4$
   $634 \div 100 = 6.34$
   $634 \div 1000 = 0.634$

―― 練習 ――

教 上p.13

△6 1.24、0.124、0.0124は、それぞれ12.4を何分の一にした数ですか。

ねらい 小数点の位置を比(くら)べて、もとの数の何分の一になっているかを考えます。

考え方 12.4の小数点の位置がどのようにうつって、1.24、0.124、0.0124になっているかを考えます。

答え 1.24　小数点の位置が左に1けたうつっているから $\frac{1}{10}$

0.124　小数点の位置が左に2けたうつっているから $\frac{1}{100}$

0.0124　小数点の位置が左に3けたうつっているから $\frac{1}{1000}$

教 上p.13

7　①　35.6÷10　②　23.85÷1000　③　62.5÷100

ねらい **数を10でわった数$\left(\frac{1}{10}\text{にする}\right)$、1000でわった数$\left(\frac{1}{1000}\text{にする}\right)$、100でわった数$\left(\frac{1}{100}\text{にする}\right)$を考えます。**

考え方 ①　10でわるということは、数を$\frac{1}{10}$にすることと同じです。

数を$\frac{1}{10}$にすると小数点の位置はどうなるかを考えます。

答え ①　35.6を$\frac{1}{10}$にするから

35.6÷10＝**3.56**　（1けた左にうつる）

②　23.85を$\frac{1}{1000}$にするから

23.85÷1000＝**0.02385**　（3けた左にうつる）

③　62.5を$\frac{1}{100}$にするから

62.5÷100＝**0.625**　（2けた左にうつる）

教科書のまとめ

テスト前にチェックしよう！

教 上 p.9～13

□ ❶ **整数や小数のしくみ**

整数でも小数でも、0から9の数字が書かれた位置によって、何の位かが決まる。また、それぞれの数字は、その位の数が何こあるかを表している。

□ ❷ **小数点の位置(数が大きくなる場合)**

小数や整数を10倍、100倍、1000倍、…すると、

- **位**は、それぞれ1けた、2けた、3けた、…ずつ上がる。
- **小数点の位置**は、それぞれ右に1けた、2けた、3けた、…うつる。

□ ❸ **小数点の位置(数が小さくなる場合)**

小数や整数を$\frac{1}{10}$、$\frac{1}{100}$、$\frac{1}{1000}$、…にすると、

- **位**は、それぞれ1けた、2けた、3けた、…ずつ下がる。
- **小数点の位置**は、それぞれ左に1けた、2けた、3けた、…うつる。

たしかめよう

教 上 p.14

△1 □にあてはまる数字を書きましょう。

① 873＝100×□＋10×□＋1×□

② 3.05＝1×□＋0.1×□＋0.01×□

答え ① 873＝100×8＋10×7＋1×3

② 3.05＝1×3＋0.1×0＋0.01×5

△2 □にあてはまる不等号を書きましょう。

① 0□0.001　　② 51□51.2−2

答え ① <

② 51.2−2＝49.2 だから　51 > 51.2−2

△3 4.823は、0.001を何こ集めた数ですか。

答え 4823こ集めた数

 下の①～④の数は、それぞれ0.325を何倍した数ですか。

① 32.5　② 3250　③ 3.25　④ 325

考え方 ①～④の数について、0.325と小数点の位置を比べてみます。

答え ① 100倍　② 10000倍　③ 10倍　④ 1000倍

 下の①～③の数は、それぞれ94.1を何分の一にした数ですか。

① 9.41　② 0.941　③ 0.0941

考え方 ①～③の数について、94.1と小数点の位置を比べてみます。

答え ① $\frac{1}{10}$　② $\frac{1}{100}$　③ $\frac{1}{1000}$

 計算をしましょう。

① 341.9×10　② 9.81×100

③ 67.5×1000　④ 341.9÷10

⑤ 9.81÷100　⑥ 67.5÷1000

考え方 小数点の位置が、それぞれ何けたどのようにうつるかを考えます。

答え

① 341.9×10＝**3419**

② 9.81×100＝**981**

③ 67.5×1000＝**67500**

④ ÷10は$\frac{1}{10}$にするのと同じだから

341.9÷10＝**34.19**

⑤ ÷100は$\frac{1}{100}$にするのと同じだから

9.81÷100＝**0.0981**

⑥ ÷1000は$\frac{1}{1000}$にするのと同じだから

67.5÷1000＝**0.0675**

つないでいこう 算数の目 ～大切な見方・考え方

教 ㊤p.15

1 位に注目し、整数と小数に共通したしくみをまとめる

りく…整数と小数のしくみは同じです。
整数や小数では、数字が書かれた位置で、
何の位であるかや、その位の数が何こあるかを表します。
㋐の、3.75という数のしくみを式に表すと、

$3.75 = 1 \times \boxed{3} + 0.1 \times \boxed{7} + 0.01 \times \boxed{5}$

となります。

みさき…3.75を10倍、100倍、1000倍することを式に表すと、

$3.75 \times 10 = \boxed{37.5}$ …㋑

$3.75 \times 100 = \boxed{375}$

$3.75 \times 1000 = \boxed{3750}$

となります。
整数と小数のしくみは同じだから、㋑のように、小数点の位置を 右 に1けたうつすと、10倍した数になります。

直方体や立方体の体積

直方体や立方体のかさの比べ方と表し方を考えよう

どんな大きさの立体かな？

教 上 p.16

答え ㋐は 直方体 、㋑は 立方体 の展開図だね。

1 もののかさの表し方

教 上 p.17~18

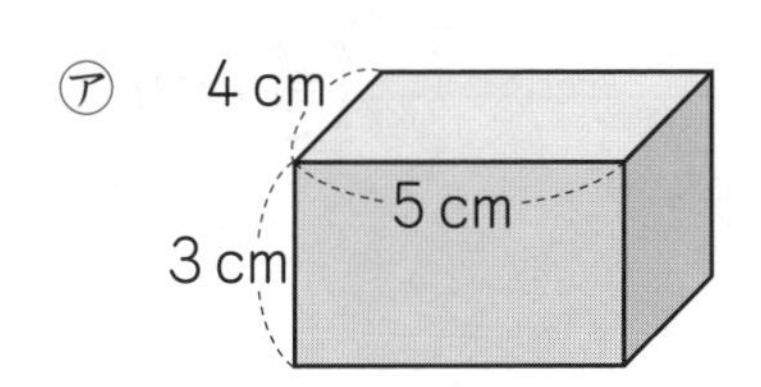

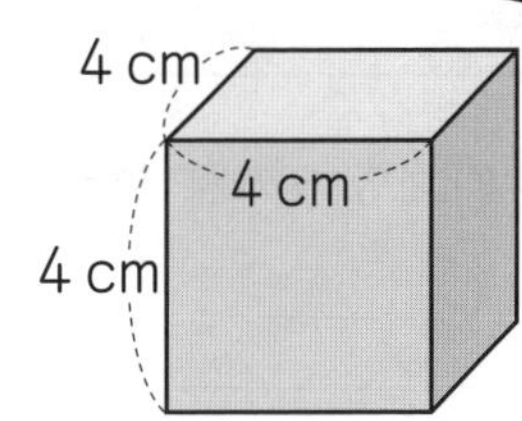

1 ㋐の直方体と㋑の立方体のかさは、どちらがどれだけ大きいでしょうか。比べる方法を考えましょう。

1. ㋐と㋑のかさは、1辺が1cmの立方体の積み木の何こ分ですか。また、どちらがどれだけ大きいですか。
2. ㋐と㋑の体積は、それぞれ何cm^3ですか。また、どちらが何cm^3大きいですか。

ねらい 直方体と立方体のかさの表し方を考えます。

考え方
1. 直方体や立方体のかさは、1辺が1cmの立方体が何こ分あるかで表すことができます。
2. もののかさのことを**体積**といいます。1辺が1cmの立方体の体積を**1立方センチメートル**といい、**1cm^3**と書きます。

答え 1 ㋐の直方体と㋑の立方体に、1辺が1cmの立方体の積み木を入れると、下の図のようになります。

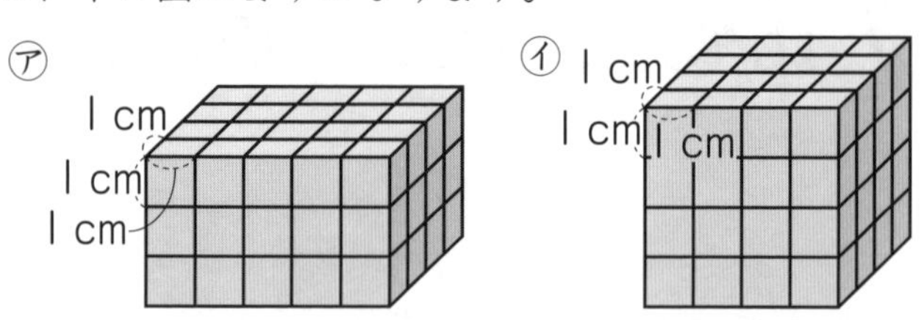

上の図で、1辺が1cmの積み木の数は、㋐が60こ、㋑が64こだから、㋐と㋑のかさは、1辺が1cmの立方体の積み木の
㋐は60こ分、㋑は64こ分で、㋑のほうが4こ分大きい。

2 ㋐の体積…**60cm^3**、㋑の体積…**64cm^3**
64−60＝4 だから **㋑のほうが4cm^{3}大きい。**

練習

教 ㊤p.18

1 1辺が1cmの立方体の積み木を24こ使って、いろいろな直方体を作りましょう。

ねらい **1辺が1cmの立方体の積み木を使って、体積が同じ直方体を作ります。**

考え方 できる直方体の体積は、どれも1cm^{3}の24こ分で24cm^{3}になります。

答え (例)下のような直方体を作ることができます。

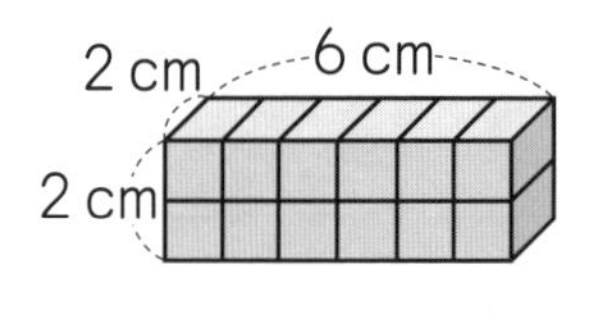

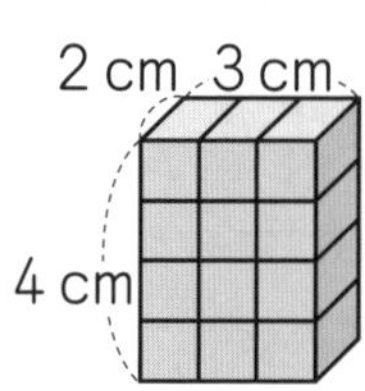

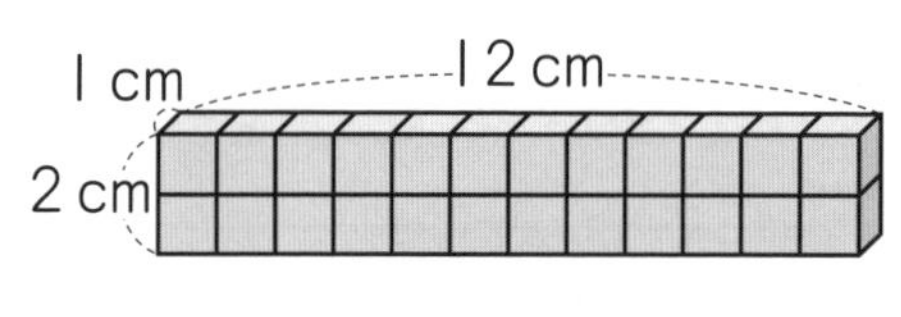

教 ㊤p.18

2 右のような形の体積は何cm^{3}ですか。

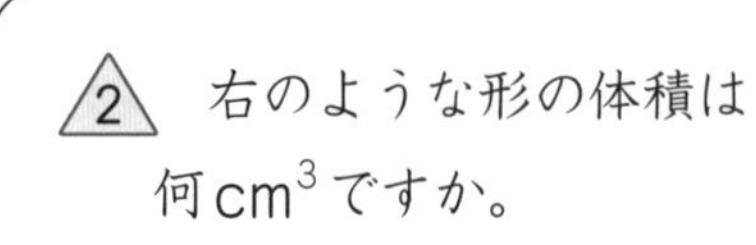

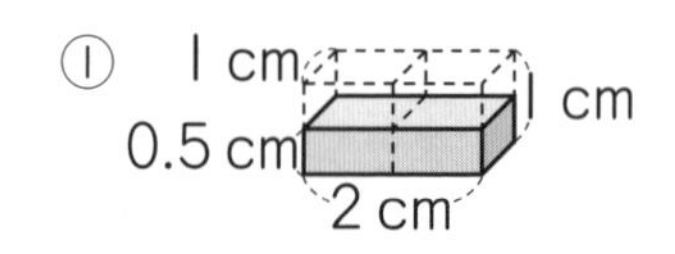

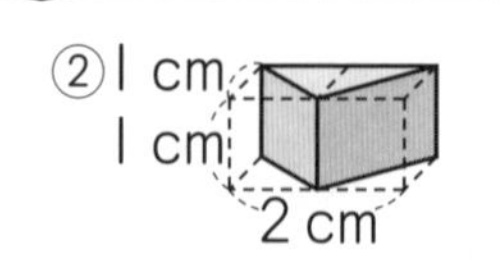

ねらい **1辺が1cmの立方体をもとにして、いろいろな形の体積を考えます。**

考え方 形を2つに分け、重ねたり、動かしたりして体積を考えます。

答え 右のように重ねたり動かしたりすると、1辺が1cmの立方体ができます。

① 1cm^3　② 1cm^3

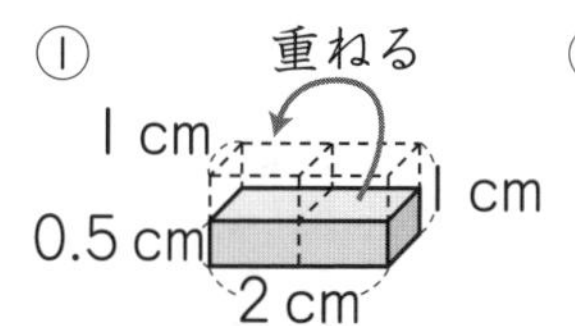

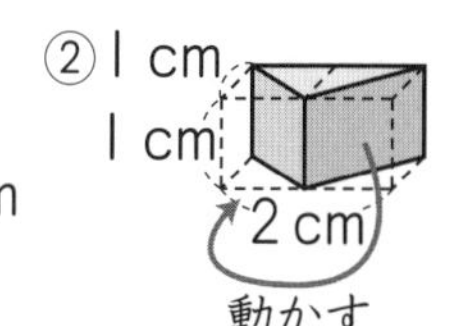

教 ㊤p.19

2 下の、㋒の直方体と㋓の立方体の体積を求めましょう。

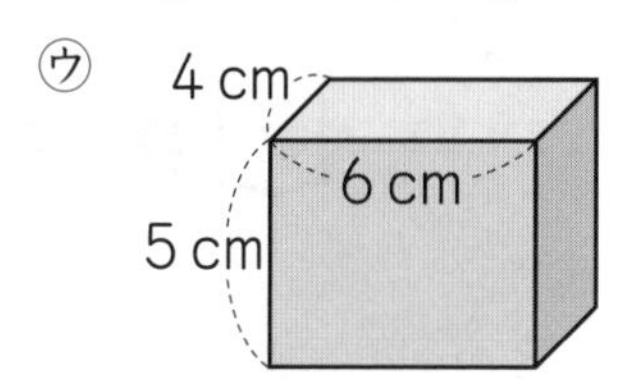

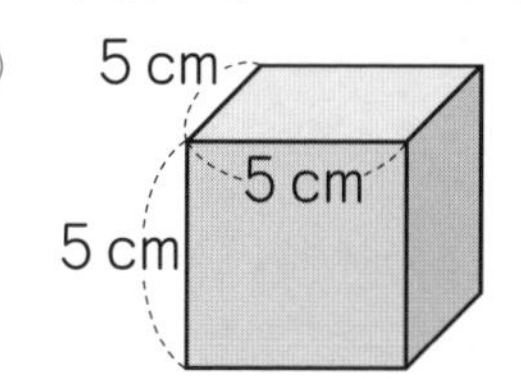

1 ㋒の直方体は、1cm^{3}の立方体の何こ分か調べましょう。

(1) 1だんめには、1cm^{3}の立方体が何こならびますか。

(2) 何だん積めますか。

(3) 1cm^{3}の立方体の全部の数を、計算で求めましょう。

2 ㋓の立方体の体積を、計算で求めましょう。

ねらい **直方体や立方体の体積を、計算で求める方法を考えます。**

考え方 2 ㋓の直方体の体積を考えたときと同じ手順で考えます。

答え **2** ㋒ 120cm^3　㋓ 125cm^3

1 (1) 1だんめには、たてに4こ、横に6こならびます。

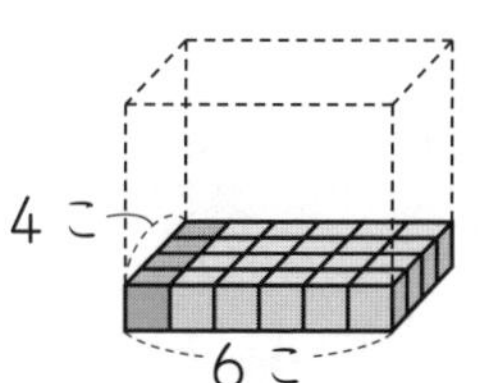

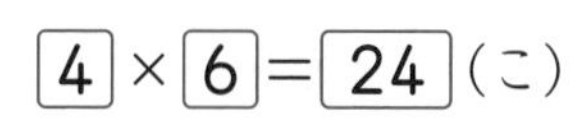

(2)

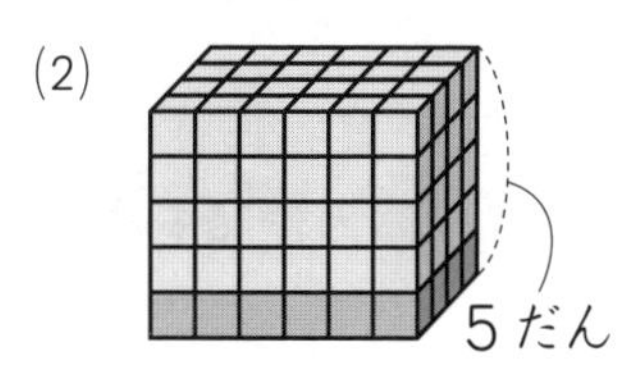

高さが5cmだから
5(だん)

(3) 1cm^{3}の立方体の全部の数は

$$4\times6\times5=120$$

で、120こになります。

2 ㊁の立方体の１だんめには、$1\,cm^3$の立方体が5×5＝25（こ）ならびます。これが、５だん積めるから、$1\,cm^3$の立方体の全部の数は

5×5×5＝125（こ）

㊁の立方体の体積は、$1\,cm^3$の立方体で、125こ分なので$125\,cm^3$です。

―― 練習 ――

教 ㊤p.20

△3 下の直方体や立方体の体積は何cm^3ですか。

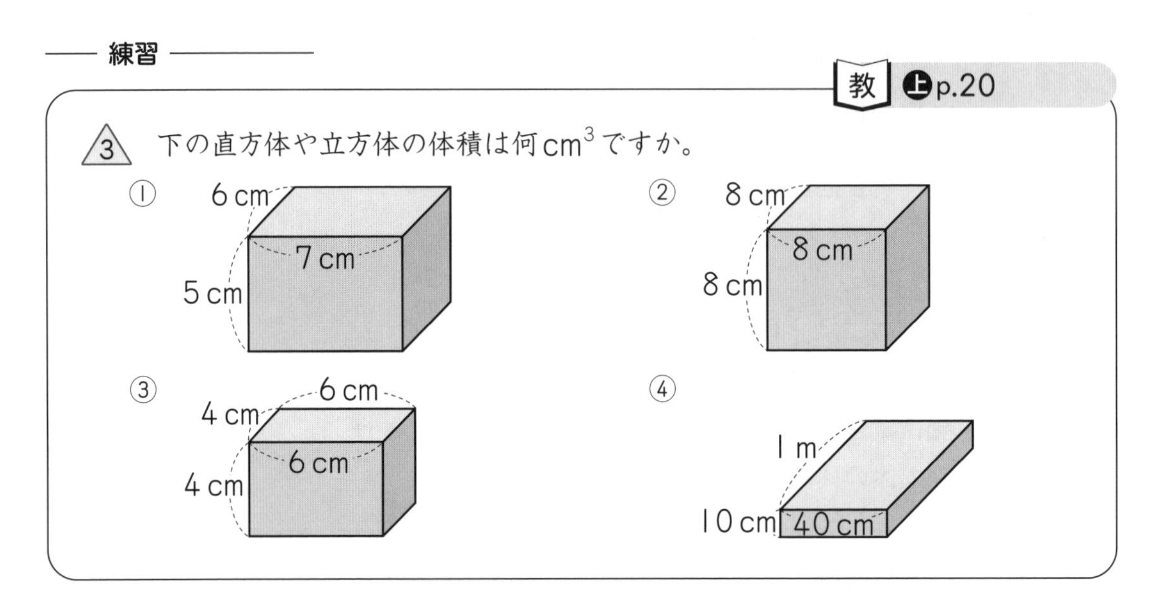

ねらい **直方体や立方体の体積を、公式にあてはめて求めます。**

考え方 ④ 単位をそろえてから公式にあてはめます。

答え
① 6×7×5=210　　答え $210\,cm^3$
② 8×8×8=512　　答え $512\,cm^3$
③ 4×6×4=96　　答え $96\,cm^3$
④ 1m＝100cmだから、100×40×10＝40000
答え $40000\,cm^3$

教 ㊤p.20

△4 下の図は直方体の展開図（てんかいず）です。この直方体の体積を求めましょう。

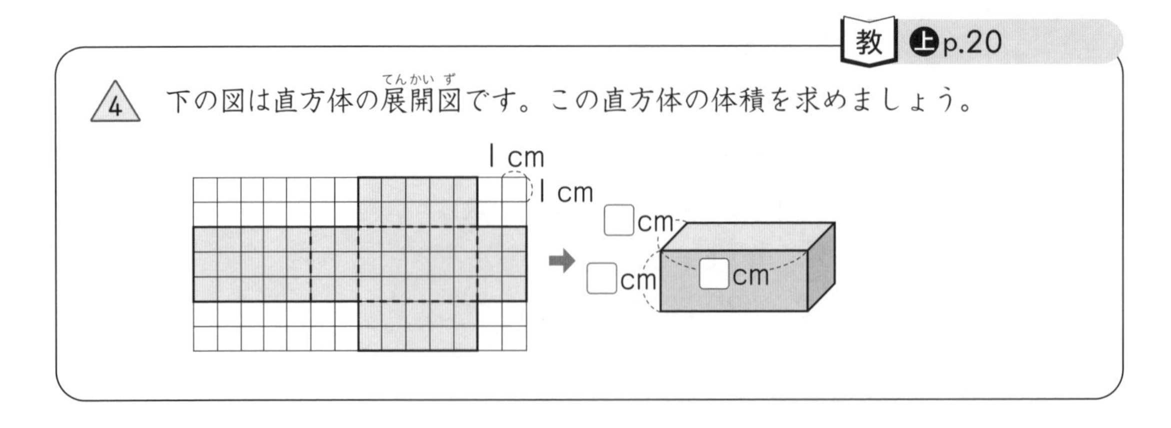

ねらい **展開図で示された直方体の体積を考えます。**

考え方 展開図から、組み立ててできる直方体のたて、横、高さがそれぞれ何cmになるかを読み取ります。

答え 展開図を組み立てると、たて3cm、横5cm、高さ2cmの直方体になります。

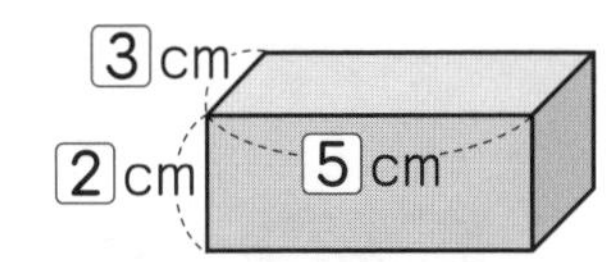

この直方体の体積は

$3\times5\times2=30$　　答え　30cm^3

教 上 p.21～23

3 右のような形の体積を求めましょう。

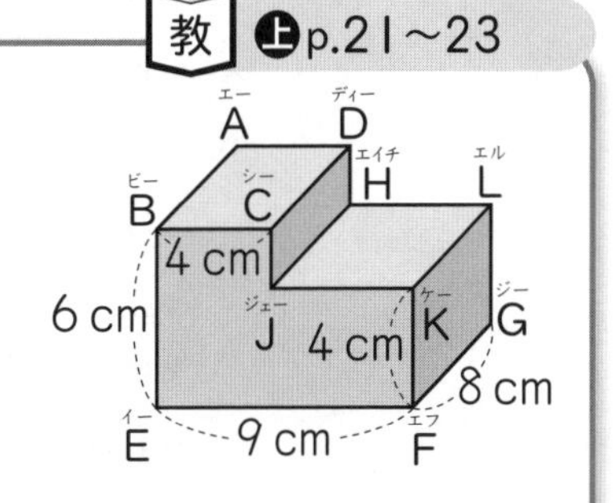

1 はどのような形といえますか。

2 自分の考えを、図や式を使ってかきましょう。

3 下の3人の考えの中で、自分の考えと似ているものはありますか。似ているところを説明しましょう。

4 下の3人の考えの中で、自分の考えとはちがう考えを読み取って、説明しましょう。

5 のような形の体積を求めるとき、大切なのはどのような考えですか。

しほ

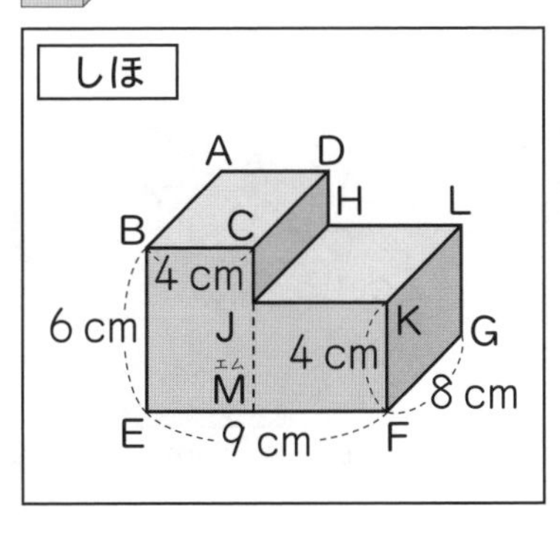

こうた

$8\times9\times6-8\times5\times2=432-80$
$=352$
答え　352cm^3

みさき

$8\times(9+2)\times4=8\times11\times4$
$=352$
答え　352cm^3

ねらい **直方体を組み合わせた形の体積を、くふうして求める方法を考えます。**

考え方 直方体を組み合わせた形の体積も、直方体や立方体の形をもとにして考えれば求めることができます。

3 しほの考えは、JとMを結ぶ直線を通るように切って、もとの形を2つの直方体に分けています。

こうたの考えで、8×9×6と8×5×2が、それぞれどの直方体の体積を求めているかを考えます。

みさきの考えでは、8、9+2、4が、どんな直方体のたて、横、高さを表しているかを考えよう。そして、その直方体を作るには、もとの形をどのように分けてうつせばよいかを考えます。

答え 3 352cm^3

1 この立体は、**2つの直方体を合わせたり、もとの直方体から一部分を切り取ったりしてできた形**といえます。

2、4 省略

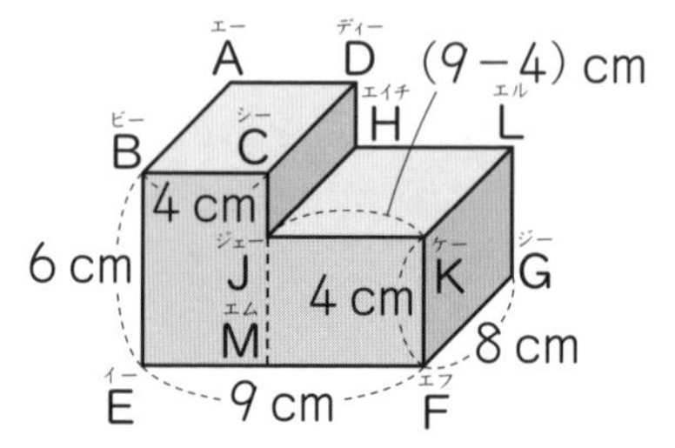

3 しほの考えは、JとMを結ぶ直線を通るように切って、もとの直方体を左と右の2つの直方体に分け、2つの直方体の体積をたす方法です。

$$\underbrace{8\times4\times6}_{\text{左の直方体の体積}}+\underbrace{8\times(9-4)\times4}_{\text{右の直方体の体積}}=192+160$$
$$=352$$

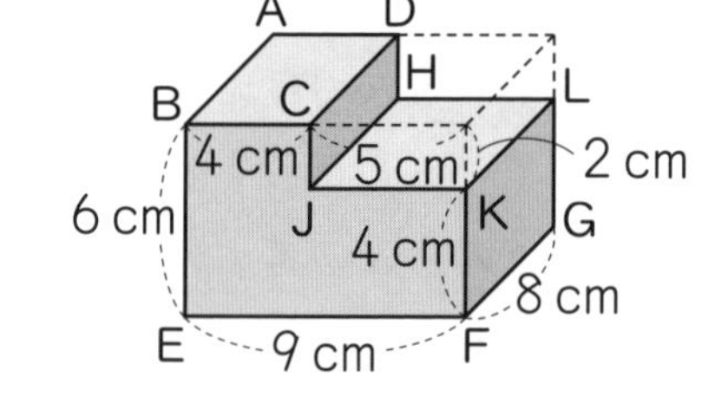

こうたの考えで、8×9×6は、図の大きい直方体の体積、8×5×2は、図の点線で示した直方体の体積です。こうたの考えは、大きい直方体の体積から、点線で示した直方体の体積をひく方法です。

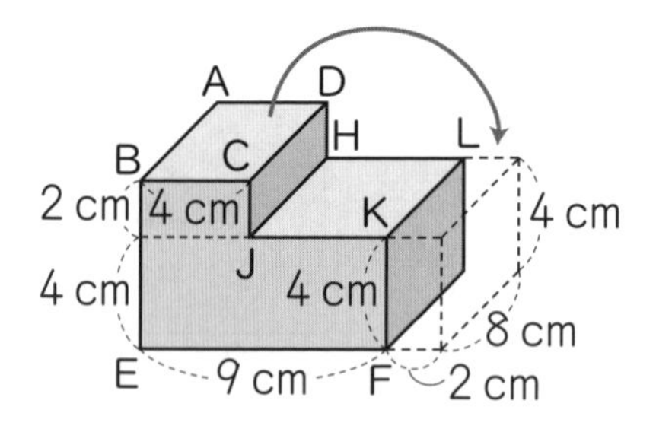

みさきの考えでは、とび出た部分を、図のように分けて動かして1つの大きな直方体になおすと、横の長さは(9+2)cmとなって、その体積は8×(9+2)×4となります。

みさきの考えは、とび出た部分を分けて動かして、1つの直方体の形になおして体積を求める方法です。

上の3人とも、**直方体の形をもとにして体積を求めている**ところが似ています。

5 のような形の体積を求めるとき、**直方体や立方体の形をもとにして考える**ことが大切です。

練習

教 上 p.23

5 右のような形の体積を、いろいろな方法で求めましょう。

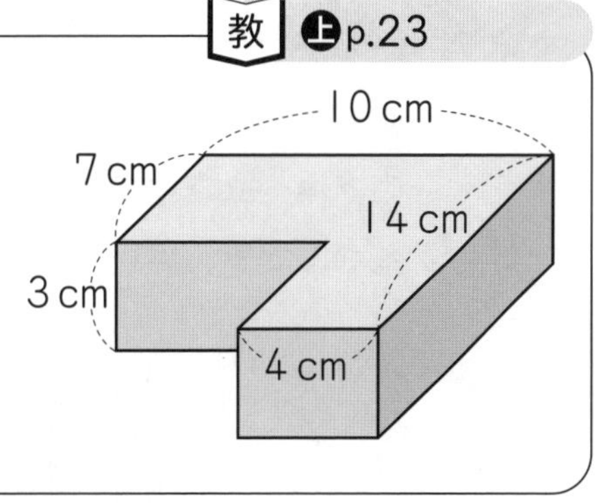

ねらい **直方体を組み合わせた形の体積をいろいろな方法で求めます。**

考え方 教科書22、23ページの、しほ、こうた、みさきの考えにならって、求め方をくふうしてみます。

答え 方法①…左と右の2つの直方体に分ける。(**しほの考え**)

$7\times(10-4)\times3+14\times4\times3=294$

方法②…おくと手前の2つの直方体に分ける。(**しほの考え**)

$7\times10\times3+(14-7)\times4\times3=294$

方法③…大きい直方体から小さい直方体をひく。(**こうたの考え**)

$14\times10\times3-(14-7)\times(10-4)\times3=294$

方法④…とび出た部分を分けて動かして、1つの直方体にする。

(**みさきの考え**)

$7\times(10+4)\times3=294$

どの方法で求めても、体積は**294 cm³**になります。

方法①

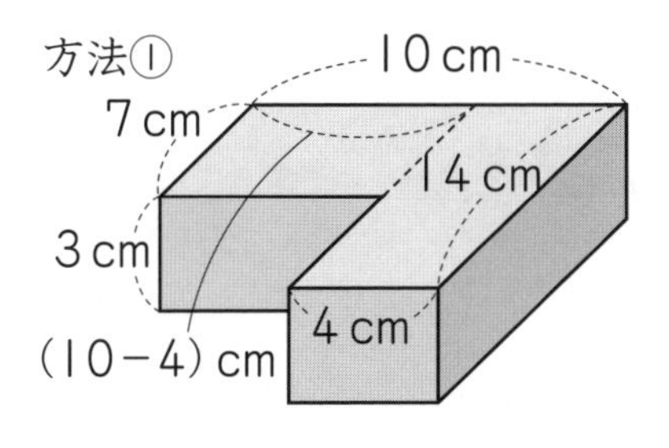

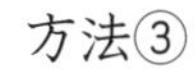

方法②

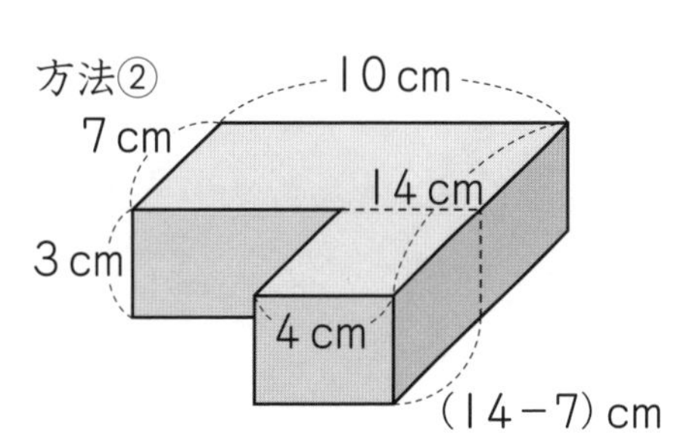

方法③

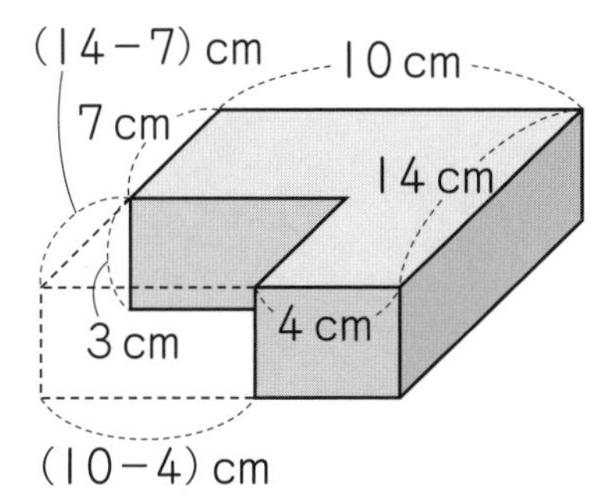

方法④

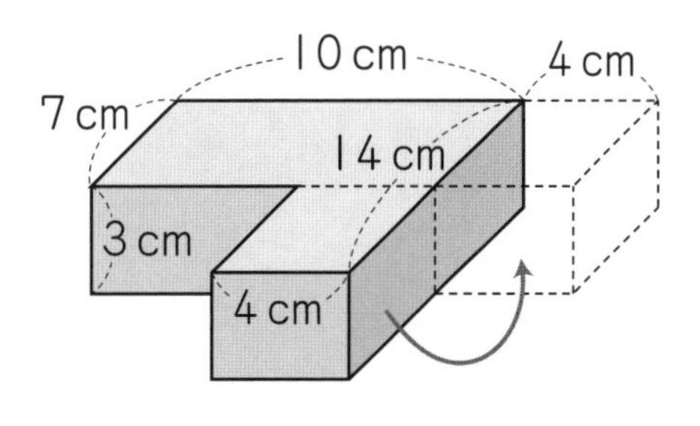

教科書のまとめ

テスト前にチェックしよう！

教 ㊤p.17～23

□ ❶ **直方体と立方体のかさ**

直方体や立方体のかさは、**1辺が1cmの立方体が何こ分あるか**で表すことができる。

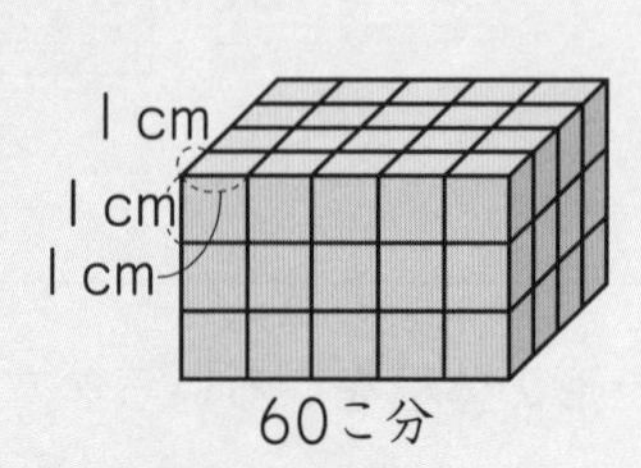

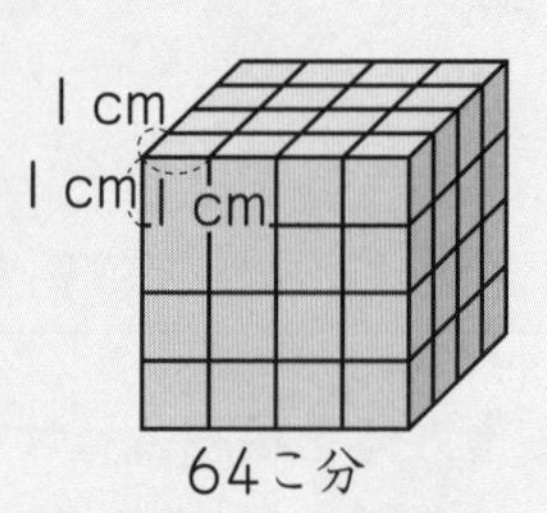

□ ❷ **1辺が1cmの立方体の体積**

もののかさのことを、**体積**（たいせき）という。

1辺が1cmの立方体の体積を**1立方**（りっぽう）**センチメートル**といい、**1cm³**と書く。

1 cm 1 cm 1 cm 1 cm³

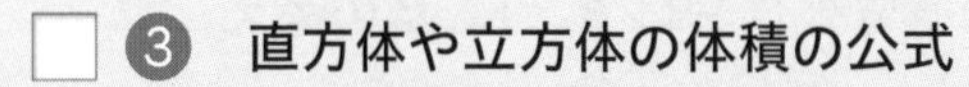

□ ❸ **直方体や立方体の体積の公式**

直方体と立方体の体積は、下の公式で求めることができる。

直方体の体積＝たて×横×高さ

立方体の体積＝1辺×1辺×1辺

□ ❹ **のような形の体積**

のような形の体積も、**直方体や立方体の形をもとにして**考えれば、求めることができる。

2 いろいろな体積の単位

教 上 p.26～27

1 右のような直方体の体積の表し方を考えましょう。

1. 右の直方体の体積は何m^3ですか。
2. 1m^3の立方体のたて、横、高さには、1cm^3の立方体がそれぞれ何こならびますか。
3. 1m^3の立方体は、1cm^3の立方体の何こ分ですか。

3 m　4 m　2 m

ねらい **たて、横、高さが、mの単位で表された直方体の体積の表し方を考えます。**

考え方 大きなものの体積を表すには、1辺が1mの立方体の体積を単位にします。

辺の長さの単位がm(メートル)のときも、下の公式を使って求めます。

　直方体の体積＝たて×横×高さ

1辺が1mの立方体の体積を**1立方メートル**（りっぽう）といい、**1m^3**と書きます。

　1m^3＝1000000cm^3

答え

1. 3×4×2＝24　　　答え　**24m^3**

りく…辺の長さを見ると、1m^3の立方体が、たてに[3]こ、横に[4]こ、高さに[2]こならぶから…。

2. 1m＝100cmだから、1cm^3の立方体は、たてに**100こ**、横に**100こ**、高さに**100こ**ならびます。
3. [100]×[100]×[100]＝[1000000]（こ分）
だから、1m^3の立方体は、1cm^3の立方体の**1000000こ分**。

練習

教 上 p.27

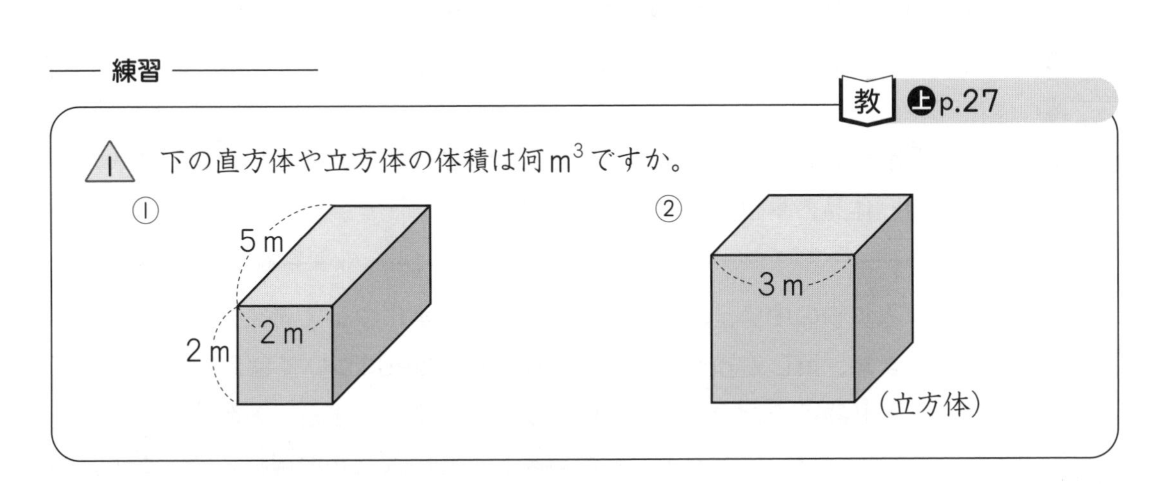

ねらい 辺の長さがm（メートル）の単位で表されている直方体や立方体の体積を求めます。

考え方 辺の長さの単位がmのときも、下の公式で求めることができます。

直方体の体積＝たて×横×高さ

立方体の体積＝Ｉ辺×Ｉ辺×Ｉ辺

そのときの体積の単位はm^3になります。

答え

① 5×2×2＝20　　答え　$20m^3$

② 3×3×3＝27　　答え　$27m^3$

教 上 p.27

△2 Ｉmのものさしやテープ、ぼうを使って、Ｉm^3の立方体を作りましょう。

ねらい Ｉm^3の体積は実際（じっさい）にはどれくらいあるかを調べます。

考え方 Ｉ辺がＩmの立方体の体積がＩm^3です。Ｉmのものさしやぼうなどを使って、Ｉ辺がＩmの立方体を作ります。

答え 省略（しょうりゃく）

教 上 p.27～29

2 厚（あつ）さＩcmの板で、右のような直方体の形をした入れ物を作りました。

この入れ物に入る水の体積は何cm^3ですか。

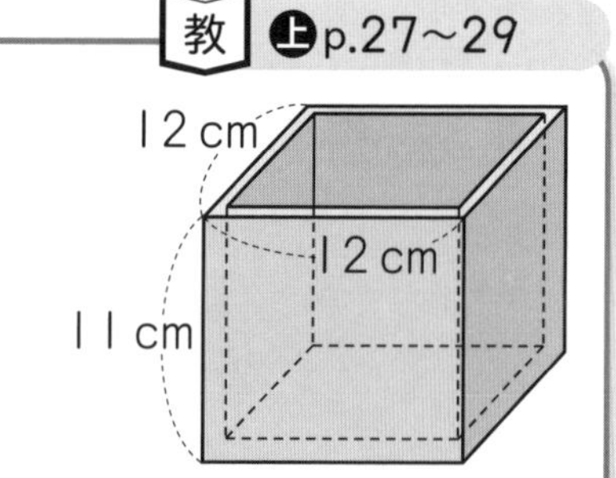

1 この入れ物に入る水の体積を求めるには、入れ物のどこの長さがわかればよいですか。

2 この入れ物の、内のりのたて、横、深さはそれぞれ何cmですか。また、容積は何cm^3ですか。

3 ＩＬはＩ000mLです。ＩmLは何cm^3ですか。

4 Ｉm^3は何Ｌですか。

5 教科書28ページの㋐、㋑、㋒の立方体をもとに、これまでに学習してきた長さや面積、体積の単位どうしの関係を整理しましょう。

ねらい 入れ物の中いっぱいに入る水などの体積について考えます。また、mLとcm^3、Ｌとm^3の単位の関係について考えます。

考え方 入れ物の内側の長さを、**内（うち）のり**といいます。また、入れ物の中いっぱいに入る水などの体積を、その入れ物の**容積（ようせき）**といいます。

答え **2** 1000cm^3

① **入れ物の内側の長さ(内のり)がわかれば求められます。**

② 厚さ1cmの板でできているので、入れ物の内のりは、

たて…12−1×2=10

横……12−1×2=10

深さ…11−1=10

内のりは、たて…**10cm**、横…**10cm**、深さ…**10cm**

容積は、[10]×[10]×[10]=[1000]　　答え [1000]cm^3

③ 1L=1000mL、1L=1000cm^3だから、1mLは1cm^3です。

④ $1\text{m}^3=1000000\text{cm}^3$、1L=$1000\text{cm}^3$だから、$1\text{m}^3$は[1000]Lです。

⑤

1辺の長さ	1cm	10cm	1m
正方形の面積	1cm^2	100cm^2	1m^2
立方体の体積	1cm^3 1mL	1000cm^3 1L	1m^3 1kL

練習

教 上 p.29

右の水そうの容積は何cm^3ですか。
また、何Lですか。

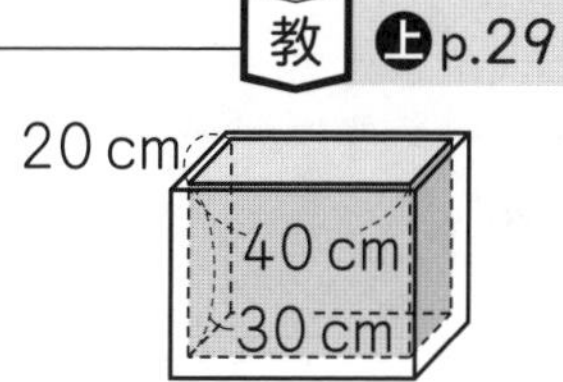

ねらい **入れ物の容積を求め、cm^3とLの単位で表します。**

考え方 入れ物の容積は、内のりを使って計算します。

答え 20×40×30=24000　　答え **24000cm^3**

1L=1000cm^3だから、24000cm^3=24L　　答え **24L**

教科書のまとめ

テスト前にチェックしよう！

□ ❶ **1辺が1mの立方体の体積**

1辺が1mの立方体の体積を**1立方メートル**（りっぽう）といい、**1m³**と書く。

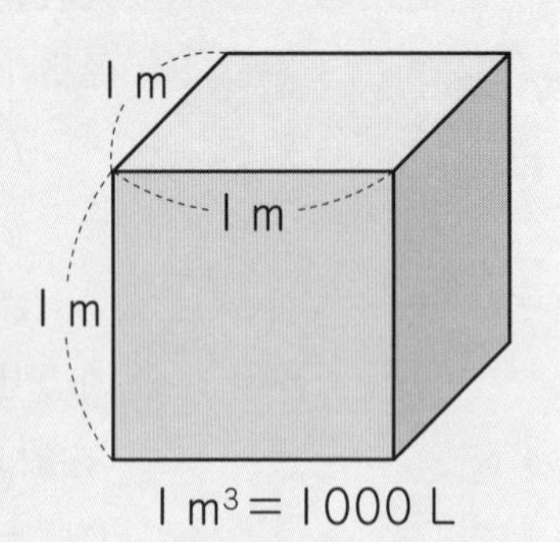

□ ❷ **大きなものの体積**

大きなものの体積は、**1辺が1mの立方体の体積を単位**にして、そのいくつ分かで表す。

□ ❸ **入れ物の内のりと容積**

入れ物の内側の長さを、**内のり**（うち）という。

また、入れ物の中いっぱいに入る水などの体積を、その入れ物の**容積**（ようせき）という。

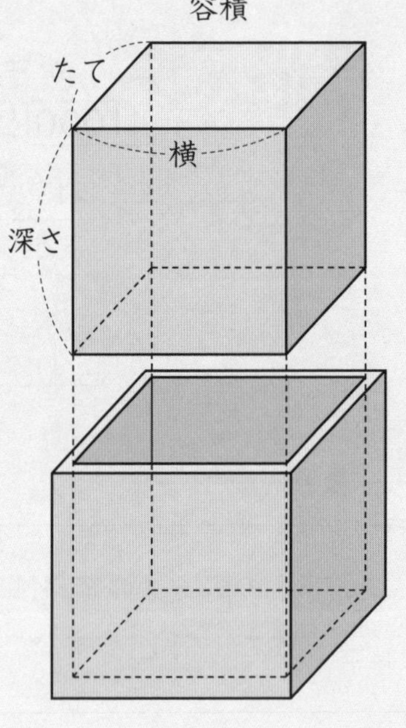

たしかめよう

教 上p.30

⚠1 右の立方体や直方体の体積は何cm³ですか。

① 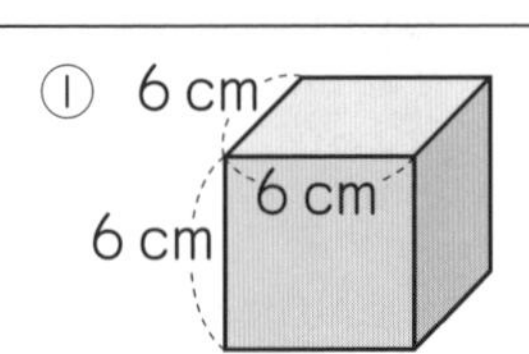

② 60cm　50cm　2m

考え方 ② 横の長さをcmの単位になおしてから公式にあてはめます。

答え

① 6×6×6＝216　　答え　**216cm³**

② 2m＝200cmだから
60×200×50＝600000　　答え　**600000cm³**

△2 右のような形の体積を、下の式で求めました。
どのように考えたのかを、右の図に線をかき入れて説明しましょう。

$5\times2\times3+2\times6\times3$

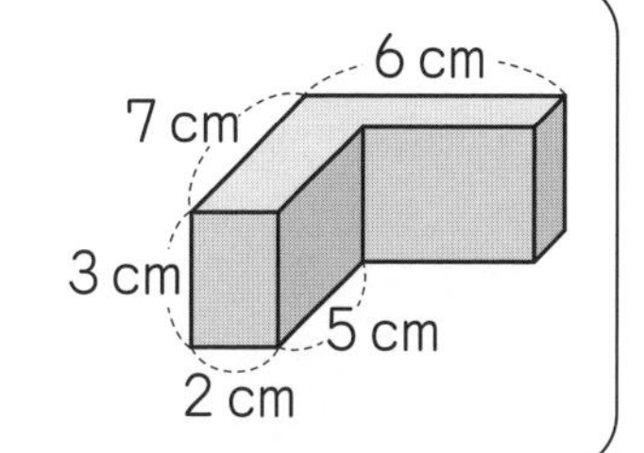

考え方 5×2×3、2×6×3が、それぞれどんな直方体の体積を求める式かを考え、もとの直方体を2つの直方体に分けてみます。

答え **右の図の点線で、2つの直方体に分け、**
たて5cm、横2cm、高さ3cmの直方体と、
たて2cm、横6cm、高さ3cmの直方体の
体積の和として求めている。

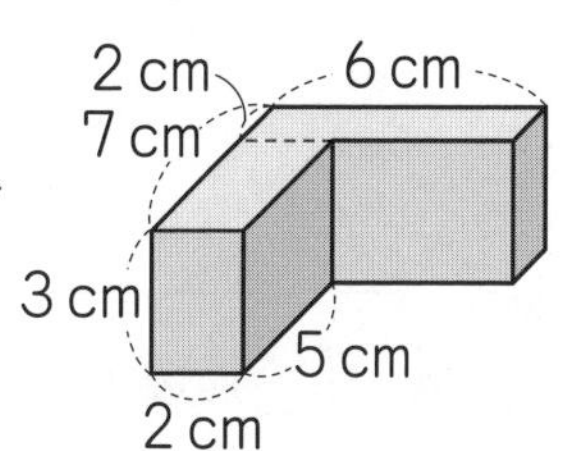

△3 右のような形の体積を求めましょう。

①
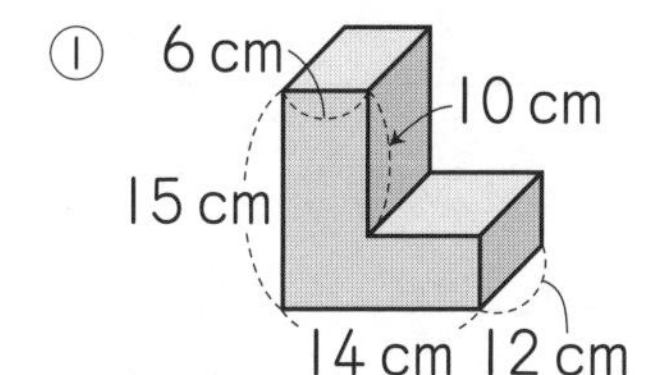

②
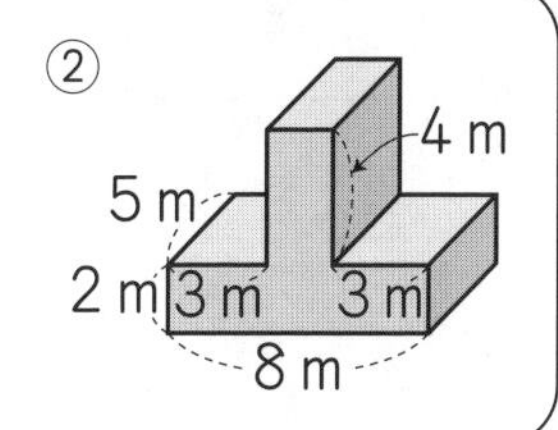

答え ① 体積は　**1560 cm^3**

方法(1)…左と右の2つの直方体に分ける。

$12\times6\times15+12\times(14-6)\times(15-10)=1560$

方法(2)…上と下の2つの直方体に分ける。

$12\times6\times10+12\times14\times(15-10)=1560$

方法(3)…大きい直方体から小さい直方体をひく。

$12\times14\times15-12\times(14-6)\times10=1560$

方法(1)

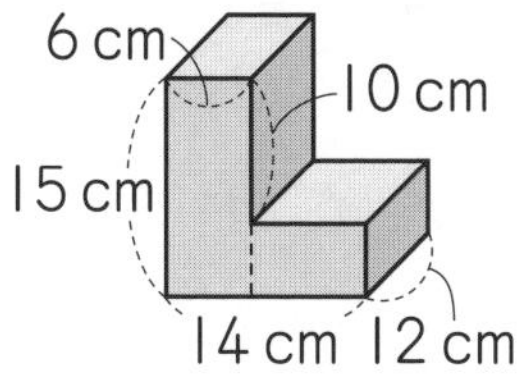

方法(2)

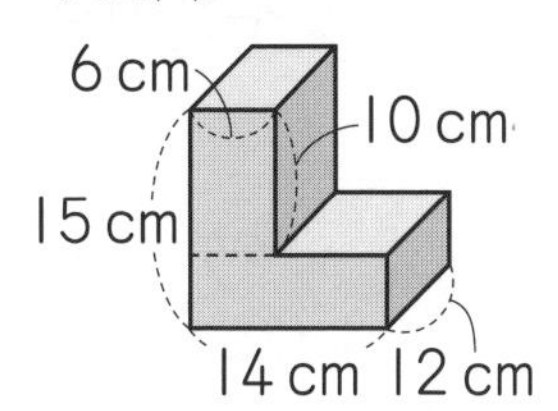

方法(3)

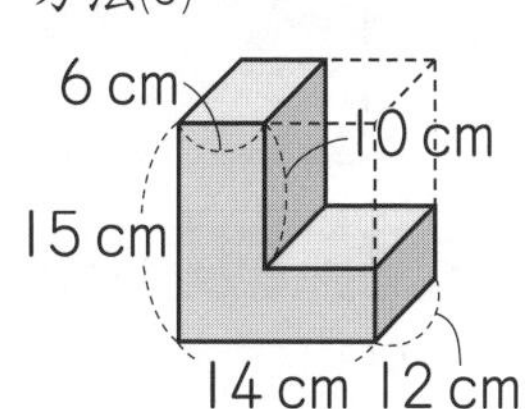

② 体積は　120 m^3

方法(1)…上と下の2つの直方体に分ける。

$5\times(8-3-3)\times4+5\times8\times2=120$

方法(2)…上にとび出た部分を横に分けて動かして、1つの直方体にする。

$5\times(8+4)\times2=120$

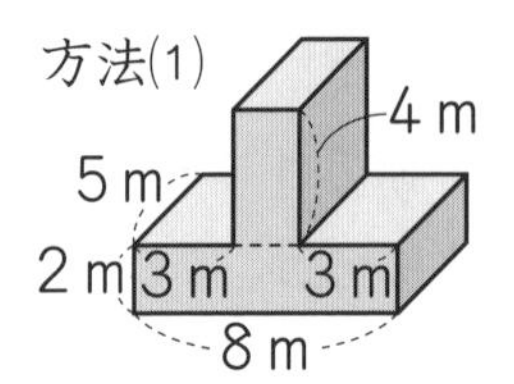

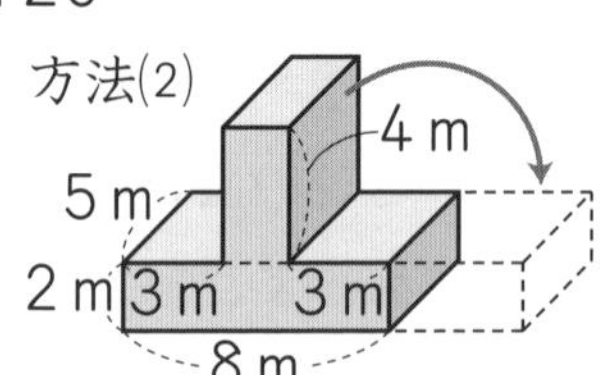

4 □にあてはまる単位を書きましょう。

① 1辺が1mの立方体の体積は、1□です。

② 右の入れ物の容積（ようせき）は、1□です。

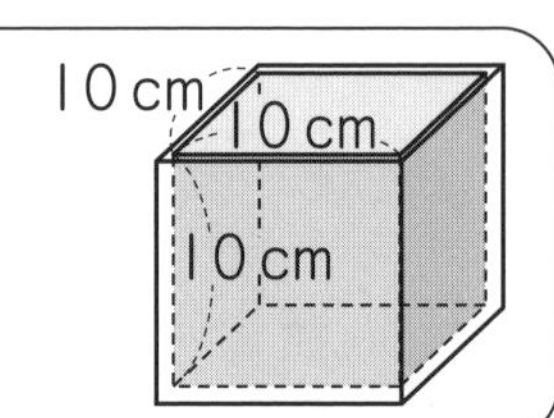

考え方 ② cm^3 とLの単位の関係を考えます。

答え ① 1辺が1mの立方体の体積は、$1\times1\times1=1$ だから、1 [m^3] です。

② $10\times10\times10=1000$ で、1000 cm^3 ＝1Lだから、容積は1 [L] です。

つないでいこう 算数の目 ～大切な見方・考え方　教 上 p.31

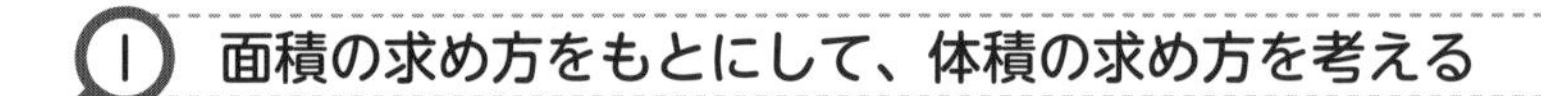

1 面積の求め方をもとにして、体積の求め方を考える

長方形

5 cm
3 cm

① 1 cm^2 の正方形が、たてに [3] こ、横に [5] こならぶ。

② 1 cm^2 の正方形の全部の数は、

[3] × [5] ＝ [15] だから、面積は [15] cm^2 になる。

直方体

3 cm
5 cm
4 cm

① 1 cm^3 の立方体が、たてに [3] こ、横に [5] こならぶから、1だんに [15] こならぶ。

高さが [4] cmなので、[4] だん積める。

② 1 cm^3 の立方体の全部の数は、

[3] × [5] × [4] ＝ [60] だから、体積は [60] cm^3 になる。

比例

変わり方を調べよう(1)

どんな変わり方をするのかな？

教 上p.32

① 全部で80ページの本があります。
読んだページ数が増(ふ)えると、残りのページ数は**減(へ)る**。

読んだページ数(ページ)	1	2	3	4	5	6
残りのページ数(ページ)	79	78	**77**	**76**	**75**	**74**

② たん生日が同じで、3才ちがいの弟と姉がいます。
弟の年れいが増えると、姉の年れいは**増える**。

弟の年れい(才)	1	2	3	4	5	6
姉の年れい(才)	4	5	**6**	**7**	**8**	**9**

③ 高さが1cmで体積が15cm^3の直方体があります。
高さが増えると、**体積**は**増える**。

①や②のように、表を使って調べると、2つの量の変わり方がわかりやすいね。

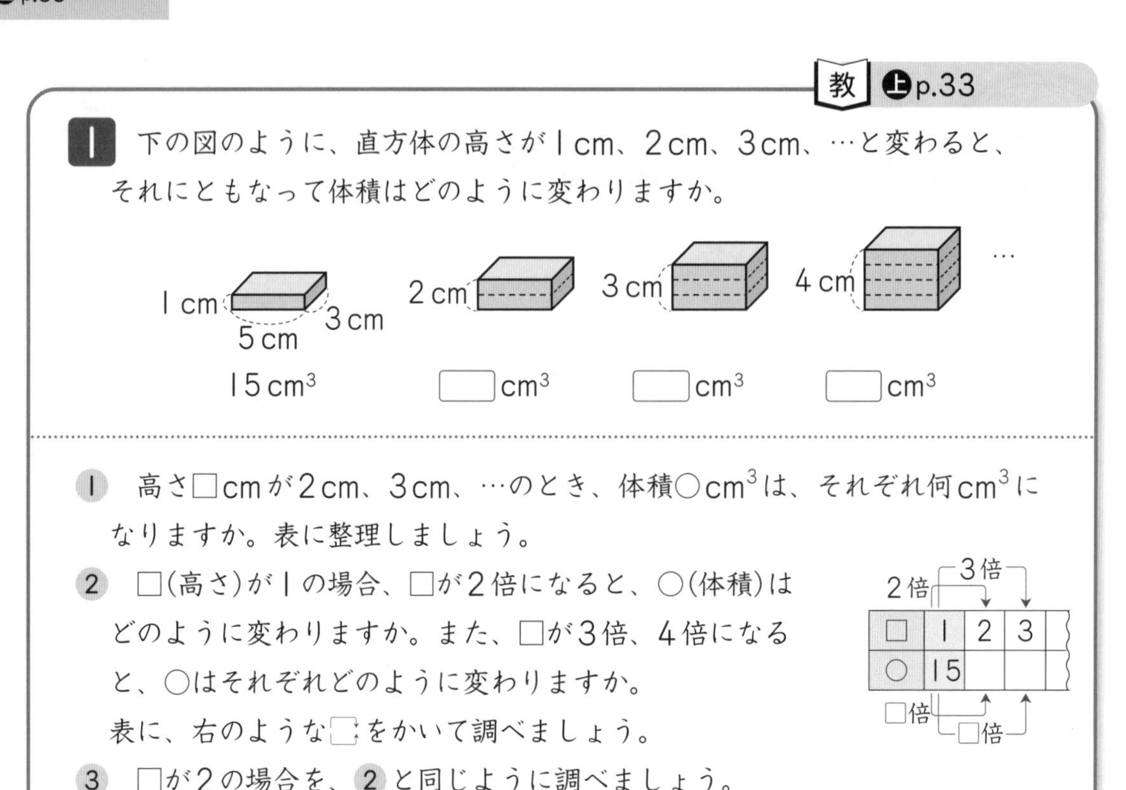

教 ㊤p.33

1 下の図のように、直方体の高さが1cm、2cm、3cm、…と変わると、それにともなって体積はどのように変わりますか。

① 高さ□cmが2cm、3cm、…のとき、体積○cm^3は、それぞれ何cm^3になりますか。表に整理しましょう。

② □(高さ)が1の場合、□が2倍になると、○(体積)はどのように変わりますか。また、□が3倍、4倍になると、○はそれぞれどのように変わりますか。
表に、右のような⌐をかいて調べましょう。

□	1	2	3
○	15		

③ □が2の場合を、②と同じように調べましょう。

ねらい **直方体の高さが変わると、それにともなって体積がどのように変わるかを調べます。**

考え方 体積は、たて×横×高さで求めることができます。

答え ①、②

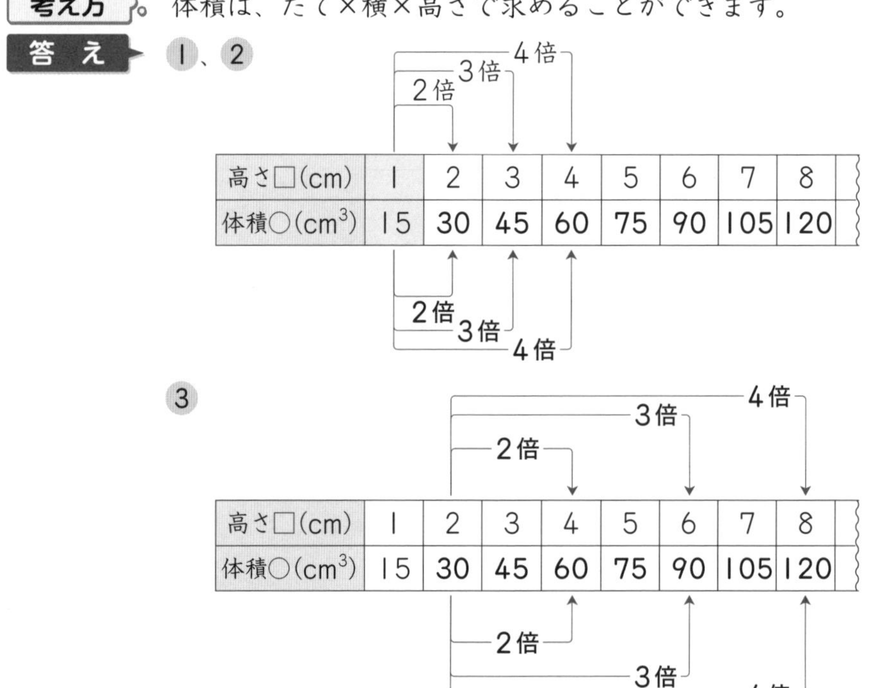

高さ□(cm)	1	2	3	4	5	6	7	8
体積○(cm^3)	15	30	45	60	75	90	105	120

③

高さ□(cm)	1	2	3	4	5	6	7	8
体積○(cm^3)	15	30	45	60	75	90	105	120

注意 高さが9cm、10cmのときの体積も同様に求められます。

教 上p.34～35

2 **1**の直方体で、高さが30cmのときの体積を求めましょう。

1 高さが30cmのときの体積は、何cm^3ですか。

ねらい **比例の関係を使って体積を考えます。**

考え方 体積は高さに比例することを使って、高さが10cmのときを考えます。

答え **2** 450cm^3

1 **りく**…体積は高さに比例するから、高さが1cmから30cmと30倍になると、体積も30倍になる。

体積は　15×30＝450　　答え　450cm^3

しほ…高さが10cmから30cmと3倍になると、体積も150cm^3の3倍になる。

体積は　150×3＝450　　答え　450cm^3

練習

教 上p.35

⚠1 下のともなって変わる2つの量で、○は□に比例していますか。
また、比例しているときは、□が10のときの○を求めましょう。

① 1まい25円の色紙を□まい買うときの、代金○円

まい数□(まい)	1	2	3	4	5	6	7	8	
代金　○(円)	25	50	75	100	125	150	175	200	

② 1まい25円の色紙を□まいと50円の消しゴムを1個買うときの、代金○円

まい数□(まい)	1	2	3	4	5	6	7	8	
代金　○(円)	75	100	125	150	175	200	225	250	

③ たての長さが4cmの長方形の横の長さ□cmと、面積○cm^2

横の長さ□(cm)	1	2	3	4	5	6	7	8	
面積　○(cm^2)	4	8	12	16	20	24	28	32	

ねらい **2つの量○と□が比例しているかどうかを考えます。**

考え方 2つの量の一方が2倍、3倍、…になるとき、もう一方の量も2倍、3倍、…になっているかどうかを調べてみます。

答え ① □(まい数)が2倍、3倍、…になると、それにともなって○(代金)も2倍、3倍、…になるので、**○は□に比例しています。**

代金はまい数に比例するから、まい数が1まいから10まいと10倍になると、代金も10倍になります。

代金は　$25 \times 10 = 250$　答え　**□が10のときの○は250**

② □(まい数)が2倍、3倍、…になっても、それにともなって○(代金)は2倍、3倍、…になっていないので、**○は□に比例していません。**

③ □(横の長さ)が2倍、3倍、…になると、それにともなって○(面積)も2倍、3倍、…になるので、**○は□に比例しています。**

面積は横の長さに比例するから、横の長さが1cmから10cmと10倍になると、面積も10倍になります。

面積は　$4 \times 10 = 40$　答え　**□が10のときの○は40**

教 上p.36～37

3 1mのねだんが80円のリボンがあります。買う長さが1m、2m、3m、…と変わると、それにともなって代金はどのように変わりますか。

1 リボンの代金○円は、長さ□mに比例していますか。
2 教科書36ページの 1 の表を、数直線の図に表してみましょう。
3 長さが9m、15mのときの代金を、数直線の図を使ってそれぞれ求めましょう。

ねらい **比例の関係を利用する問題を、数直線の図を使って考えます。**

答え 1 □(長さ)が2倍、3倍、…になると、それにともなって○(代金)も2倍、3倍、…になるので、**代金○円は長さ□mに比例しています。**

2 左から順に 2 倍、3 倍、2 倍(数直線の図は省略)

3

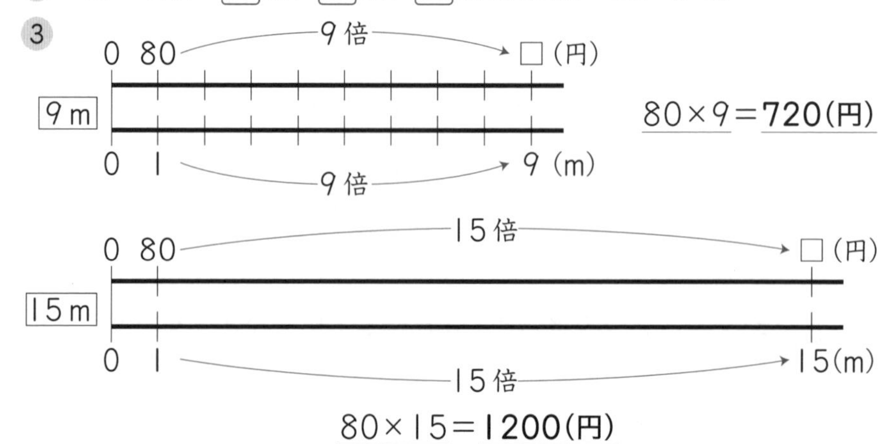

$80 \times 9 = 720$(円)

$80 \times 15 = 1200$(円)

教科書のまとめ

教 上 p.33～37

□ ❶ **比例の見つけ方**

2つの量□と○があり、□が2倍、3倍、…になると、それにともなって○も2倍、3倍、…になるとき、「○は□に**比例**する」という。

□ ❷ **直方体の高さと体積の関係**

底面積が同じである直方体では、**体積は高さに比例する。**

表に高さが出てないところも比例の関係を使って体積を求めることができる。

□ ❸ **比例の式の求め方**

数直線の図から、**式をたてたり答えを求めたりすることができる。**

(教科書140、141ページに、数直線の図のかき方があります。)

いかしてみよう

教 上 p.38

あやさんの学校は3階建てです。

階だんを使って、1階のゆかから3階のゆかまでの高さを調べます。

階だんの1だんの高さをはかったら15cmでした。

① 1階から階だんを1だん、2だん、3だん、…と上がっていくと、それにともなって1階のゆかからの高さはどのように変わりますか。上がる階だんの数を□だん、1階のゆかからの高さを○cmとして、表に整理しましょう。

② 1階のゆかからの高さ○cmは、上がる階だんの数□だんに比例していますか。また、□と○の関係を式に表しましょう。

③ 1階から3階まで上がるのに、階だんは48だんありました。1階のゆかから3階のゆかまでの高さは何cmですか。また、何mですか。

④ 身のまわりの建物について、あやさんと同じように、階だんの1だんの高さと、上がる階だんの数□だんを調べ、1階のゆかから2階や3階のゆかまでの高さ○cmを求めてみましょう。

ねらい 比例の関係を使って、身のまわりの問題を解決(かいけつ)します。

答 え ①

上がる階だんの数　□(だん)	1	2	3	4	5	6	7
1階のゆかからの高さ○(cm)	15	30	45	60	75	90	105

② □が２倍、３倍、…になると、それにともなって○も２倍、３倍、…になるので、**１階のゆかからの高さ○cmは、上がる階だんの数□だんに比例しています。**

□と○の関係を式に表すと　１５×□＝○

③ ②でたてた式で、□に４８をあてはめると

１５×４８＝７２０

７２０cm＝７.２m　　　答え　**７２０cm、７.２m**

④ 省略

おぼえているかな？

１ １mの重さが２.１４kgのパイプがあります。
このパイプ□mの重さを○kgとすると、○は□に比例していますか。

答え □(長さ)が２倍、３倍、…になると、それにともなって○(重さ)も２倍、３倍、…になるので、**○は□に比例しています。**

２ 白、赤、青のテープがあります。白のテープの長さは８０cmで、赤のテープの長さは２００cmです。

① 赤のテープの長さは、白のテープの長さの何倍ですか。

② 青のテープは白のテープの５倍の長さです。青のテープは何cmですか。

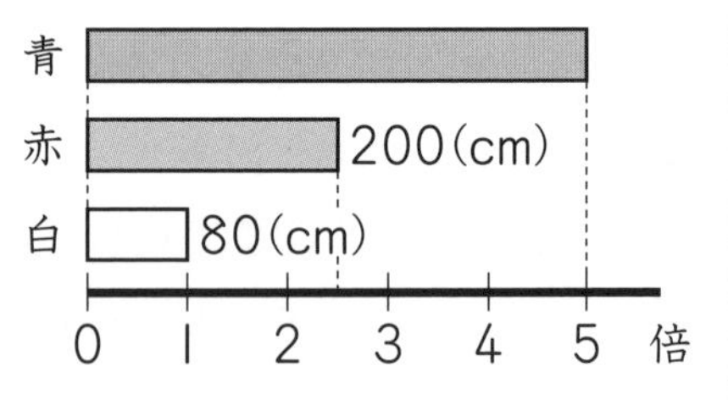

考え方 白のテープの長さ(８０cm)を１とみて、赤のテープ、青のテープの長さを考えます。

答え

① ２００÷８０＝２.５　　　答え　**２.５倍**

② ８０×５＝４００　　　答え　**４００cm**

何倍かを求める問題では、もとにする大きさが何かを考えるんだね。

3 7×4＝28をもとにして、①～④の積を求めましょう。

① 7×12　　② 70×40

③ 7×40　　④ 7×400

考え方 かけ算では、かけられる数やかける数が10倍、100倍になると、積も10倍、100倍になります。

答え

① 7×12＝**84**

7 × 4 ＝ 28
　↓×3　↓×3
7 × 12 ＝ 84

② 70×40＝**2800**

7 × 4 ＝ 28
↓×10　↓×10　↓×100
70 × 40 ＝ 2800

③ 7×40＝**280**

7 × 4 ＝ 28
　↓×10　↓×10
7 × 40 ＝ 280

④ 7×400＝**2800**

7 × 4 ＝ 28
　↓×100　↓×100
7 × 400 ＝ 2800

数と計算であそぼう かけ算、わり算パズル

考え方 ㋐から順に入れていかなくてもよい。3つの数のうち、2つの数がわかっているところから考えます。

①の㋔は4.5×6×㋔＝216だから　㋔＝216÷4.5÷6

と計算して求めることができます。

また、216＝6×6×6、1000＝10×10×10だから、下のように考えてもよいです。

216＝6×6×6
×1.5↓　×1↓　÷1.5↓
216＝9×6×㋑

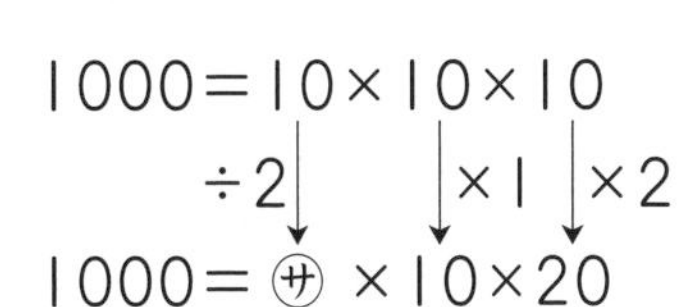

答え

①

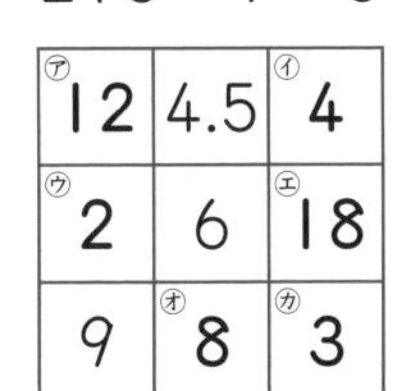

㋐12	4.5	㋑4
㋒2	6	㋓18
9	㋔8	㋕3

②

㋚5	㋛8	㋜25
㋝50	10	㋞2
㋟4	12.5	20

小数のかけ算

かけ算の世界を広げよう

教 上 p.41～43

1 1mのねだんが80円のリボンを、2.3m買いました。
代金はいくらですか。

1 その式を書いた理由を説明しましょう。
2 2人の考えを説明しましょう。
3 2人の考えで、共通していることはどんなことでしょうか。

ねらい リボンの長さが小数で表されるときの代金を求める式や、代金の求め方を考えます。

考え方 リボンの長さが小数で表されていても、代金を求めるときには、整数のときと同じように、かけ算の式をたてることができます。

答え **1** 式 80×2.3　　答え 184円

1 (例)**あみの考え**
2.3m買ったときの代金も、整数のときと同じように、
1mのねだん × 買った長さ(m) ＝ 代金
の式を使って求められるから。

(例)**はるとの考え**
代金はリボンの長さに比例(ひれい)するので、リボンの長さが2.3倍になれば、代金も2.3倍になるから。

2 **りくの考え**
80×2.3＝80÷10×23
＝184
答え 184円

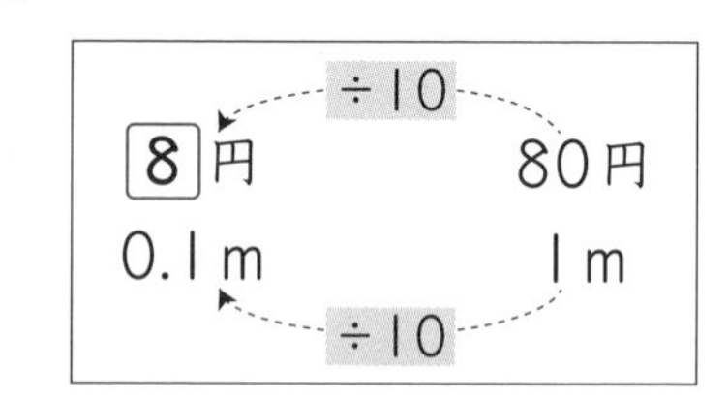

みさきの考え
80×2.3＝80×23÷10
＝184
答え 184円

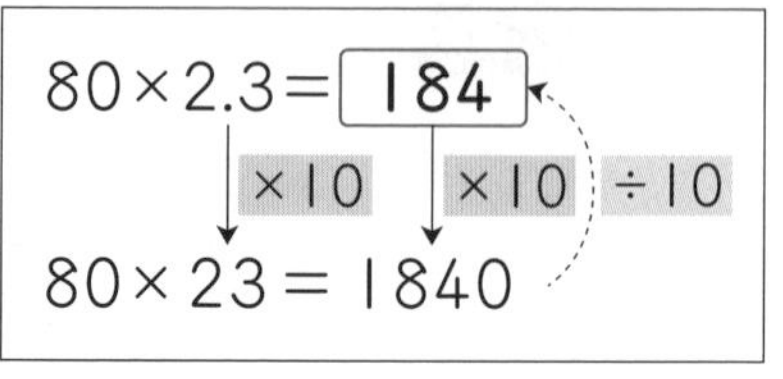

3 **あみ…2人とも、整数だけの計算になおして求めている。**

練習

教 上p.44

⚠1 1mの重さが180gのホースがあります。
このホース1.6mの重さは何gですか。

ねらい **かける数が小数になるときの式や計算のしかたを考えます。**

考え方 式は、整数のときと同じように

［1mの重さ］×［長さ］=［全体の重さ］

で考えます。計算のしかたは、教科書43ページのりくやみさきの考えをもとに、整数で計算できるようにくふうします。

答え **りくの考え** 180×1.6=180÷10×16
=288　　　答え　**288g**

みさきの考え 180×1.6=180×16÷10
=288　　　答え　**288g**

教 上p.44～45

2 1mの重さが2.14kgのパイプがあります。
このパイプ3.8mの重さは何kgですか。

1 右の計算のしかたを説明しましょう。

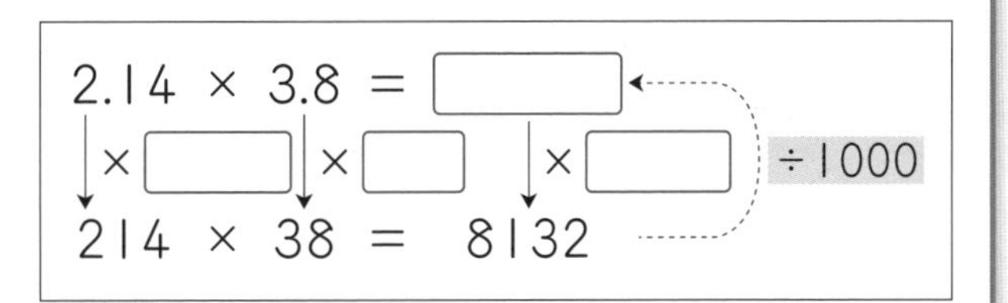

ねらい **小数×小数の計算のしかたを考えます。**

考え方 かけ算では、かけられる数やかける数を10倍、100倍すると、積も10倍、100倍になります。この性質(せいしつ)を使って、計算のしかたを考えてみると、かけられる数とかける数の両方とも整数にできます。

答え **2** 式　**2.14×3.8**　　答え　**8.132kg**

1 2.14 × 3.8 = ［8.132］
↓×［100］ ↓×［10］ ↓×［1000］　÷1000
214 × 38 = 8132

(例) 2.14を100倍し、3.8を10倍してそれぞれを整数にして214×38の計算をし、この積を1000でわる。

練習

教 上 p.46

△2 176×54＝9504 をもとにして、下の積を求めましょう。

① 17.6×54　② 176×5.4　③ 1.76×5.4

ねらい 整数×整数の積をもとにして、小数×小数、小数×整数の積を考えます。

考え方

① 17.6×54＝□
（17.6 ×10 → 176、□ ×10 → 9504、9504 ÷10 → □）
176×54＝9504

② 176×5.4＝□
（5.4 ×10 → 54、□ ×10 → 9504、9504 ÷10 → □）
176×54＝9504

③ 1.76×5.4＝□
（1.76 ×100 → 176、5.4 ×10 → 54、□ ×1000 → 9504、9504 ÷1000 → □）
176×54＝9504

答え

① 17.6×54＝**950.4**

② 176×5.4＝**950.4**

③ 1.76×5.4＝**9.504**

△3 正しい積になるように、積に小数点をうちましょう。

①
$$\begin{array}{r} 1.7 \\ \times\ 2.3 \\ \hline 51 \\ 34 \\ \hline 391 \end{array}$$

②
$$\begin{array}{r} 76.5 \\ \times\ 8.3 \\ \hline 2295 \\ 6120 \\ \hline 63495 \end{array}$$

ねらい 小数×小数の計算で、積の小数点の位置を考えます。

考え方 小数を整数にするために、それぞれ何倍すればよいかを考えます。

答え 積の小数点は、かけられる数とかける数の小数点の右にあるけたの数の和だけ、右から数えてうちます。

①
$$\begin{array}{r} 1.7 \\ \times\ 2.3 \\ \hline 51 \\ 34 \\ \hline 3.91 \end{array}$$
1.7 → 右に1けた
2.3 → 右に1けた
1＋1
3.91 ← 左へ2けた

②
$$\begin{array}{r} 76.5 \\ \times\ 8.3 \\ \hline 2295 \\ 6120 \\ \hline 634.95 \end{array}$$
76.5 → 右に1けた
8.3 → 右に1けた
1＋1
634.95 ← 左へ2けた

教 上p.46

 答えの見当をつけてから、筆算で計算しましょう。

① 4.37×5.6　② 3.81×7.4　③ 3.9×2.1
④ 19.6×3.02　⑤ 54×6.8　⑥ 816×2.3

ねらい **小数のかけ算の筆算をします。**

考え方 小数をかける筆算は、まず、小数点がないものとして計算してから、△3 のようにして、積の小数点をうちます。
答えの見当は、上から1けたのがい数にして計算し、積を見積もります。

答え 答えの見当

① **4×6=24**　② **4×7=28**　③ **4×2=8**
④ **20×3=60**　⑤ **50×7=350**　⑥ **800×2=1600**

筆算

```
①    4.37     ②    3.81     ③   3.9
   ×  5.6        ×  7.4        ×2.1
    2622          1524          39
   2185          2667          78
   24.472        28.194        8.19

④    19.6     ⑤     54      ⑥    816
   × 3.02        × 6.8         ×  2.3
     392          432          2448
   588          324           1632
   59.192        367.2        1876.8
```

教 上p.46

3 右の筆算のしかたを説明しましょう。

```
(1)   4.92     (2)  0.18
    ×  7.5        ×  3.4
     2460            72
    3444             54
    36.900         0.612
```

ねらい **0を消したり、0をつけたりして、小数×小数の積を考えます。**

考え方 (1)では0を消しています。また、(2)では0をつけています。
どんなときに0を消したり、つけたりするのかを考えます。

答え (1) (例)積の小数点は、かけられる数とかける数の小数点の右にあるけたの数の和だけ、右から数えてうちます。36.900は36.9と等しいから、小数点より右にあるはしの2つの0は必要ないので消します。

(2) (例)積の小数点は、かけられる数とかける数の小数点の右にあるけたの数の和だけ、右から数えてうちます。このとき、小数点の左に数がないので、一の位に0をつけます。

練習

教 上p.46

① 2.35×5.6　② 3.6×9.5　③ 875×1.2
④ 0.17×1.2　⑤ 0.23×3.1　⑥ 0.6×1.5

ねらい 0を消したり、0をつけたりして積を求めます。

考え方 ①〜③、⑥　積の小数点より右にあるはしの数が0のときは、消します。

④〜⑥　積の小数点の左に数がないときは、0をつけます。

答え

① $\begin{array}{r} 2.35 \\ \times\ 5.6 \\ \hline 1410 \\ 1175 \\ \hline 13.160 \end{array}$　② $\begin{array}{r} 3.6 \\ \times 9.5 \\ \hline 180 \\ 324 \\ \hline 34.20 \end{array}$　③ $\begin{array}{r} 875 \\ \times\ 1.2 \\ \hline 1750 \\ 875 \\ \hline 1050.0 \end{array}$

④ $\begin{array}{r} 0.17 \\ \times\ 1.2 \\ \hline 34 \\ 17 \\ \hline 0.204 \end{array}$　⑤ $\begin{array}{r} 0.23 \\ \times\ 3.1 \\ \hline 23 \\ 69 \\ \hline 0.713 \end{array}$　⑥ $\begin{array}{r} 0.6 \\ \times 1.5 \\ \hline 30 \\ 6 \\ \hline 0.90 \end{array}$

教 上p.47

4 1Lの重さが400gの土があります。
この土の1.3L、0.6Lの重さは、それぞれ何gですか。

1　1.3L、0.6Lのとき、それぞれの重さを□gとして数直線の図に表し、□を求める式を書きましょう。また、答えも求めましょう。

2　㋐の答えが400gより重い理由、㋑の答えが400gより軽い理由を、それぞれ数直線の図を使って説明しましょう。

ねらい **1より小さい数をかけるとき、積の大きさとかけられる数の大きさの関係を考えます。**

答え **4** 1.3 L…**520g**、0.6 L…**240g**

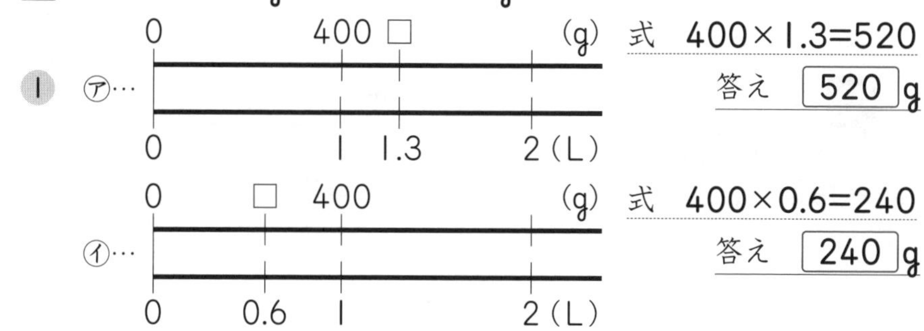

2 (例)㋐…㋐のときの数直線の図を見ると、1.3 Lは、1 Lより大きいので、1 Lの右側にきます。だから、重さも400gより重い。

㋑…㋑のときの数直線の図を見ると、0.6 Lは、1 Lより小さいので、1 Lの左側にきます。だから、重さも400gより軽い。

練習

教 上 p.48

6 積が、6より小さくなるのはどれですか。

㋐ 6×0.9　㋑ 6×1.4　㋒ 6×2.08　㋓ 6×0.85

ねらい **かける数の大きさと積の大きさの関係を考えます。**

考え方 かける数がどんなとき、積がかけられる数より小さくなるか考えます。

答え 1より小さい数をかけると、積はかけられる数より小さくなります。

㋐、㋓

教 上 p.48

7 ① 8.3×0.7　② 29.3×0.4　③ 0.9×0.6　④ 0.2×0.03　⑤ 0.5×0.8　⑥ 1.25×0.4

ねらい **1より小さい数をかけるかけ算を計算します。**

考え方 どの計算も、1より小さい数をかけているから、積はかけられる数より小さくなります。

答え

① $\begin{array}{r} 8.3 \\ \times\ 0.7 \\ \hline 5.81 \end{array}$　② $\begin{array}{r} 29.3 \\ \times\ \ 0.4 \\ \hline 11.72 \end{array}$　③ $\begin{array}{r} 0.9 \\ \times\ 0.6 \\ \hline 0.54 \end{array}$

④
$$\begin{array}{r} 0.2 \\ \times 0.03 \\ \hline 0.006 \end{array}$$

⑤
$$\begin{array}{r} 0.5 \\ \times 0.8 \\ \hline 0.40 \end{array}$$

⑥
$$\begin{array}{r} 1.25 \\ \times \ 0.4 \\ \hline 0.500 \end{array}$$

教 ㊤p.48

5 右の、㋐の長方形の面積、㋑の直方体の体積をそれぞれ求めましょう。

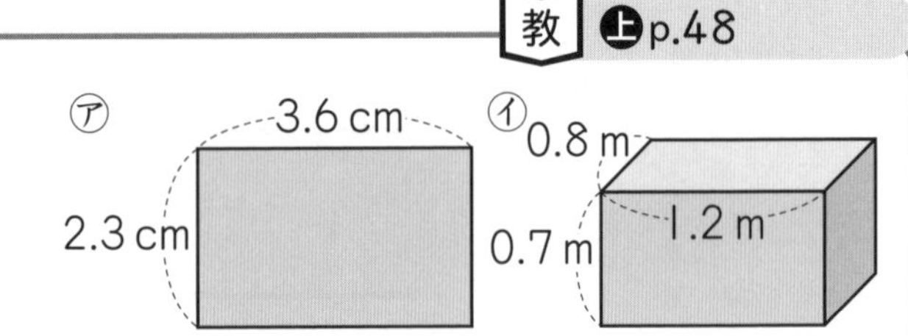

1 ㋐の長方形には、1辺が1mmの正方形が何こありますか。

2 ㋐の長方形の面積は何cm^2ですか。

3 2.3×3.6の計算で、㋐の長方形の面積が求められるか確(たし)かめましょう。

4 ㋑の直方体の体積を、たて、横、高さをcm単位とm(メートル)単位でそれぞれ計算して、答えを比(くら)べましょう。

ねらい **辺の長さが小数で表されているときの、面積や体積の求め方を考えます。**

考え方 1 1cm＝10mmだから、1辺が1mmの正方形が、たてに23こ、横に36こならびます。

4 1m＝100cmだから、100×100×100＝1000000で、$1\,m^3$＝1000000cm^3となります。

0.8m＝80cm、1.2m＝120cm、0.7m＝70cmです。

答え **5** ㋐ **8.28cm^2** ㋑ **0.672m^3**

1 23×36＝828 答え **828こ**

2 100mm^2＝1cm^2、828÷100＝8.28 答え **8.28cm^2**

3
$$\begin{array}{r} 2.3 \\ \times 3.6 \\ \hline 138 \\ 69 \\ \hline 8.28 \end{array}$$

2.3×3.6を計算すると、積は2と同じ8.28になるから、2.3×3.6の計算で㋐の長方形の**面積は求められます。**

4 cm単位…80×120×70＝672000

答え **672000cm^3**

m(メートル)単位…0.8×1.2×0.7＝0.672

答え **0.672m^3**

672000cm^3をm(メートル)単位で表すと、0.672m^3となり、m(メートル)単位で計算したときと**答えは同じになります。**

教 ㊤p.49

6 右の長方形の面積は何cm^2ですか。

6.3 cm
5.5 cm
4.5 cm

1 上の長方形、下の長方形の面積は、それぞれ何cm^2ですか。また、あわせて何cm^2ですか。

2 たて10cm、横6.3cmの長方形とみて面積を求め、1の答えと比べましょう。

3 ㋐～㋓の■、●、▲に、自分で小数を決めてあてはめ、等号の左側と右側が等しいか確かめましょう。

㋐ ■×●＝●×■

㋑ (■×●)×▲＝■×(●×▲)

㋒ (■＋●)×▲＝■×▲＋●×▲

㋓ (■−●)×▲＝■×▲−●×▲

ねらい **整数のときに成り立った計算のきまりが、小数のときにも成り立つかどうかを考えます。**

答え **6** $63cm^2$

1 上の長方形…5.5×6.3＝34.65　　答え　**$34.65cm^2$**

下の長方形…4.5×6.3＝28.35　　答え　**$28.35cm^2$**

あわせて……34.65＋28.35＝63　　答え　**$63cm^2$**

2 たて10cm、横6.3cmの長方形の面積…10×6.3＝63(cm^2)

1の答えと等しくなる。

3 (例)■に7.5、●に2.5、▲に0.4をあてはめて計算すると、

㋐…7.5×2.5＝18.75、2.5×7.5＝18.75

㋑…(7.5×2.5)×0.4＝7.5、7.5×(2.5×0.4)＝7.5

㋒…(7.5＋2.5)×0.4＝4、7.5×0.4＋2.5×0.4＝4

㋓…(7.5−2.5)×0.4＝2、7.5×0.4−2.5×0.4＝2

それぞれ、**等号の左側と右側は等しくなる。**

(いろいろな小数で確かめてみましょう。)

練習

教 ㊤p.49

8 教科書49ページの㋐～㋓の計算のきまりを使って、くふうして計算しましょう。

① $1.7 \times 4 \times 2.5$　② $2.4 \times 1.8 + 2.6 \times 1.8$

③ 25.3×4　④ 9.8×15

ねらい **計算のきまりを使って、計算がかん単になるようにくふうします。**

考え方 それぞれどのきまりを使うと計算がかん単になるかを考えます。

① ㋑のきまりを使って4×2.5を先に計算します。

② ㋒のきまりの等号の左右を逆(ぎゃく)にした

■×▲＋●×▲＝(■＋●)×▲

を使います。

③ $25.3 = 25 + 0.3$として㋒を使います。

④ $9.8 = 10 - 0.2$として㋓を使います。

それぞれ、どんなくふうをしたかがわかるように式を書きます。

答え

① $1.7 \times 4 \times 2.5 = 1.7 \times (4 \times 2.5)$
$= 1.7 \times 10$
$= \mathbf{17}$

② $2.4 \times 1.8 + 2.6 \times 1.8 = (2.4 + 2.6) \times 1.8$
$= 5 \times 1.8$
$= \mathbf{9}$

③ $25.3 \times 4 = (25 + 0.3) \times 4$
$= 25 \times 4 + 0.3 \times 4$
$= 100 + 1.2$
$= \mathbf{101.2}$

④ $9.8 \times 15 = (10 - 0.2) \times 15$
$= 10 \times 15 - 0.2 \times 15$
$= 150 - 3$
$= \mathbf{147}$

教科書のまとめ

テスト前にチェックしよう！

教 ㊤p.41～49

□ ❶ **小数のときの倍の見方**

もとにする数を1とみたとき、もとの□倍にあたる数を求めるときには、□が小数のときにも、**整数のときと同じように**、かけ算の式をたてることができる。

求める式は　もとにする数 × □

□ ❷ **小数×小数の計算のしかた**

小数をかける計算は、**整数の計算でできるように考える**と、答えを求めることができる。

2.14×3.8の積は、2.14を100倍し、3.8を10倍して214×38の計算をし、積を1000でわれば求められる。

□ ❸ **小数をかける筆算のしかた**

①
```
   2.14
×   3.8
```
小数点を考えないで、右にそろえて書く。

②
```
   2.14
×   3.8
  1712
  642
  8132
```
小数点がないものとして整数のかけ算をする。

③
```
   2.①④ → ②けた
×   3.⑧ → ①けた
  1712
  642
  8.①③② ← ③けた
```
積の小数点は、かけられる数とかける数の小数点の右にあるけたの数の和だけ、右から数えてうつ。

□ ❹ **かける数の大きさと積の大きさの関係**

1より小さい数をかけると、「積＜かけられる数」となる。

1より大きい数をかけると、「積＞かけられる数」となる。

□ ❺ **辺の長さが小数のときの面積と体積**

面積や体積は、辺の長さが小数で表されていても、**整数のときと同じように**、公式を使ってかけ算で求めることができる。

□ ❻ **小数の計算のきまり**

整数のときに成り立った計算のきまりは、小数のときにも**整数のときと同じように**成り立つ。

㋐　■×●＝●×■

㋑　(■×●)×▲＝■×(●×▲)

㋒　(■＋●)×▲＝■×▲＋●×▲

㋓　(■－●)×▲＝■×▲－●×▲

たしかめよう

教㊤p.50

計算をしましょう。

① 8×1.7　② 14×3.9　③ 7.8×2.9

④ 21.3×3.5　⑤ 4.2×5.34　⑥ 10.3×3.14

⑦ 5.5×4.4　⑧ 4.26×6.5　⑨ 315×4.6

⑩ 0.34×2.5　⑪ 0.62×1.3　⑫ 0.47×1.9

考え方 答えの見当をつけて、積の小数点の位置をまちがえないようにします。

答え

①
```
     8
  ×1.7
    56
    8
  13.6
```

②
```
    14
  ×3.9
   126
   42
  54.6
```

③
```
    7.8
  × 2.9
    702
   156
  22.62
```

④
```
    21.3
  ×  3.5
    1065
    639
   74.55
```

⑤
```
      4.2
   ×5.34
      168
     126
    210
  22.428
```

⑥
```
    10.3
   ×3.14
     412
    103
   309
  32.342
```

⑦
```
     5.5
    ×4.4
     220
    220
   24.2~~0~~
```

⑧
```
    4.26
  ×  6.5
    2130
   2556
   27.69~~0~~
```

⑨
```
     315
   × 4.6
    1890
   1260
  1449.~~0~~
```

⑩
```
    0.34
  ×  2.5
     170
     68
   0.85~~0~~
```

⑪
```
    0.62
  ×  1.3
     186
     62
   0.806
```

⑫
```
    0.47
  ×  1.9
     423
     47
   0.893
```

1mの重さが18.5gのはり金があります。
このはり金3.6mの重さは何gですか。

答え 18.5×3.6＝66.6

答え　**66.6g**

(　)の中の式で、積がかけられる数より小さくなるのはどちらですか。

① $(4\times1.2 \quad 4\times0.8)$

② $(1.6\times0.7 \quad 1.6\times1.1)$

③ $(0.3\times0.9 \quad 0.3\times1.4)$

答え ① 4×0.8　② 1.6×0.7　③ 0.3×0.9

計算をしましょう。

① 24×0.8　② 0.69×0.37　③ 0.4×0.5

答え

①
$$\begin{array}{r} 24 \\ \times\ 0.8 \\ \hline 19.2 \end{array}$$

②
$$\begin{array}{r} 0.69 \\ \times\ 0.37 \\ \hline 483 \\ 207 \\ \hline 0.2553 \end{array}$$

③
$$\begin{array}{r} 0.4 \\ \times\ 0.5 \\ \hline 0.2\not{0} \end{array}$$

たてが2.7m、横が4.35mの長方形の面積を求めましょう。

考え方 辺の長さが小数で表されていても、面積は、公式を使ってかけ算で求めることができます。
答えの単位に注意します。

答え $2.7\times4.35=11.745$

答え　11.745m^2

計算のきまりを使って、くふうして計算しましょう。

① $4\times7.63\times2.5$　② $6.4\times2.3+3.6\times2.3$

考え方 整数のときに成り立った計算のきまりは、小数のときにも整数のときと同じように成り立ちます。
①は$4\times2.5=10$、②は$6.4+3.6=10$であることに注目します。

答え ① 教科書49ページの㋐、㋑を使います。

$$\begin{aligned} 4\times7.63\times2.5 &= 7.63\times4\times2.5 \\ &= 7.63\times(4\times2.5) \\ &= 7.63\times10 \\ &= 76.3 \end{aligned}$$

② 教科書49ページの㋒のきまりの等号の左右を逆にして使います。

$$6.4\times2.3+3.6\times2.3=(6.4+3.6)\times2.3$$
$$=10\times2.3$$
$$=23$$

つないでいこう 算数の目 ～大切な見方・考え方 教 ㊤p.51

1 かけ算の意味に注目し、整数のかけ算をもとにして小数のかけ算を考える

1mの重さが3.4kgのパイプがあります。このパイプ2.6mの重さは何kgですか。また、0.8mの重さは何kgですか。

1 しほさんは、2.6mの重さを求めるのに、どんな式を書けばよいか、数直線の図を使って説明しています。

□にあてはまる数を考えて、しほさんの考えを説明しましょう。

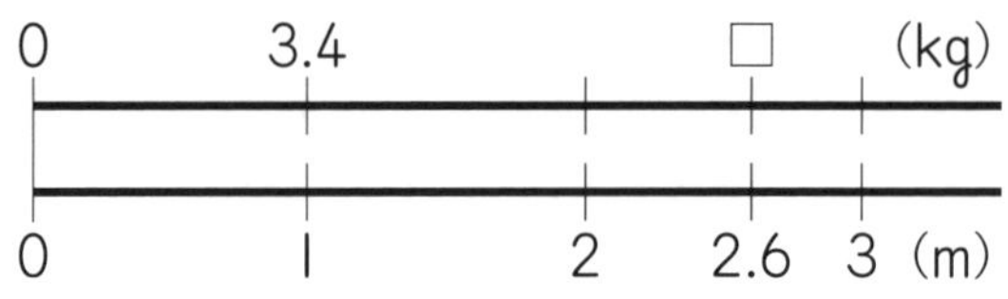

式

2 あみさんは、0.8mの重さを求める式を3.4×0.8と書き、その答えの大きさについて、数直線の図を使って説明しています。

□にあてはまることばを考えて、あみさんの考えを説明しましょう。

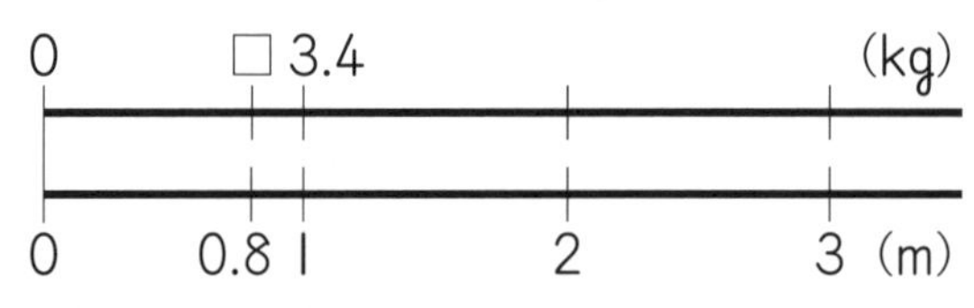

答え

答え

1 **しほの考え**

3.4kgを 1 とみたとき、 2.6 にあたる重さを求めるから
数直線の図の□を求める式は、3.4×2.6　　式 **3.4×2.6**

2 **あみの考え**

答えは、3.4kgを1とみたとき、0.8にあたる重さです。
数直線の図で0.8は1より 左側 にあるので、積は3.4より 小さく なります。0.8mの重さは、3.4×0.8＝2.72(kg)
だから、数直線の図の□を求めると、2.72　　答え **2.72**

小数のわり算

5 わり算の世界を広げよう

どんなわり算を学習してきたかな？

教 上p.52

みさき 72÷8

72÷8の商は、

9 です。

こうた 84÷21

```
       4
21 ) 84
     84
      0
```

はると 7200÷800

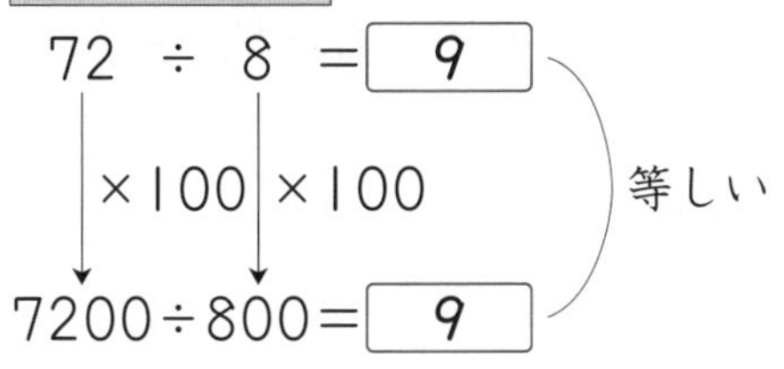

あ　み 9.4÷4

9.4を 9.40 と考えて計算を続けます。

教 上p.53〜55

1 リボンを2.5m買ったら、代金は300円でした。
このリボン1mのねだんは何円ですか。

1. その式を書いた理由を説明しましょう。
2. 2人の考えを説明しましょう。
3. 2人の考えで、共通していることはどんなことでしょうか。

ねらい 買う長さが小数で表されるときの1mのねだんを求める式と、その式の計算のしかたを考えます。

答え **1** 式 300÷2.5　答え 120円

1 (例)**あみの考え**

買った長さが整数のときの式は、わり算だから、買った長さが小数で表されていても、整数のときと同じように、1mのねだんはわり算で、

[代金]÷[買った長さ(m)]＝[1mのねだん]

で求められるから。

(例)**はるとの考え**

1mのねだんを□円とします。買った長さが2.5倍になると、代金も2.5倍になるので、□を使ったかけ算の式に表すと、□×2.5＝300となります。

□を求めるので、□を求める式は300÷2.5になるから。

2 **あみの考え**

2.5mは、0.1mの25こ分。0.1mのねだんを求めて、10倍すればよい。

- 0.1mのねだん…300÷25
- 1mのねだん…(300÷25)×10

300÷2.5＝300÷25×10

＝[120]　答え [120]円

こうたの考え

リボンの長さが10倍になると、代金も10倍になるけど、1mのねだんは変わらない。

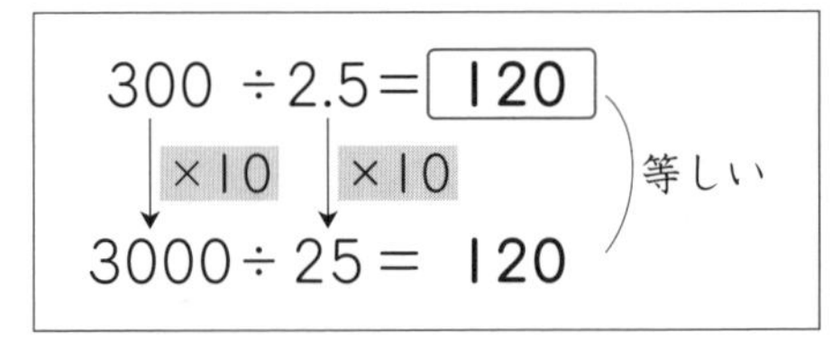

だから、2.5mの10倍の25mのときのねだんを求めて、それを25でわればよい。

- 25mの代金…300×10
- 1mのねだん…(300×10)÷25

300÷2.5＝300×10÷25

＝[120]　答え [120]円

3 **しほ…2人とも、[整数]だけの計算になおして求めている。**

練習

教 上p.56

 1.5mのホースの重さをはかったら、270gありました。
このホース1mの重さは何gですか。

ねらい **わる数が小数になる場面について考えます。**

考え方 式は、整数のときと同じように

重さ÷長さ

で考えます。

計算のしかたは、教科書55ページのあみとこうたの考えをもとに、整数で計算できるようにくふうします。

答え **あみの考え**

1.5mは、0.1mの15こ分だから、1mの重さは、0.1mの重さを求めて、10倍する。

270÷1.5＝(270÷15)×10
＝18×10
＝180

答え 180g

こうたの考え

ホースの長さが10倍になると、重さも10倍になるけど、1mの重さは変わらない。だから、1.5mの10倍の15mの重さを求めて、それを15でわる。

270÷1.5＝(270×10)÷15
＝2700÷15
＝180

答え 180g

教 上 p.56~57

2 6.3mの重さが7.56kgの鉄のぼうがあります。
この鉄のぼう1mの重さは何kgですか。

1 右の計算のしかたを説明しましょう。

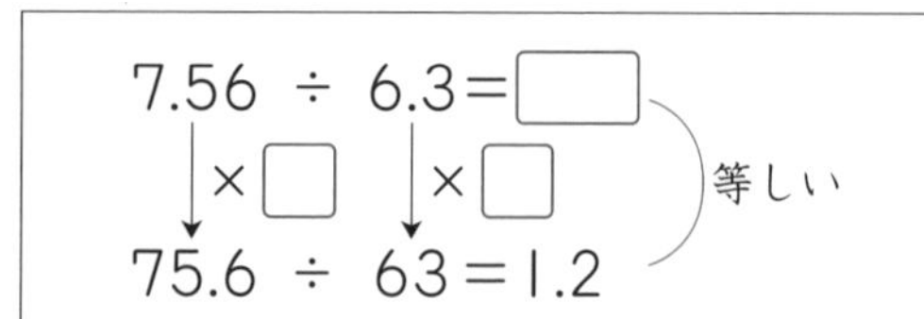

ねらい **小数÷小数の計算のしかたを考えます。**

考え方 わり算では、わられる数とわる数に同じ数をかけても、商は変わりません。この性質(せいしつ)を使って、計算のしかたを考えます。

答え **2** 式 7.56÷6.3　答え 1.2kg

はると…わる数が**整数**だったら、学習した方法で計算できるから…。

1 7.56 ÷ 6.3＝1.2
↓×10 ↓×10 （等しい）
75.6 ÷ 63＝1.2

(例)わる数が整数になるようにして、計算すればよい。
わられる数とわる数に同じ数をかけても、商は変わらないので、7.56÷6.3のわる数が整数になるように、7.56と6.3の両方を10倍して、75.6÷63を計算する。7.56÷6.3の商は、75.6÷63の商と等しいので、1.2になる。

―― 練習 ――

教 上 p.58

 221÷65＝3.4をもとにして、下の商を求めましょう。
① 22.1÷6.5　② 2.21÷0.65　③ 0.221÷0.065

ねらい **整数÷整数の商をもとにして、小数÷小数の商を考えます。**

答え ①~③ともに、わられる数とわる数に同じ数をかけると221÷65の計算になるので、商は221÷65の商3.4と等しくなる。

① 22.1÷6.5＝**3.4**
② 2.21÷0.65＝**3.4**
③ 0.221÷0.065＝**3.4**

教 上p.58

 答えの見当をつけてから、筆算で計算しましょう。

① 2.38÷1.7　② 8.96÷2.8　③ 38.7÷8.6
④ 7.8÷6.5　⑤ 4.71÷3.14　⑥ 58.4÷7.3
⑦ 25.8÷4.3　⑧ 65.6÷1.6　⑨ 47.7÷1.59

ねらい **小数÷小数の計算をします。**

考え方 小数でわる筆算は、下のようにします。

❶ わる数の小数点を右にうつして、整数になおす。

❷ わられる数の小数点も、わる数の小数点をうつしたけたの数だけ右にうつす。

❸ わる数が整数のときと同じように計算し、右にうつした後のわられる数の小数点にそろえて、商の小数点をうつ。

答えの見当は、上から1けたのがい数にして商を見積もります。

答え (上に答えの見当、下に筆算)

① **2÷2＝1**

```
      1.4
1.7)2.3.8
    1 7
      6 8
      6 8
        0
```

② **9÷3＝3**

```
      3.2
2.8)8.9.6
    8 4
      5 6
      5 6
        0
```

③ **40÷9＝4.…**

```
        4.5
8.6)3 8.7
    3 4 4
      4 3 0
      4 3 0
          0
```

④ **8÷7＝1.…**

```
      1.2
6.5)7.8
    6 5
    1 3 0
    1 3 0
        0
```

⑤ **5÷3＝1.…**

```
          1.5
3.1 4)4.7 1
      3 1 4
      1 5 7 0
      1 5 7 0
            0
```

⑥ **60÷7＝8.…**

```
         8
7.3)5 8.4
    5 8 4
        0
```

⑦ **30÷4＝7.5**

```
         6
4.3)2 5.8
    2 5 8
        0
```

⑧ **70÷2＝35**

```
       4 1
1.6)6 5.6
    6 4
      1 6
      1 6
        0
```

⑨ **50÷2＝25**

```
            3 0
1.5 9)4 7.7 0
      4 7 7
            0
```

注意! 答えの見当と比(くら)べて、商の小数点の位置がまちがっていないか確(たし)かめましょう。

5 小数のわり算

教 上 p.58

3 下の筆算のしかたを説明しましょう。

(1) 2.34÷3.9

```
      0.6
3.9)2.3.4
    2 3 4
        0
```

(2) 1.8÷2.4

```
       0.7 5
2.4)1.8.0
    1 6 8
      1 2 0
      1 2 0
          0
```

(3) 8÷2.5

```
      3.2
2.5)8.0
    7 5
      5 0
      5 0
        0
```

ねらい **商が一の位にたたないときや、わられる数が整数のときの計算のしかたを考えます。**

考え方 教科書57ページで考えた計算のしかたとどこがちがっているのか考えます。

答え (1) 23.4は39より小さいので、商の一の位に0を書き、小数点をうってから計算する。

(2) 商の一の位に0を書いて小数点をうった後、18を18.0と考えて$\frac{1}{10}$の位のわり算をする。$\frac{1}{100}$の位ではわられる数にさらに0をつけたしてわり算を続ける。

(3) わられる数が整数なので、8のあとに小数点をうち、0をつけたしてから小数点をうつして計算する。

練習

① 5.04÷8.4　② 3.92÷5.6　③ 2.1÷2.5
④ 1.17÷3.6　⑤ 6÷2.4　⑥ 42÷5.6

ねらい **商が一の位にたたないときや、わられる数が整数のときの計算をします。**

答え

①

```
      0.6
8.4)5.0.4
    5 0 4
        0
```

②

```
      0.7
5.6)3.9.2
    3 9 2
        0
```

③

```
      0.8 4
2.5)2.1.0
    2 0 0
      1 0 0
      1 0 0
          0
```

④
```
        0.3 2 5
3.6)1.1.7
     1 0 8
         9 0
         7 2
         1 8 0
         1 8 0
             0
```

⑤
```
       2.5
2.4)6.0
     4 8
     1 2 0
     1 2 0
         0
```

⑥
```
        7.5
5.6)4 2.0
     3 9 2
       2 8 0
       2 8 0
           0
```

教 上 p.59

4 1.2 m の代金が240円の赤いリボンと、0.8 m の代金が240円の青いリボンがあります。

1 m のねだんは、それぞれいくらですか。

1 赤いリボンと青いリボン、それぞれの 1 m のねだんを□円として数直線の図に表し、□を求める式を書きましょう。

また、答えも求めましょう。

2 赤いリボンの答えが240円より安い理由、青いリボンの答えが240円より高い理由を、それぞれ数直線の図を使って説明しましょう。

ねらい **わる数の大きさと商の大きさの関係を考えます。**

答え **4** 赤いリボン…**200円**、青いリボン…**300円**

1

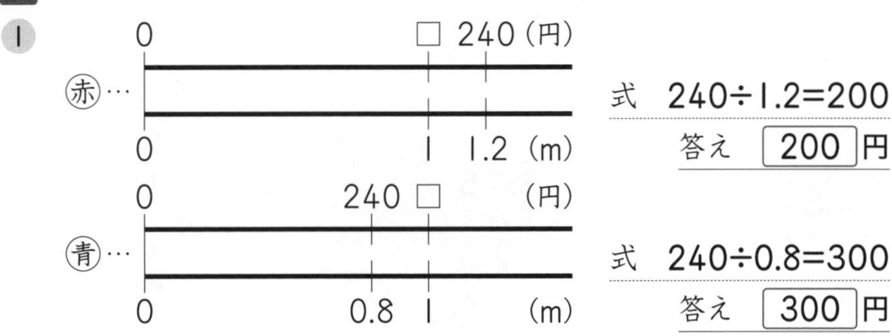

2 赤…赤いリボンの数直線の図を見ると、1 m は、1.2 m より小さいので、1.2 m の左側にきます。

だから、ねだんも240円より安い。

青…青いリボンの数直線の図を見ると、1 m は、0.8 m より大きいので、0.8 m の右側にきます。

だから、ねだんも240円より高い。

練習

教 上 p.60

5 商が、8より大きくなるのはどれですか。

㋐ 8÷1.5　　㋑ 8÷0.02　　㋒ 8÷0.64　　㋓ 8÷5

ねらい **わる数の大きさと商の大きさの関係を考えます。**

考え方 わる数がどんなとき、商はわられる数より大きくなるかを考えます。

答え 1より小さい数でわると、商はわられる数より大きくなります。

㋑、㋒

教 上 p.60

6 ① 19.8÷0.3　　② 3.9÷0.6　　③ 7.4÷0.4

④ 3.75÷0.6　　⑤ 0.51÷0.4　　⑥ 6÷0.5

ねらい **1より小さい数でわるわり算を計算します。**

考え方 わる数が1より小さいとき、商はわられる数より大きくなります。

答え

①
```
       6 6
0.3)1 9.8
    1 8
      1 8
      1 8
        0
```

②
```
      6.5
0.6)3.9
    3 6
      3 0
      3 0
        0
```

③
```
      1 8.5
0.4)7.4
    4
    3 4
    3 2
      2 0
      2 0
        0
```

④
```
       6.2 5
0.6)3.7.5
    3 6
      1 5
      1 2
        3 0
        3 0
          0
```

⑤
```
       1.2 7 5
0.4)0.5.1
      4
      1 1
        8
        3 0
        2 8
          2 0
          2 0
            0
```

⑥
```
      1 2
0.5)6.0
    5
    1 0
    1 0
      0
```

教 ㊤p.60

5 1.5 L のすなの重さをはかったら、2.5 kg ありました。
このすな 1 L の重さは何 kg ですか。

① 商を四捨五入(ししゃごにゅう)して、上から2けたのがい数にしましょう。

ねらい **小数のわり算で、商をがい数で表すときのしかたを考えます。**

考え方 わり算では、わりきれないときや、商のけた数が多いときなどに、商をがい数で表すことがあります。

① 上から2けたのがい数にするには、上から3けための数を四捨五入します。

答え **5** 式 2.5÷1.5　答え 1.66… kg

① 2.5÷1.5＝1.~~66~~…（7）　答え 約1.7 kg

―― 練習 ――

教 ㊤p.60

7 1.8 m^2 の重さが 4.8 kg の鉄の板があります。この鉄の板 1 m^2 の重さは何 kg ですか。答えは四捨五入して、上から2けたのがい数で求めましょう。

ねらい **小数のわり算で、商をがい数で求めます。**

考え方 1 m^2 の重さは、重さ ÷ 面積(m^2) で求められます。
上から2けたのがい数で求めるときは、上から3けための数を四捨五入します。

答え 4.8÷1.8＝2.~~66~~…（7）　答え 約2.7 kg

5 小数のわり算

教 上p.61

6 2.5mのリボンを、1人に0.7mずつ配ります。
何人に配れますか。また、何mあまりますか。

1 右の筆算で、あまりの4はどんな大きさを表していますか。
2 図や検算（けんざん）で、あまりが0.4であることを確（たし）かめましょう。

```
        3
0.7)2.5
     2 1
       4
```

ねらい **小数のわり算で、あまりのある場合を考えます。**

答え **6** 式 **2.5÷0.7**

2.5÷0.7＝3あまり0.4

答え **3人に配れて、0.4mあまる。**

1 **0.4(0.1が4こあること)を表している。**

2

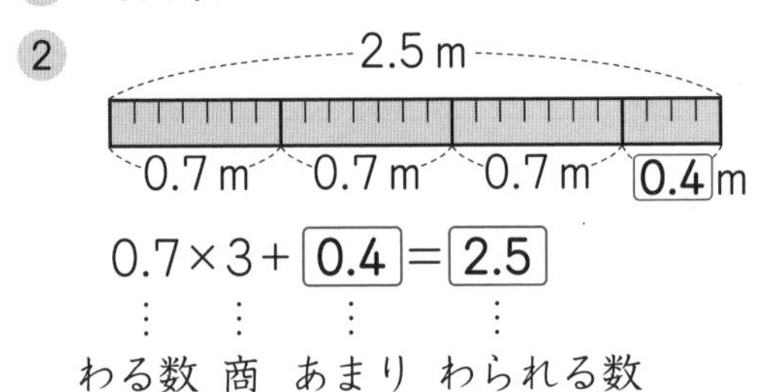

0.7×3＋**0.4**＝**2.5**

わる数　商　あまり　わられる数

注意！ あまりは4ではなく0.4であることに注意しましょう。

練習

教 上p.61

商は一の位まで求め、あまりも出しましょう。

① 4.9÷2.3　② 17.5÷9.6　③ 340÷7.2

ねらい **小数のわり算で商とあまりを求めます。**

考え方 あまりの小数点は、わられる数のもとの小数点にそろえてうちます。

答え

①
```
        2
2.3)4.9
     4 6
     0.3
```

②
```
          1
9.6)1 7.5
       9 6
       7.9
```

③
```
          4 7
7.2)3 4 0.0
     2 8 8
       5 2 0
       5 0 4
         1.6
```

教科書のまとめ

テスト前にチェックしよう！

教 上 p.53～61

□ ❶ リボン1mのねだんの求め方

1mのねだん(1にあたる大きさ)を求めるときには、代金がわかっているリボンの長さが小数で表されているときにも、**整数のときと同じように、**わり算の式をたてることができる。

求める式は　(わかっている代金)÷(その長さ)

□ ❷ 小数÷小数の計算のしかた

小数でわる計算は、**整数の計算でできるように考える**と、答えを求めることができる。

7.56÷6.3の商は、7.56と6.3の両方を10倍した75.6÷63の商と等しいことを使えば、求められる。

□ ❸ 小数でわる筆算のしかた

①
6.3)7.5 6
1けた

わる数の小数点を右にうつして、整数になおす。

②
6.3)7.5.6
1けた

わられる数の小数点も、わる数の小数点をうつしたけたの数だけ右にうつす。

③
```
      1.2
6.3)7.5.6
    6 3
    1 2 6
    1 2 6
        0
```

わる数が整数のときと同じように計算し、右にうつした後のわられる数の小数点にそろえて、商の小数点をうつ。

□ ❹ わる数の大きさと商の大きさの関係

1より小さい数でわると、「商>わられる数」となる。

1より大きい数でわると、「商<わられる数」となる。

□ ❺ わりきれないときの商の表し方

わり算では、わりきれないときや、商のけた数が多いときなどに、**商をがい数で表す**ことがある。

□ ❻ 小数のわり算でのあまりの小数点のうち方

筆算で小数のわり算のあまりを考えるとき、あまりの小数点は、わられる数のもとの小数点にそろえてうつ。

あまりの大きさは、小数点をうつす前の数の大きさで考える。

```
        3
0.7)2.5
    2 1
    0.4
```

たしかめよう

教 上 p.62

わりきれるまで計算しましょう。

① 36.1÷3.8	② 7.44÷6.2	③ 37.4÷8.5
④ 12.3÷4.1	⑤ 45.6÷3.8	⑥ 5.36÷6.7
⑦ 2.24÷3.2	⑧ 3.6÷4.5	⑨ 6.11÷9.4
⑩ 6÷2.5	⑪ 33÷7.5	⑫ 10.8÷0.4
⑬ 1.96÷0.5	⑭ 1.8÷0.8	⑮ 9÷0.6

答え

① 9.5 （3.8)36.1：342、190、190、0）

② 1.2 （6.2)7.44：62、124、124、0）

③ 4.4 （8.5)37.4：340、340、340、0）

④ 3 （4.1)12.3：123、0）

⑤ 12 （3.8)45.6：38、76、76、0）

⑥ 0.8 （6.7)5.36：536、0）

⑦ 0.7 （3.2)2.24：224、0）

⑧ 0.8 （4.5)3.60：360、0）

⑨ 0.65 （9.4)6.11：564、470、470、0）

⑩ 2.4 （2.5)6.0：50、100、100、0）

⑪ 4.4 （7.5)33.0：300、300、300、0）

⑫ 27 （0.4)10.8：8、28、28、0）

⑬ 3.92 （0.5)1.96：15、46、45、10、10、0）

⑭ 2.25 （0.8)1.8：16、20、16、40、40、0）

⑮ 15 （0.6)9.0：6、30、30、0）

 下の式の□に、㋐～㋕の６つの数をあてはめます。
商が最も大きくなるもの、最も小さくなるものは、それぞれどれですか。
計算をしないで答えましょう。

2.4÷□

㋐ 0.8　㋑ 1　㋒ 1.25
㋓ 0.09　㋔ 2.4　㋕ 0.1

考え方 同じ数をわるとき、商の大きさとわる数の大きさの関係を考えます。

答え 同じ数をわるとき、わる数が小さいほど商は大きくなります。
商が最も大きくなるもの
　㋐～㋕のうちで、最も小さい数でわるときだから　㋓
同じ数をわるとき、わる数が大きいほど商は小さくなります。
商が最も小さくなるもの
　㋐～㋕のうちで、最も大きい数でわるときだから　㋔

 4.5mの重さが0.9kgのホースがあります。
このホース1mの重さを求める式を書きましょう。

考え方 このホース1mの重さを□kgとすると、長さが4.5倍になれば、
重さも4.5倍になるから、□×4.5＝0.9となります。
この式から、□を求める式を考えます。

答え 0.9÷4.5

 △3のホース1kgの長さを求める式を書きましょう。

考え方 このホース1kgの長さを□mとすると、重さが0.9倍になれば、
長さも0.9倍になるから、□×0.9＝4.5となります。
この式から、□を求める式を考えます。

答え 4.5÷0.9

 商は四捨五入(ししゃごにゅう)して、上から2けたのがい数で求めましょう。

① 8.3÷2.9　　② 6.13÷4.7　　③ 24.2÷8.9

考え方 上から2けたのがい数を求めるときには、上から3けための数を四捨五入(ししゃごにゅう)します。

答え

①
```
          9
        2.86
    ┌──────
2.9 ) 8.3
      5 8
      ────
      2 5 0
      2 3 2
      ─────
        1 8 0
        1 7 4
        ─────
            6
```

②
```
        1.30
    ┌──────
4.7 ) 6.1.3
      4 7
      ────
      1 4 3
      1 4 1
      ─────
          2 0
```

③
```
          2.71
    ┌────────
8.9 ) 2 4.2
    1 7 8
    ──────
      6 4 0
      6 2 3
      ─────
      1 7 0
          8 9
      ─────
          8 1
```

つないでいこう 算数の目 ～大切な見方・考え方

教 上p.63

1 わられる数、わる数に注目し、わり算の性質(せいしつ)を生かして考える

❶ **はると**…わり算は、わられる数とわる数に同じ数をかけても、同じ数でわっても、商は変わらない。

㋐ 2.8だけを10でわっているから、商は等しくならない。

㋑ わられる数とわる数にそれぞれ10をかけているから、商は等しくなる。

㋒ わられる数とわる数をそれぞれ10でわっているから、商は等しくなる。

㋓ 46.2だけを10でわっているから、商は等しくならない。

したがって、商が等しくなるのは㋑と㋒。

❷ わる数の小数点を右に1けたうつしているので、わられる数の752の小数点も右に1けたうつして7520としなければいけないのに、752のまま計算している。

正しく計算すると、752÷1.6＝7520÷16＝470

```
          4 7 0
    ┌──────────
1.6 ) 7 5 2.0
      6 4
      ─────
      1 1 2
      1 1 2
      ─────
          0
```

小数の倍

ドッジボールとたっ球のボールの直径比べ

教 上 p.64

答え 差 20 − 4 ＝ 16　　16 cm

倍 20 ÷ 4 ＝ 5　　5 倍

りく…4cmを1とみると、20cmは 5 にあたるね。

教 上 p.64～65

1 右の表のような長さのリボンがあります。
2つのリボンの長さを比(くら)べましょう。

リボンの長さ

	長さ(m)
赤	4
青	10

① 青のリボンの長さは、赤のリボンの長さの何倍ですか。
② 赤のリボンの長さは、青のリボンの長さの何倍ですか。

ねらい 倍を表す数が小数になる場合について考えます。

考え方 倍を表す数は、もとにする大きさを1とみたとき、比べられる大きさがそれぞれいくつにあたるかを表します。

答え
① 式 10 ÷ 4 ＝ 2.5　　答え 2.5 倍
② 式 4 ÷ 10 ＝ 0.4　　答え 0.4 倍

こうた… 青 のリボンの長さをもとにしているね。

練習

教上p.65

⚠1 赤のリボンは4m、黄のリボンは5mです。赤のリボンの長さをもとにすると、黄のリボンの長さは何倍ですか。また、黄のリボンの長さをもとにすると、赤のリボンの長さは何倍ですか。

ねらい **倍を表す数が小数になる場合について、倍を表す数を求めます。**

考え方 もとにする大きさがどちらの色のリボンであるかに注意して考えます。

答え 赤のリボンの長さをもとにするときの黄のリボンの長さ

5÷4＝1.25　　答え　**1.25倍**

黄のリボンの長さをもとにするときの赤のリボンの長さ

4÷5＝0.8　　答え　**0.8倍**

教上p.66

2 右の表は、はるかさんたちの家から駅までの道のりを表しています。

はるかさんの道のりをもとにすると、ほかの人の道のりは、それぞれ何倍ですか。

家から駅までの道のり

名前	道のり(km)
はるか	2.4
ゆうた	4.8
ゆ　み	3.6
ひろし	1.8

1 ゆみさんとひろしさんの道のりは、はるかさんの道のりをもとにすると、それぞれ何倍ですか。

ねらい **もとにする大きさと倍にあたる大きさが、ともに小数のときについて、倍を表す数を考えます。**

考え方 2.4×□＝3.6、2.4×□＝1.8の式で、□を求める式を考えます。

答え **2** **ゆうた…2倍、ゆみ…1.5倍、ひろし…0.75倍**

ゆうた…2.4×[2]＝4.8

1 **ゆ　み…**式　**3.6÷2.4＝1.5**　　答え　**[1.5]倍**

ひろし…式　**1.8÷2.4＝0.75**　　答え　**[0.75]倍**

教 上p.67

3 赤、白、青、黄の4本のテープがあります。赤のテープは5mです。
赤のテープをもとにすると、白のテープは3倍、青のテープは3.5倍、
黄のテープは0.6倍の長さです。
白、青、黄のテープは、それぞれ何mですか。

1 式を書いて、答えを求めましょう。
2 □にあてはまる数を書きましょう。

ねらい 倍を表す数が小数のときについて、式の意味を考えます。

考え方 1 [もとにする大きさ]×[倍を表す数]=[倍にあたる大きさ]
という関係をもとに考えます。

2 式の意味を、教科書67ページの数直線の図をもとに考えます。

答え **3** 白…15m、青…17.5m、黄…3m

1 白…式 $5\times3=15$ 答え [15] m

青…式 $5\times3.5=17.5$ 答え [17.5] m

黄…式 $5\times0.6=3$ 答え [3] m

2 青…$5\times3.5=17.5$の式は、5mを1とみたとき、[3.5]に
あたる長さが17.5mであることを表しています。

黄…$5\times0.6=3$の式は、5mを[1]とみたとき、[0.6]に
あたる長さが3mであることを表しています。

数直線の図に表してみると、
式の意味がよくわかるね。

教 上p.68

4 れなさんの家には、生後10日の犬がいます。今の体重は630gで、
生まれたときの体重の1.8倍です。
生まれたときの犬の体重は何gでしたか。

1 生まれたときの体重を□gとして、生まれたときの体重と今の体重の関係を、
かけ算の式に表しましょう。
2 □を求める式になおして、答えを求めましょう。

ねらい 倍を表す数が小数のときについて、もとにする大きさの求め方を考えます。

考え方 1　もとにする大きさ × 倍を表す数 ＝ 倍にあたる大きさ　の関係をもとに考えます。

2　1 でたてたかけ算の式で、□を求めるにはどんな計算をすればよいかを考えます。

答え 4　350g

1　□×1.8＝630

2　□＝630÷1.8
　＝350

答え　350g

練習

教 上 p.68

△2　A（エー）町の面積は13.8km^2です。これはB（ビー）町の面積の0.6倍です。
B町の面積は何km^2ですか。

ねらい 倍を表す数が小数のときについて、もとにする大きさを求めます。

考え方 もとにする大きさを求めるときは、まず、上の 4 の問題のように、□を使ってかけ算の式に表して考えます。

答え B町の面積を□km^2とすると、

□×0.6＝13.8
□＝13.8÷0.6
　＝23

答え　23km^2

教 上 p.69

5 あるお店で、おにぎりとハンバーガーの安売りをしています。
もとのねだんとねびき後のねだんを比（くら）べて、より安くなったのは、どちらといえますか。

おにぎり		ハンバーガー	
〈もとのねだん〉	〈ねびき後〉	〈もとのねだん〉	〈ねびき後〉
160円 ➡	120円	200円 ➡	160円

1　上のおにぎりとハンバーガーのねびき後のねだんは、それぞれもとのねだんの何倍になっていますか。

ねらい **もとにする大きさがちがうときについて、大きさの比べ方を考えます。**

考え方 もとのねだんがちがっているので、下がったねだんでは、より安くなったのはどちらかは決められません。このように、もとにする大きさがちがうときは、倍を使って比べることがあります。

答え **5** **おにぎり**のほうがより安くなったといえる。

こうた…差で比べると、どちらも 40 円下がっているけど…。

1 おにぎり …式 120÷160＝0.75

答え 0.75 倍

ハンバーガー…式 160÷200＝0.8 答え 0.8 倍

教科書のまとめ

テスト前にチェックしよう！

教 上 p.64～69

□ ❶ **倍を表す数の意味**

同じ2つの量の関係でも、**もとにする大きさをどちらにするかで、倍を表す数が変わる。**

□ ❷ **小数の倍の求め方**

小数のときも、ある大きさが、もとにする大きさの何倍にあたるかを求めるときは、わり算を使う。

0.75倍は、2.4kmを1とみたとき、1.8kmが0.75にあたることを表している。

□ ❸ **もとにする大きさの求め方**

小数のときも、**もとにする大きさを求めるときは、□を使ってかけ算の式に表す**と考えやすくなる。

□×1.8＝630と表されると、□＝630÷1.8として求めることができる。

□ ❹ **小数の倍を使った比べ方**

ねびき後の、ねだんの下がり方のように、もとにする大きさがちがうときには、**倍を使って比べることがある。**

もとのねだんを1とみたとき、ねびき後のねだんがどれだけにあたるかを表す数を、割合（わりあい）という。

教 上 p.70

答え

1　25×1.6＝40　答え　40m

2　12.6×9.5＝119.7　答え　119.7km

3　たての長さを□mとすると、
□×4.2＝18.9
□＝18.9÷4.2＝4.5　答え　4.5m

4　南山トンネル…1.4÷3.5＝0.4　答え　0.4倍
北山トンネル…3.5÷1.4＝2.5　答え　2.5倍

5　816÷1.6＝510　答え　510円

おぼえているかな？

教 上 p.71

1　㋐〜㋓のめもりが表している分数はいくつですか。
1より大きい分数は、仮分数（かぶんすう）と帯分数の両方で表しましょう。

（数直線：0、1、2、3、4　めもり㋐、㋑、㋒、㋓）

答え　㋐…$\frac{1}{6}$　㋑…$\frac{8}{6}$、$1\frac{2}{6}$　㋒…$\frac{11}{6}$、$1\frac{5}{6}$　㋓…$\frac{22}{6}$、$3\frac{4}{6}$

2　□にあてはまる数を書きましょう。
① 4.385＝1×□＋0.1×□＋0.01×□＋0.001×□
② 51.6×10＝□　③ 51.6÷10＝□
④ 2.4×100＝□　⑤ 2.4÷100＝□

考え方　②〜⑤　10倍、100倍したり、$\frac{1}{10}$、$\frac{1}{100}$にしたりしたとき、小数点がそれぞれどちらに何けたうつるかを考えます。

答え ① $4.385 = 1 \times \boxed{4} + 0.1 \times \boxed{3} + 0.01 \times \boxed{8} + 0.001 \times \boxed{5}$
② $51.6 \times 10 = \boxed{516}$
③ $51.6 \div 10 = \boxed{5.16}$
④ $2.4 \times 100 = \boxed{240}$
⑤ $2.4 \div 100 = \boxed{0.024}$

3 ① 6.43+1.4　② 0.48+1.52　③ 37.2+1.08
④ 22+3.859　⑤ 0.8−0.29　⑥ 5.45−4.5
⑦ 6−1.74　⑧ 1−0.092

答え ① 7.83　② 2　③ 38.28
④ 25.859　⑤ 0.51　⑥ 0.95
⑦ 4.26　⑧ 0.908

4 下の図のような二等辺三角形と平行四辺形をかきましょう。

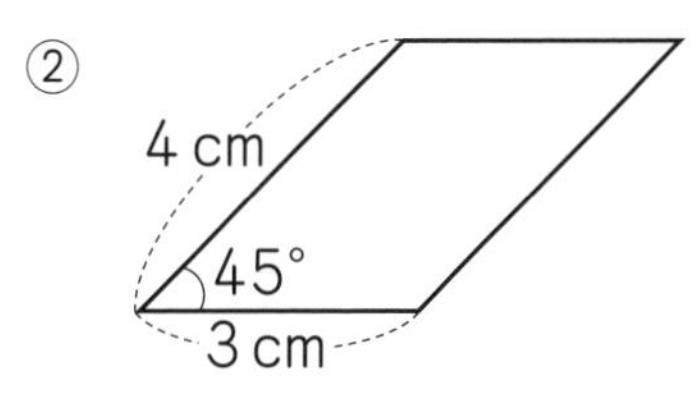

考え方 。等しい長さをとるときには、コンパスを利用します。
② 平行四辺形では、向かい合った辺の長さが等しいことを利用します。

答え ① 右の図で、まず、長さ5cmの辺アイをひき、分度器の中心を頂点(ちょうてん)イに合わせて、35°の角をかきます。コンパスで長さ5cmのところに点ウをとり、点アと点ウを結びます。

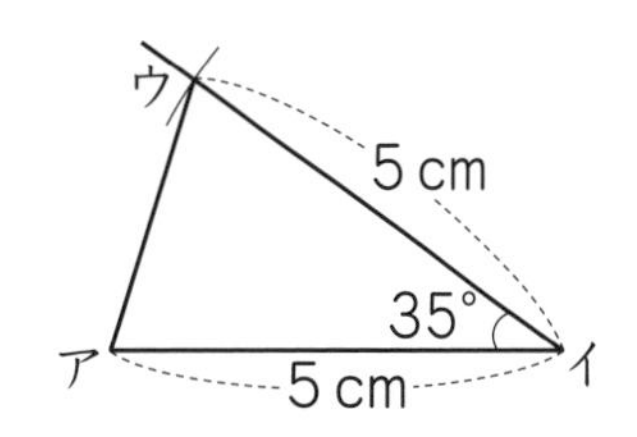

② 右の図で、まず、長さ3cmの辺アイをひき、分度器の中心を頂点アに合わせて、45°の角をかき、長さ4cmのところに点エをとります。頂点イから4cmで、頂点エから3cmとなる点ウをコンパスでとって、エとウ、イとウをそれぞれ結びます。

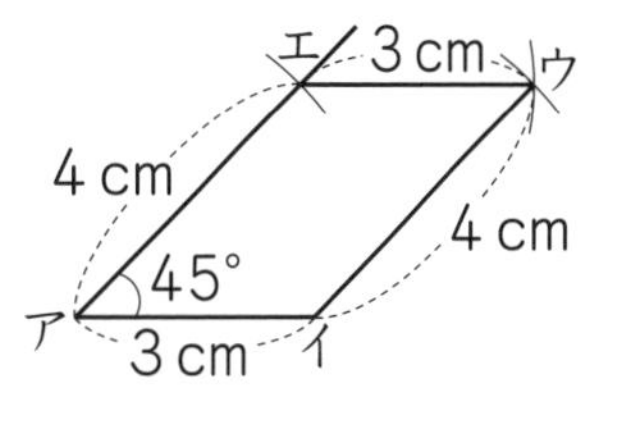

どんな計算になるのかな？／おぼえているかな？

数と計算で あそぼう

100や1000を使って

教 上 p.71

答え

① 100　② 100　③ 1000　④ 1000

⑤ 97×25×4
=97×(25×4)
=97×100
=**9700**

⑥ 50×93×2
=(50×2)×93
=100×93
=**9300**

⑦ 13×8×125
=13×(8×125)
=13×1000
=**13000**

⑧ 44×250
=11×4×250
=11×(4×250)
=11×1000
=**11000**

⑤〜⑧は、①〜④のどのかけ算を使ったか、わかるよね。

合同な図形

形も大きさも同じ図形を調べよう

どのケースにしまえばいいかな？

教 上 p.72

こうた…形だけじゃなく、大きさも同じものどうしじゃないと…。

教 上 p.73～74

1 教科書73ページの図形のうち、㋐、㋕とそれぞれ形も大きさも同じ図形はどれですか。

1 ㋗は、㋕と合同であるといえるでしょうか。

ねらい **形も大きさも同じ図形をいくつかの図形の中から見つけます。**

考え方 切り取った㋐、㋕をぴったり重ね合わせることのできる図形は、それぞれ㋐、㋕と形も大きさも同じ図形であるといえます。
ぴったり重ね合わせることのできる2つの図形は**合同**(ごうどう)であるといいます。
うら返してぴったり重なるかどうかも調べてみます。

1 一方をうら返すとぴったり重ね合わせることのできる2つの図形も、合同であるといいます。

答え **1** ㋐を㋒、㋔に重ねると、ぴったり重ね合わせることができます。
㋐をうら返すと、㋓にぴったり重ね合わせることができます。
つまり、**㋒と㋓と㋔は、㋐と形も大きさも同じ図形です。**
㋕を㋖に重ねると、ぴったり重ね合わせることができます。
㋕をうら返すと、㋗にぴったり重ね合わせることができます。
つまり、**㋖と㋗は、㋕と形も大きさも同じ図形です。**

1 うら返すとぴったり重なるので、㋗は、㋕と**合同である**といえます。

教 上 p.74～75

2 右の㋚と㋛の四角形は合同です。2つの図形を重ねずに、合同であることを説明しましょう。

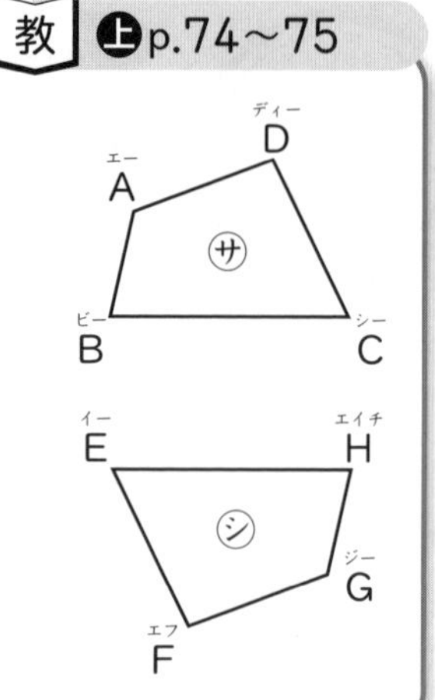

2 ㋚、㋛のどこに注目すればよいでしょうか。

3 ㋚と㋛の、対応する辺の長さや角の大きさを調べましょう。

ねらい 合同な図形の特ちょうを考えます。

考え方 2 **1** で合同であるかどうかを調べたとき、何がぴったり重なっていることを調べたかを思い出してみます。

3 合同な図形で、重なり合う辺、角、頂点を、それぞれ**対応する辺**、**対応する角**、**対応する頂点**といいます。

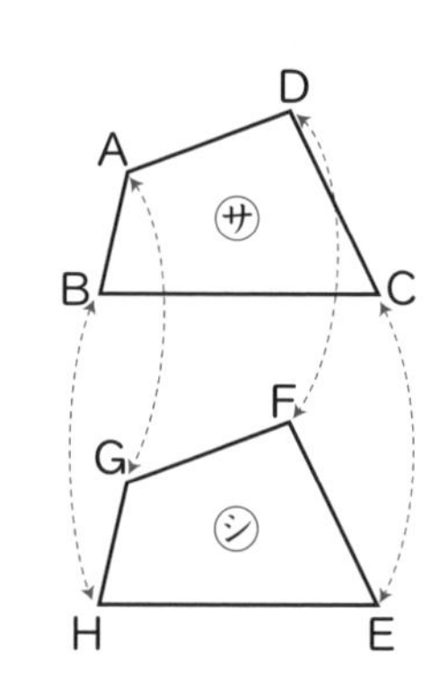

答 え 2 辺の長さ、角の大きさ、頂点

3 **対辺する辺は、**

辺ABと辺GH、辺BCと辺HE、辺CDと辺EF、辺DAと辺FG

で、**どれも対応する辺の長さは等しい。**

対応する角は、

角Aと角G、角Bと角H、角Cと角E、角Dと角F

で、**どれも対応する角の大きさは等しい。**

練習

教 上 p.75

㋜と㋝の四角形は合同です。

① 辺ADに対応する辺、角Bに対応する角をいいましょう。

② 辺EHの長さは何cmですか。また、角Fの大きさは何度ですか。

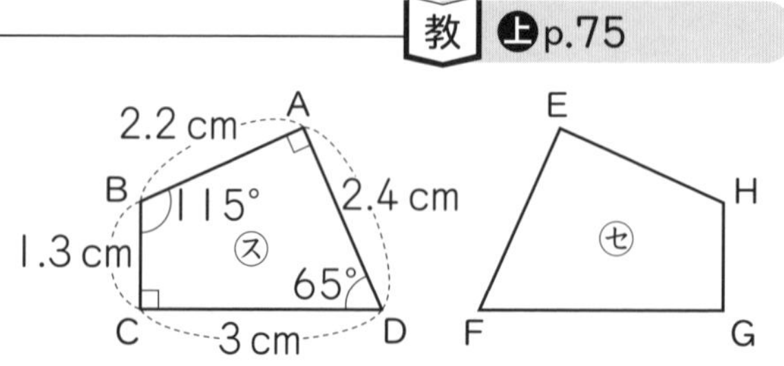

ねらい **合同な図形の対応する辺の長さや角の大きさの関係について調べます。**

考え方 ㋝の四角形をうら返すと、㋜にぴったり重なり、4つの頂点は下のように対応しています。

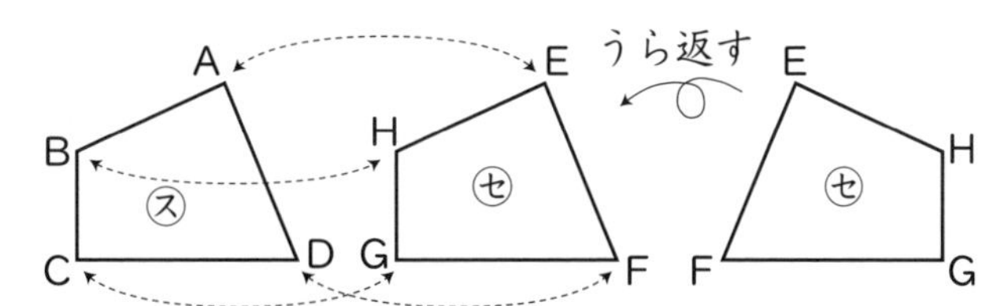

② 対応する辺の長さ、対応する角の大きさの関係を考えます。

答 え ① 辺AD…**辺EF**、角B…**角H**

② 辺EHは、対応する辺ABと長さが等しく、角Fは、対応する角Dと大きさが等しくなっているから

辺EH…**2.2cm**、角F…**65°**

教 上 p.75

2 右の2つの四角形は合同であるといえますか。

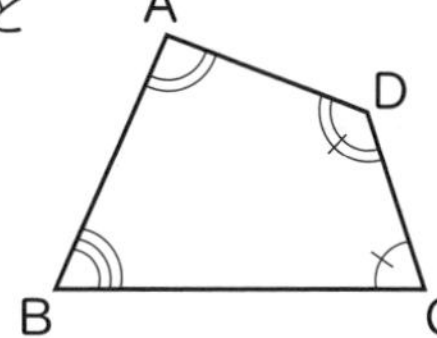

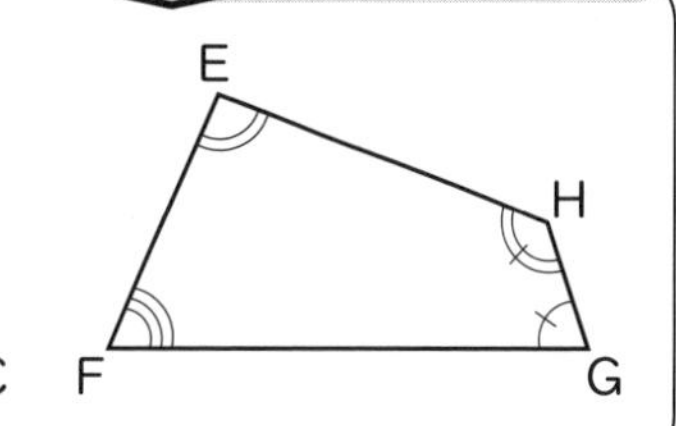

ねらい **合同な図形の特ちょうをもとにして、合同であるか調べます。**

考え方 対応する辺の長さや対応する角の大きさが等しいかどうかを調べます。

答 え **合同であるといえない。**

理由…対応する角の大きさは等しくなっているけれども、対応する辺ADと辺EH、辺BCと辺FG、辺DCと辺HGの長さが等しくなく、ぴったり重ならないから。

教 上 p.76

3 これまで学習してきた四角形を、それぞれ対角線で三角形に分けます。できた三角形が合同であるかどうか調べましょう。

1 1本の対角線をひいてできる、2つの三角形を調べましょう。

2 2本の対角線をひいてできる、4つの三角形を調べましょう。

ねらい **四角形の性質（せいしつ）を、対角線で分けた三角形の合同に注目して調べます。**

考え方 四角形の向かい合った頂点(ちょうてん)をつないだ直線を対角線といいます。

1 対角線のひき方は2通りあるので、両方のひき方で、できる三角形が合同であるかどうか調べます。

答え 1 下のように、1本の対角線で2つの三角形に分けます。

・台形

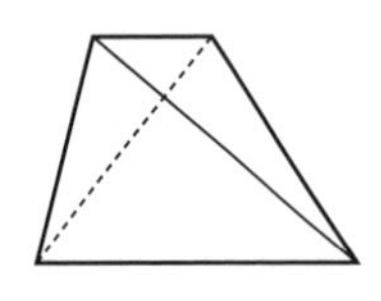

どちらのひき方でも**合同ではない。**

・平行四辺形

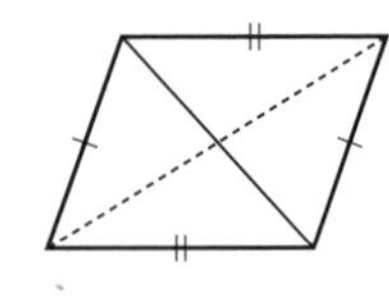

どちらのひき方でも**合同。**

・ひし形

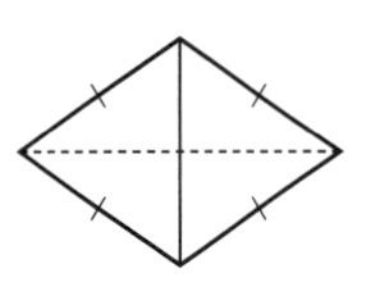

どちらのひき方でも**合同。**

・長方形

どちらのひき方でも**合同。**

・正方形

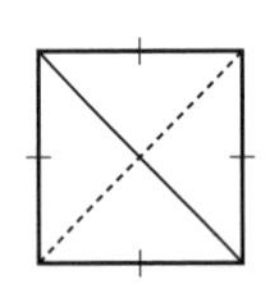

どちらのひき方でも**合同。**

台形以外はどちらのひき方でも合同になる。

2 下のように、2本の対角線で4つの三角形に分けます。

・平行四辺形

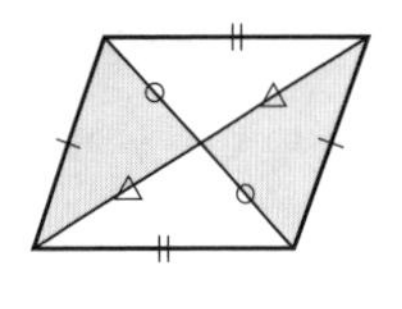

合同な2つの三角形が2組できる。

・ひし形

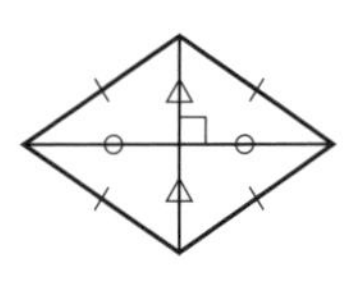

合同な直角三角形が4つできる。

・長方形

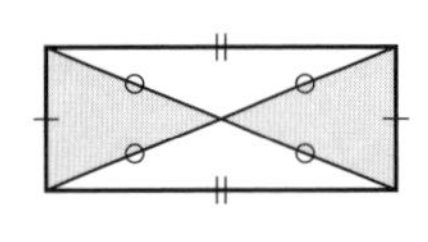

合同な2つの三角形が2組できる。

・正方形

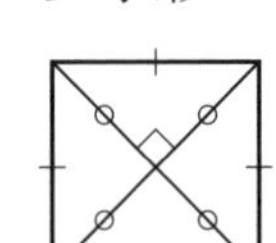

合同な直角三角形が4つできる。

ひし形と正方形は、4つの三角形が合同になる。

平行四辺形と長方形は、合同な2つの三角形が2組できる。

教 上 p.77〜80

4 右の三角形ABCと合同な三角形のかき方を考えましょう。

A, B, C, 5.5 cm, 3.5 cm, 6 cm, 80°, 35°, 65°

1 まず、辺BCをひきました。これで、頂点B、頂点Cの位置が決まりました。
残りの頂点Aの位置は、どの辺の長さや角の大きさを使えば決められるでしょうか。

2 3人のかき方で、三角形ABCと合同な三角形をかきましょう。

3 かいた三角形が、もとの三角形ABCと合同であることを確かめましょう。

4 この3人は、それぞれどの辺の長さやどの角の大きさを使っているか、整理しましょう。

5 この3人の考えを見て、気づいたことをいいましょう。

6 こうたさんは、三角形ABCと合同な三角形をかこうとしています。
こうたさんの考えで、合同な三角形はかけますか。

ねらい 合同な三角形のかき方を考えます。

考え方 1 残りの2つの辺と3つの角のうち、頂点Aの位置を決めるのに必要な辺や角はどれか考えます。

3 対応する辺の長さや角の大きさをはかって確かめてみます。

答え 1
・角Bの大きさと辺ABの長さ
・角Cの大きさと辺ACの長さ
・角Bと角Cの大きさ
・辺ABと辺ACの長さ
これらのうちのどれかを使えばよい。

2 それぞれ ①辺BCをひく。

あみのかき方
② 角Bの大きさを35°にしてかく。
③ 頂点Bから、5.5cmの長さをとり、頂点Aを決める。

はるとのかき方
② 角Bの大きさを35°にしてかく。
③ 角Cの大きさを65°にしてかき、②の直線と交わった点を頂点Aとする。

6 合同な図形

しほのかき方

② 点Bを中心にして、半径5.5cmの円をかく。

③ 点Cを中心にして、半径3.5cmの円をかき、②の円と交わった点を頂点Aとする。

3 省略

4 あ み…辺BC、角B、辺AB

はると…辺BC、角B、角C

し ほ…辺BC、辺AB、辺AC

5 みさき…全部の辺の長さや角の大きさを使わなくても、合同な三角形をかくことができる。

り く…3人とも、辺の長さや角の大きさのどれか 3 つを使ってかいている。

（例） 合同な三角形のかき方は1通りではなく、何通りもある。

6 こうた…3つの角の大きさが80°、35°、65°であることがわかっているから、3つの角の大きさを使って形はかける。ただし、3つの頂点とも位置が決まらないし、辺の長さも定まらないので、合同な三角形はかけない。

―― 練習 ――

教 上 p.80

①～③の三角形をかきましょう。

① 2つの辺の長さが4cm、7cmで、その間の角の大きさが60°の三角形

② 1つの辺の長さが4cmで、その両はしの角の大きさが45°と30°の三角形

③ 3つの辺の長さが5cm、4cm、3cmの三角形

ねらい 合同な三角形のかき方をもとにして、合同な三角形をかきます。

答 え ① （例）

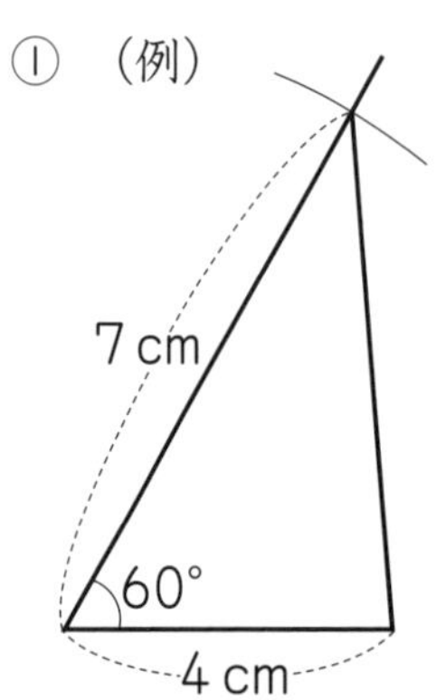

② （例）

45° 30°
4 cm

③ （例）

4 cm
3 cm
5 cm

注意 図の中に示された長さは、正しい長さではありません。
答えるときは、図の中に辺の長さや角の大きさを示さなくてもかまいません。
かくときに使ったコンパスの線は、消さずに残しておきましょう。

教 上 p.81

5 右の四角形ABCD(ディー)と合同な四角形をかきましょう。

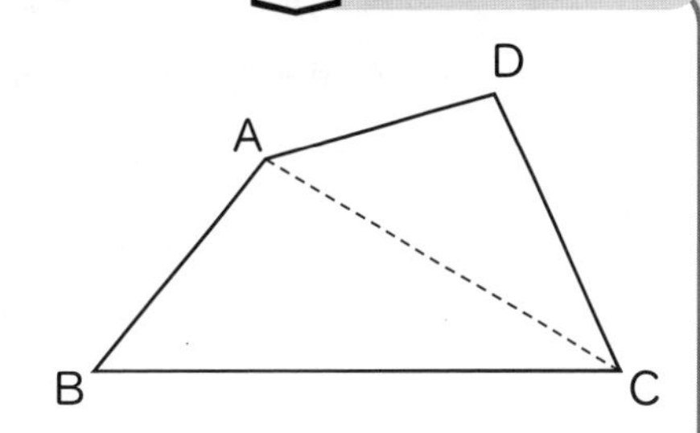

1 合同な四角形は、4つの辺の長さだけでかけますか。
2 上の図で、必要な辺の長さや角の大きさをはかり、合同な四角形を実際(じっさい)にかいてみましょう。
3 どの辺の長さや角の大きさを使ったかをはっきりさせて、自分のかき方を説明しましょう。

ねらい **合同な三角形のかき方をもとにして、合同な四角形のかき方を考えます。**

考え方 教科書76ページで調べたように、四角形を1本の対角線で2つの三角形に分けて、それぞれの三角形と合同な三角形のかき方を考えます。

答え 1 **4つの辺の長さだけではかけない。**

2、3 (例) 2つの辺の長さ(辺AB、辺BC)とその間の角の大きさ(角B)をはかって、三角形ABCをかく。

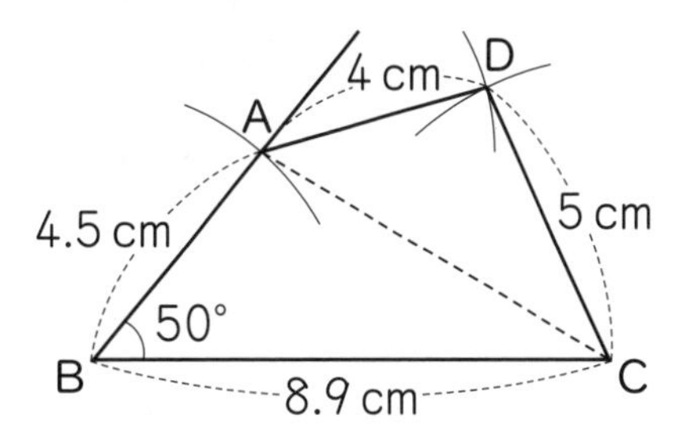

次に、三角形ACDをかく。点Aを中心として、半径4cmの円と、点Cを中心として、半径5cmの円をかき、2つの円の交わった点を頂点Dとする。

また、三角形ABCをかくとき、3つの辺の長さ(辺AB、辺BC、辺AC)をはかってかいてもよい。

教科書のまとめ

テスト前にチェックしよう！

教 ㊤p.73〜81

□ ❶ **合同な図形の調べ方**

２つの図形が合同かどうかを調べるには、**図形をずらしたり、回したり、うら返したりして重ねればよい。**

□ ❷ **合同な図形の対応する辺と角**

合同な図形では、**対応する辺の長さは等しく**なっている。また、**対応する角の大きさも等しく**なっている。

□ ❸ **合同な三角形のかき方**

辺の長さや角の大きさのうち、下の３つを使うと３つの頂点の位置を決めることができ、合同な三角形をかくことができる。

・２つの辺の長さとその間の角の大きさ
・１つの辺の長さとその両はしの２つの角の大きさ
・３つの辺の長さ

□ ❹ **合同な四角形のかき方**

四角形を１本の対角線で２つの三角形に分けて考えれば、合同な三角形のかき方を使って、合同な四角形をかくことができる。

たしかめよう

教 ㊤p.82

右の㋐、㋑の四角形は合同です。

① 辺EF、辺FG、辺GH、辺HEの長さは何cmですか。

② 角E、角F、角G、角Hの大きさは何度ですか。

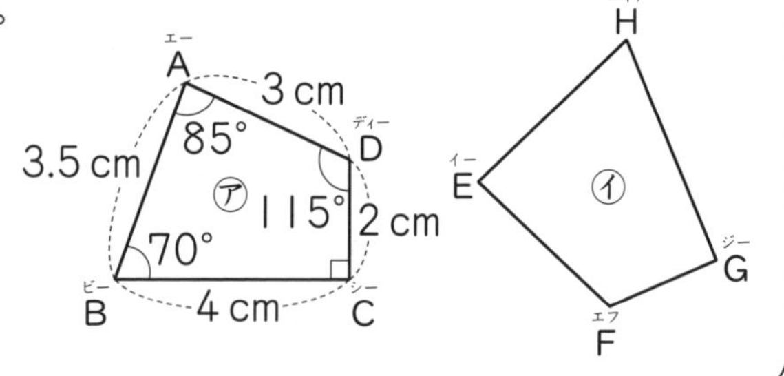

考え方 頂点は、AとE、BとH、CとG、DとFが対応しています。

答 え ① 辺EF…**3cm**、辺FG…**2cm**、辺GH…**4cm**、辺HE…**3.5cm**

② 角E…**85°**、角F…**115°**、角G…**90°**、角H…**70°**

2 下の図のような三角形をかきましょう。

①　A, 5 cm, 70°, B, 6 cm, C

②　D, 30°, 50°, E, 7 cm, F

考え方 図にかかれた辺の長さや角の大きさを使ってかきます。

答え ①（例）

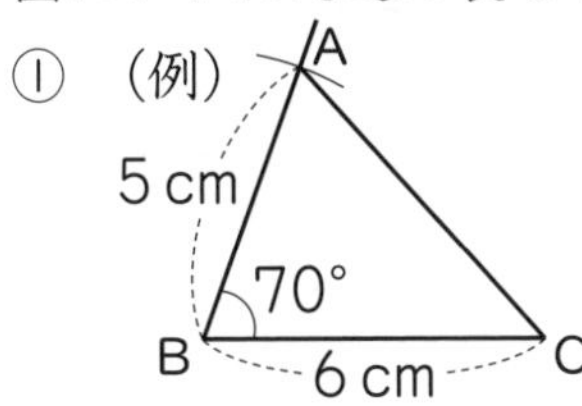

②（例）

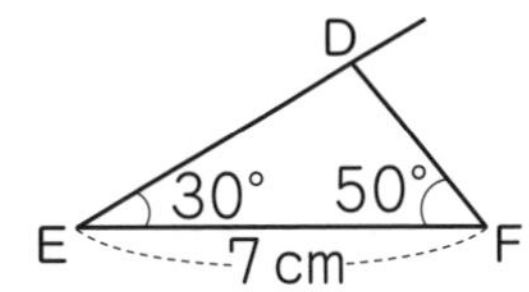

3 必要な角の大きさをはかって、右の三角形ABCと合同な三角形をかきましょう。

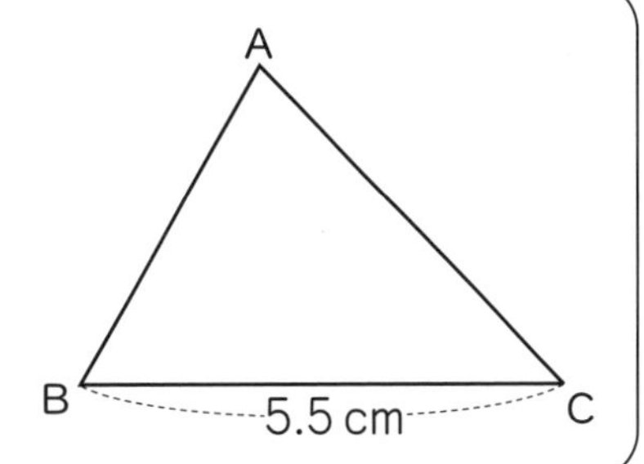

考え方 合同な三角形をかく方法のどれを使ってかくかを決め、そのときに必要な辺の長さや角の大きさをはかって調べます。

答え 1つの辺の長さとその両はしの2つの角の大きさを使ってかく。

はかるところ…**角Bと角Cの大きさ**

（図は省略）

辺ABや辺ACの長さをはかっても、三角形ABCと合同な三角形をかけるよね。

つないでいこう 算数の目 ～大切な見方・考え方

① 対応(たいおう)する辺や角など、部分に注目し、図形どうしの関係を調べる

あ　み…角の大きさは同じだけど、辺の長さがちがうので、㋐と㋑は合同ではありません。

② 辺や角に注目し、形と大きさが決まる条件を考える

こうた…かくことはできない。理由は、角の大きさがすべてわかっていても、大きさを決めるには、どこか１つの辺の長さがわからなければかけないからです。

三角形の１つの辺の長さとその両はしの２つの角の大きさがわかれば、合同な三角形はかけるね。

図形の角

図形の角を調べよう

三角形の角の大きさのひみつをさぐろう

教 上 p.84～85

㋐、㋑の三角定規の角の大きさを思い出してみよう。

㋐

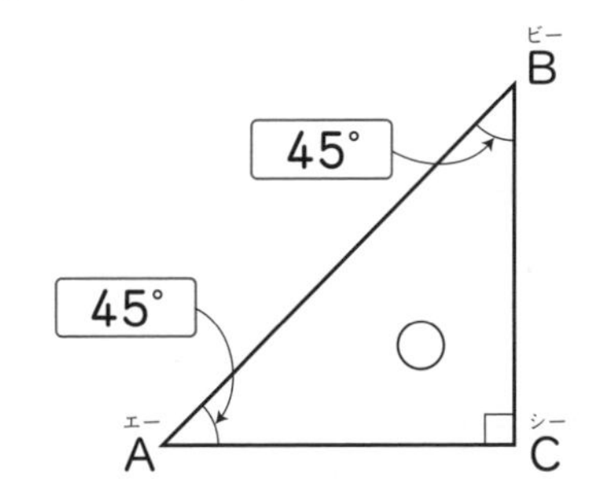

㋑

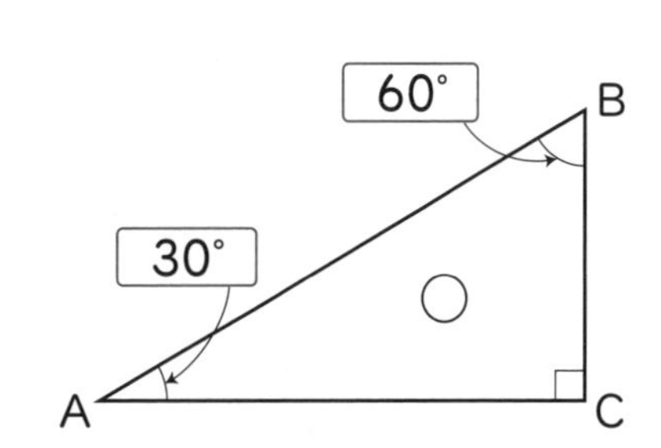

㋒、㋓の角Bの大きさを分度器ではかって求めよう。

㋒

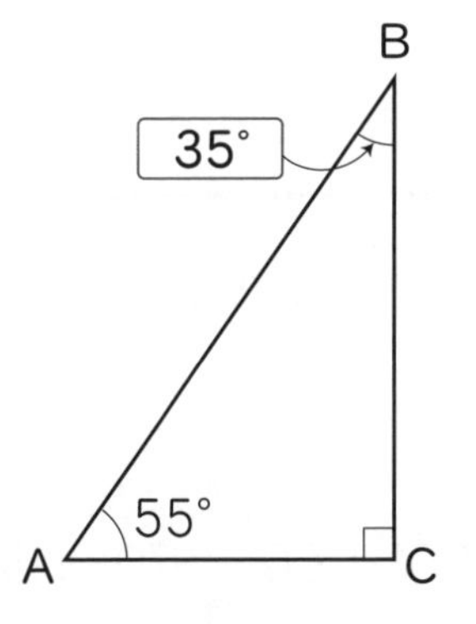

㋓

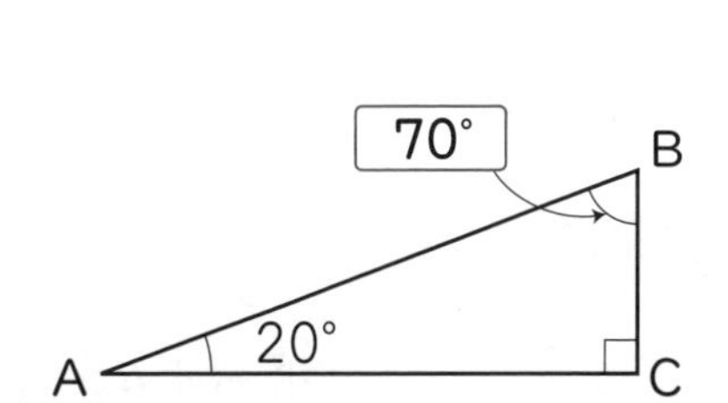

二等辺三角形㋕、㋖の角Bの大きさを、それぞれ分度器ではかって調べましょう。

㋔ B 60° A 60° 60° C

㋕ B ° A 70° 70° C

㋖ B ° A C 30° 30°

㋕…角Bは 40°　㋖…角Bは 120°

1 三角形と四角形の角

教 上 p.85〜86

1 いろいろな三角形の3つの角の大きさを調べましょう。

① 調べた角の大きさを、下の表に整理しましょう。

	㋐	㋑	㋒	㋓	㋔	㋕	㋖
角A			55°	20°	60°	70°	30°
角B					60°		
角C	90°	90°	90°	90°	60°	70°	30°

② いろいろな形や大きさの三角形をかいて、下の図のようにして3つの角の大きさの和を調べましょう。

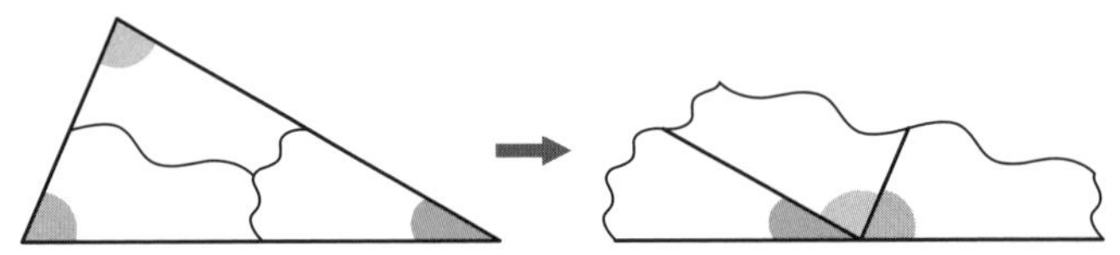

③ ノートに三角形をかいて、3つの角の大きさを分度器ではかり、その和が180°になることを確かめましょう。

ねらい 三角形の3つの角の大きさの和について、どのようなきまりがあるか調べます。

答え ①

	㋐	㋑	㋒	㋓	㋔	㋕	㋖
角A	45°	30°	55°	20°	60°	70°	30°
角B	45°	60°	35°	70°	60°	40°	120°
角C	90°	90°	90°	90°	60°	70°	30°
和	180°	180°	180°	180°	180°	180°	180°

しほ…㋐〜㋖の三角形では、3つの角の大きさの和は 180° です。

②、③ 省略

練習

教 上p.86

1 あ～えの角度は何度ですか。計算で求めましょう。

①
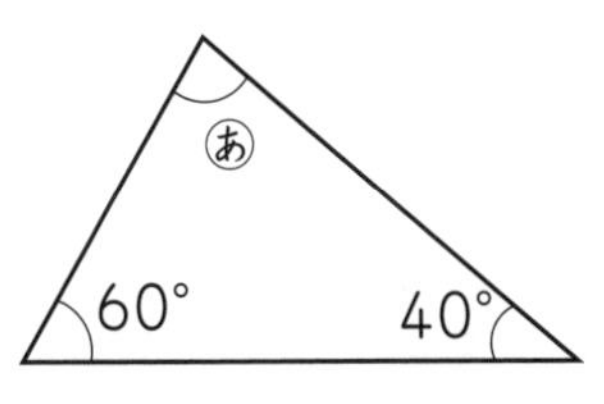

②
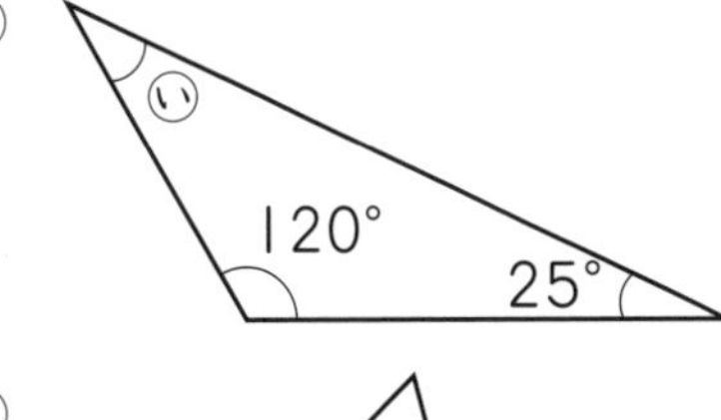

③

④
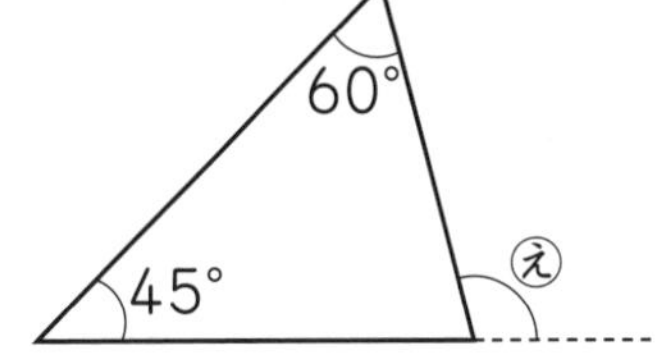

ねらい **三角形の3つの角の大きさの和が180°であることを使って、角の大きさを求めます。**

考え方 三角形の3つの角の大きさの和は180°であることを利用します。

あ、い…180°からわかっている角の大きさをひいて求めます。

う…正三角形では、3つの角の大きさは等しいです。

え…まず、三角形の残りの角の大きさを求めます。その角の大きさとえの大きさの和は一直線の角になります。

答え

① $180-(60+40)=80$　あ…**80°**

② $180-(120+25)=35$　い…**35°**

③ $180\div3=60$　う…**60°**

④ $180-(60+45)=75$…お

$180-75=105$　え…**105°**

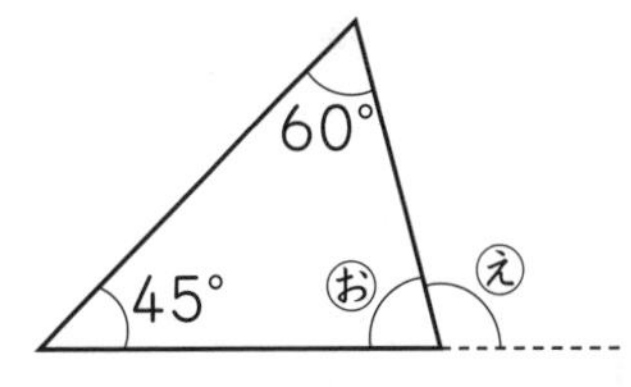

おとえの大きさの和は一直線の角となり、この2つの角を1つの点に集めると、一直線にならぶね。

教 上 p.87～90

2 四角形の４つの角の大きさの和は、何度になりますか。

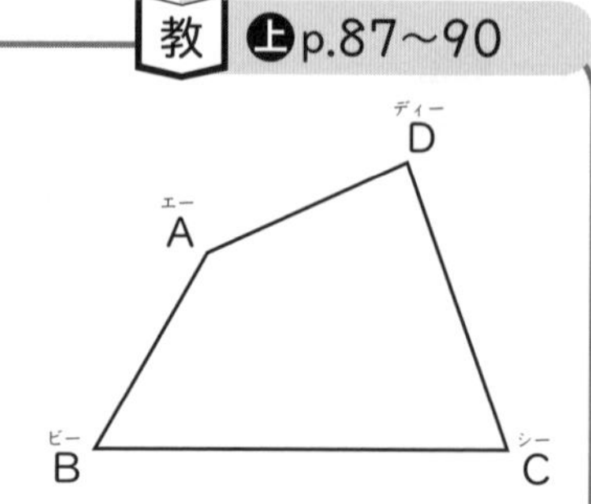

1 角の大きさの和がわかっている図形には、どんなものがありますか。

2 自分の考えを、図や式を使ってかきましょう。

あみ

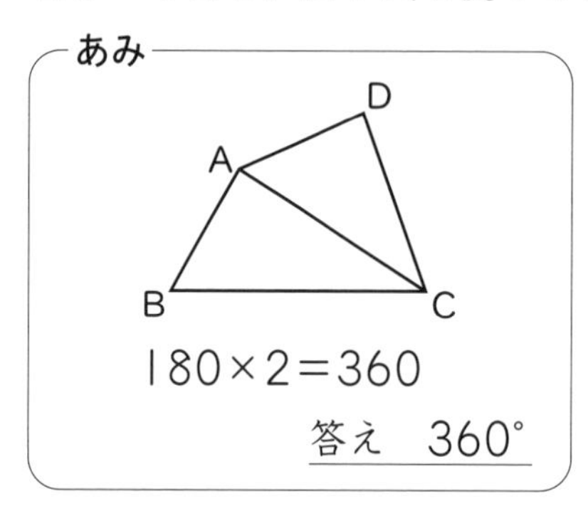

りく

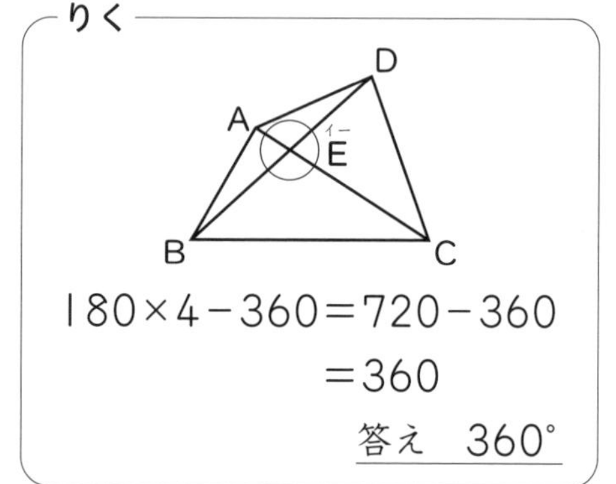

みさき

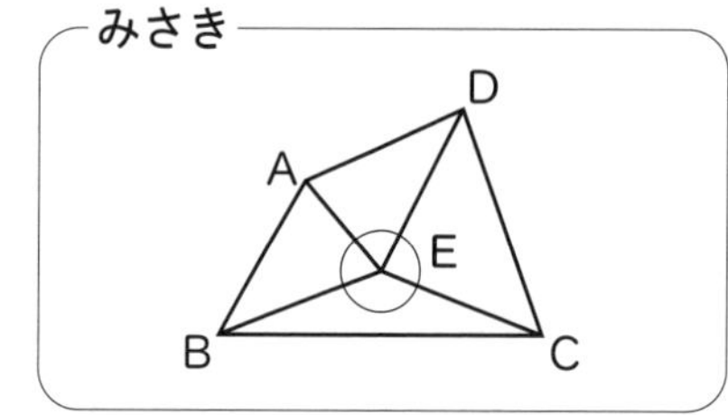

3 上の３人の考えの中で、自分の考えと似ているものはありますか。似ているところを説明しましょう。

4 上の３人の考えの中で、自分の考えとはちがう考えを読み取って、説明しましょう。

5 こうたさんは、下のように考えたのですが、答えが合わずにこまっています。この考えを生かして、正しい答えを求めるために、どのようにすればよいでしょうか。

こうた

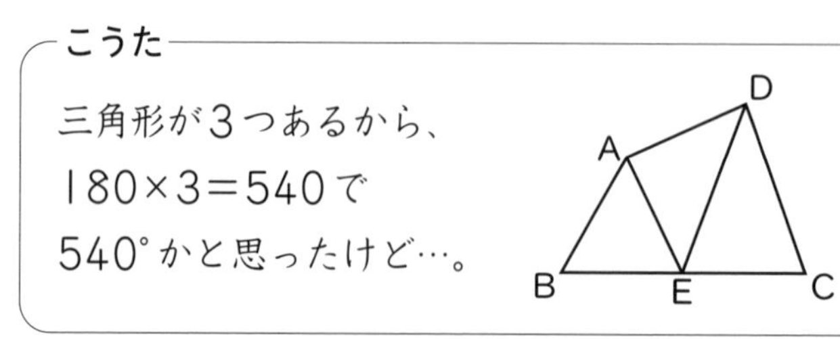

6 四角形の４つの角の大きさの和を求めるとき、大切なのはどのような考えですか。

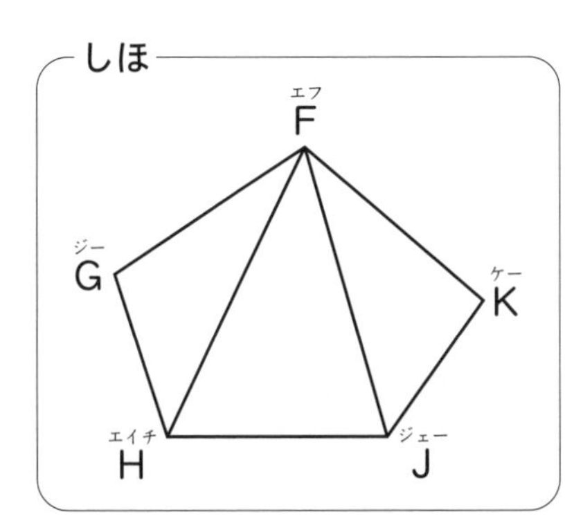

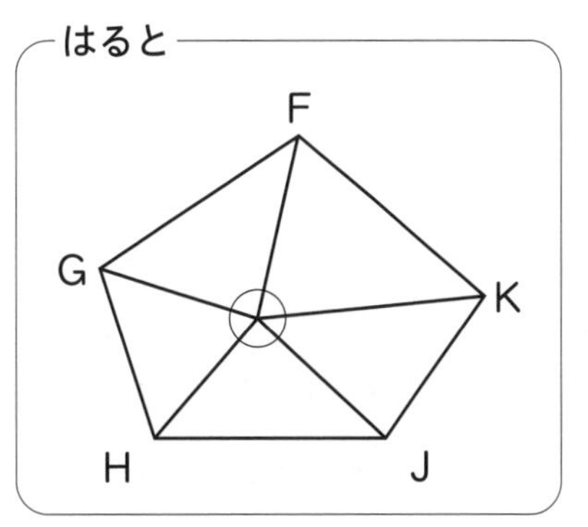

7 上の2人の考えを式に表し、説明しましょう。

8 上の2人の考えは、それぞれ教科書88、89ページの3人の考えのどれを生かしていますか。

9 こうたさんの考えを説明しましょう。

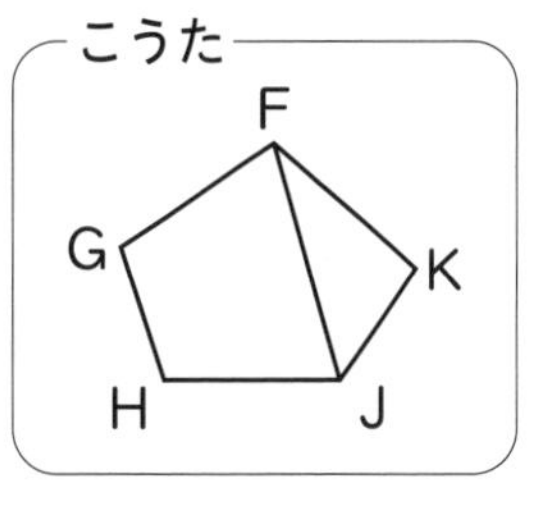

10 六角形の6つの角の大きさの和は、何度になりますか。

11 表に整理しましょう。

	三角形	四角形	五角形	六角形		
角の大きさの和	180°					

ねらい **四角形や多角形の角の大きさの和の求め方について考えます。**

考え方 式の中の180が何を表しているのかを考えます。

答え **2** 360°

1 三角形、正方形、長方形

2 省略(しょうりゃく)

3 **あみの考え**…四角形を、対角線で2つの三角形に分ける。四角形の4つの角の大きさの和は、三角形の3つの角の大きさの和(180°)の2つ分になる。

りくの考え…四角形の対角線を2本ひいて、4つの三角形に分ける。四角形の4つの角の大きさの和は、三角形の3つの角の大きさの和(180°)の4つ分から、対角線が交わった点Eのまわりの角の大きさの360°をひいた大きさになる。

みさきの考え…四角形を、四角形の中の1つの点Eから4つの頂点(ちょうてん)に直線をひいて、4つの三角形に分ける。四角形の4つの角の大きさの和は、三角形の3つの角の大きさの和(180°)の4つ分から、四角形の中の点Eのまわりの角の大きさの360°をひいた大きさになる。

$180 \times 4 - 360 = 720 - 360 = 360$　　答え **360°**

似ているところ…(例)四角形を三角形に分けて、三角形の3つの角の大きさの和が180°であることを使っている。

4 省略

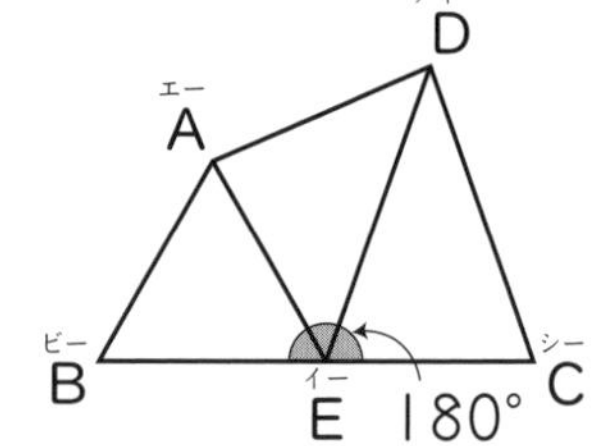

5 三角形の3つの角の大きさの和の3つ分(180°×3)から共通の頂点Eの角の大きさの和(180°)をひいた大きさになるから、180×3−180＝360で360°になる。

6 (例)・四角形の4つの角の大きさの和は、四角形を三角形に分けて考えれば求めることができる。
・四角形の4つの角の大きさの和を求めるときに、すでにわかっている三角形の角の大きさの和が180°であることを利用している。
・四角形の4つの角の大きさの和は、360°になる。

7 **しほの考え**…五角形の対角線を2本ひいて、3つの三角形に分ける。五角形の5つの角の和は、三角形の3つの角の大きさの和(180°)の3つ分だから、180×3＝540で540°になる。

はるとの考え…五角形を、五角形の中の1つの点から5つの頂点に直線をひいて、5つの三角形に分ける。五角形の5つの角の大きさの和は、三角形の3つの角の大きさの和(180°)の5つ分から、五角形の中の5つの三角形の共通の頂点のまわりの角の大きさ(360°)をひいた大きさだから、180×5−360＝540で540°になる。

8 しほの考えでは、あみの考え方を生かした。
はるとの考えでは、みさきの考え方を生かした。

9 **こうたの考え**…五角形FGHJKは、直線FJで四角形FGHJと三角形FJKの2つの図形に分けられるから、五角形FGHJKの5つの角の大きさの和は、式 360＋180で求めることができる。五角形の5つの角の和は、540°になる。

10 こうたの考えで、六角形は、2つの頂点を結ぶ直線で五角形と三角形の2つの図形に分けられるから、六角形の6つの角の大きさの和は、式 540＋180で求めることができる。六角形の6つの角の大きさの和は、720°になる。

11

	三角形	四角形	五角形	六角形
角の大きさの和	180°	360°	540°	720°

教科書のまとめ

テスト前にチェックしよう！

教 上 p.85～90

□ ❶ **三角形の３つの角の大きさの和**

三角形の３つの角の大きさの和は、180°になる。

□ ❷ **四角形の４つの角の大きさの和**

四角形の４つの角の大きさの和は、**四角形を三角形に分けて**考えれば求めることができて、360°になる。

□ ❸ **多角形とそれらの角の大きさの和**

・五角形…５本の直線で囲（かこ）まれた図形

・六角形…６本の直線で囲まれた図形

三角形、四角形、五角形、六角形などのように、直線で囲まれた図形を**多角形**（たかくけい）という。

多角形の、角の大きさの和は、**角の大きさの和がわかっている図形をもとにして**考えればよい。

2 しきつめ

教 上 p.91

1 右の四角形は、すきまなくしきつめられるでしょうか。

教科書147ページの四角形を切り取って、すきまなくしきつめられるかどうか調べてみましょう。

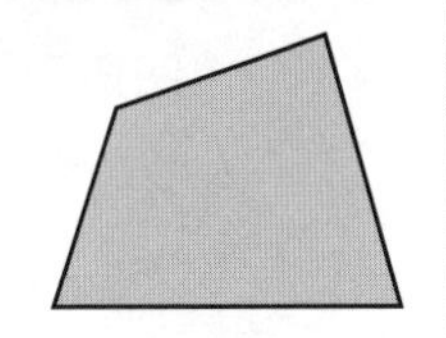

1 右のそうたさんのしきつめ方を見て、気づいたことをいいましょう。

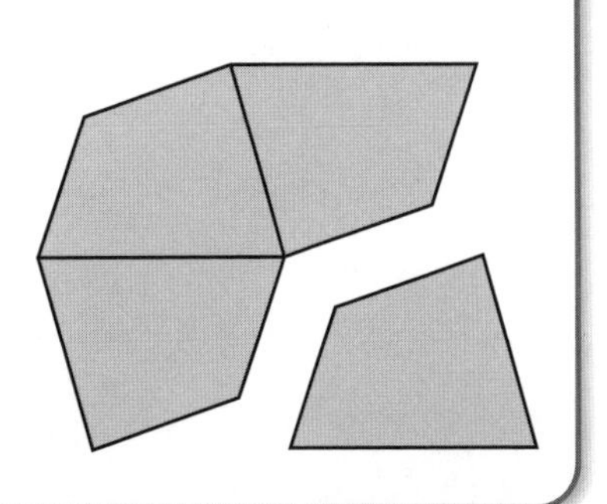

ねらい　どんな四角形でもしきつめられるかどうか考えます。

答え　❶　四角形の4つの角の大きさの和は360°だから、4つの四角形が集まる1つの点に、右の上の図の●、▲、■、◆の角を1つずつおけば、1つの点に集まる角の大きさの和が360°になります。

このとき、等しい長さの辺どうしを合わせるようにすると、下の図のように、すきまなくしきつめることができます。

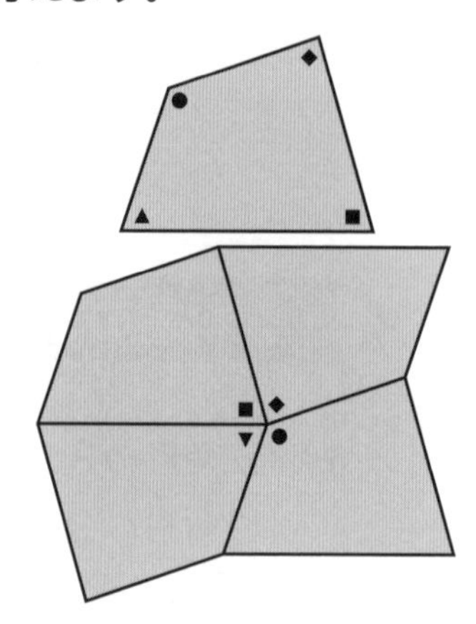

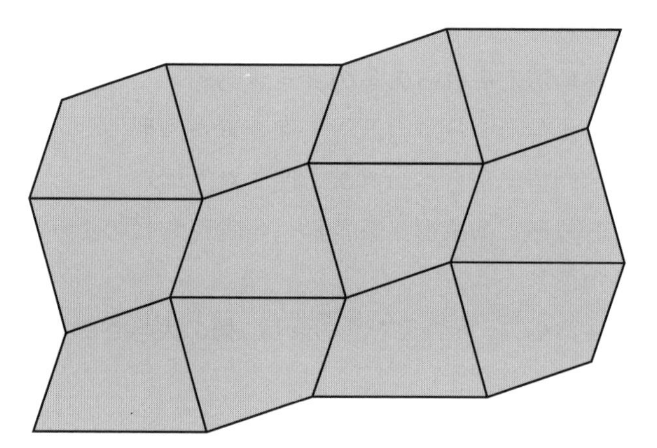

教科書のまとめ

テスト前にチェックしよう！

教㊤p.91

□ ❶ 四角形のしきつめ方

四角形の4つの角の大きさの和は360°だから、**4つの角を1つの点に集めれば**、どんな四角形でもしきつめられる。

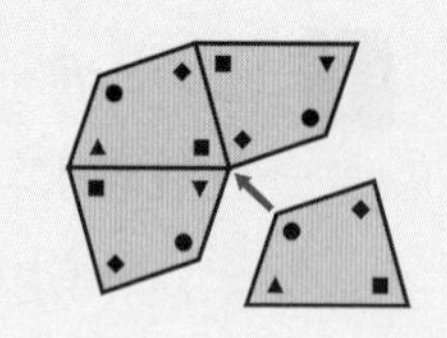

たしかめよう

教 上 p.92

□にあてはまる数を書きましょう。

① 三角形の3つの角の大きさの和… □°

② 四角形の4つの角の大きさの和… □°

答え ① 180　② 360

あ、いの角度は何度ですか。計算で求めましょう。

① 二等辺三角形

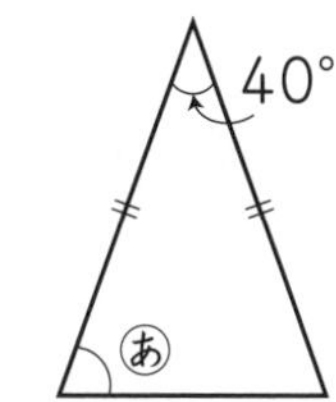

②

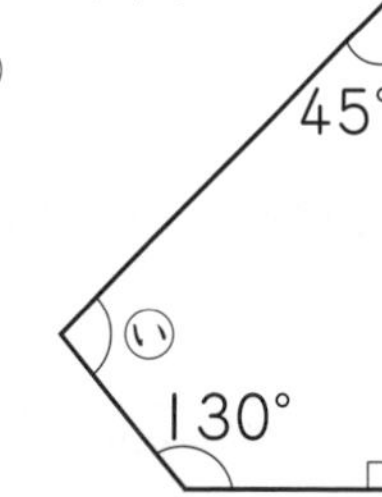

考え方 ① 二等辺三角形の角の大きさの性質(せいしつ)を考えます。

② 図の中の∟の印は、その角が90°であることを表しています。

答え ① 二等辺三角形の2つの角の大きさは等しいので、180°から40°をひくと、あの角2つ分の大きさになります。

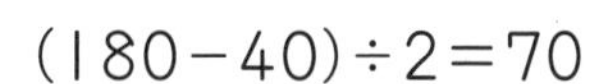
(180−40)÷2=70　　あ…70°

② 360−(130+90+45)=95　　い…95°

右のように、三角定規(じょうぎ)を組み合わせてできたかときの角度の和を、はるとさんは下のような式で求めました。

はるとさんの考えを説明しましょう。

360−(60+90)=210

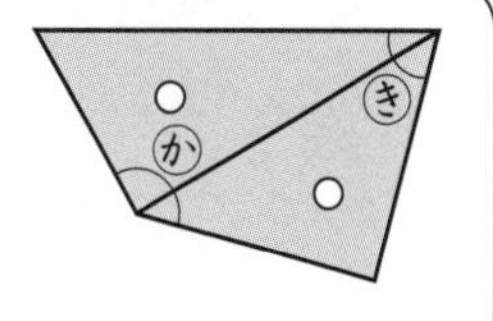

考え方 三角定規の3つの角の大きさは、下の図のようになっています。

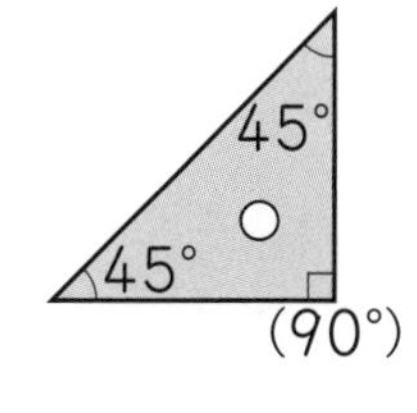

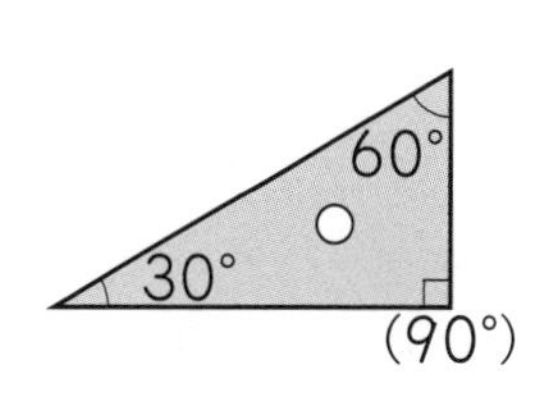

答え (例)三角定規を組み合わせてできた形は四角形だから、360°から、㋕と㋖以外の角の大きさ60°と90°の和をひけば、㋕と㋖の角度の和が求められる。

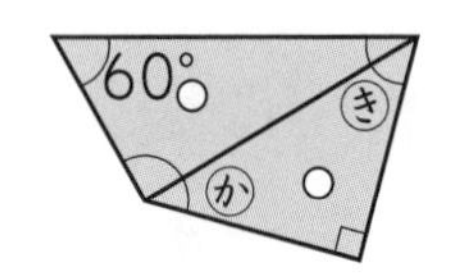

△4 三角形、四角形、五角形、六角形などのように、直線で囲まれた図形を何といいますか。

答え 多角形

つないでいこう 算数の目 ～大切な見方・考え方

1 図形の性質を、すじ道立てて説明する

❶ ㋑
❷ ㋑
❸ ㋑

偶数と奇数、倍数と約数

整数の性質を調べよう

1 偶数と奇数

教 上 p.95〜96

1 右の あたり、はずれ には、それぞれどんな数が集まっているかを調べましょう。

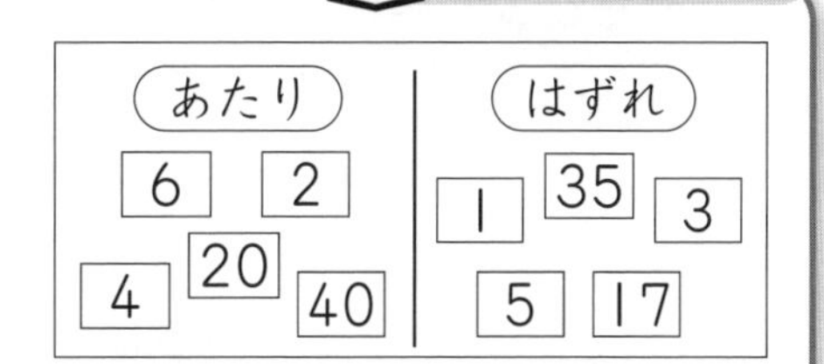

① それぞれの数を見て、気づいたことをいいましょう。

あたり	2、4、6、8、10、12、14、16、18、20、22、24、…
はずれ	1、3、5、7、9、11、13、15、17、19、21、23、…

② あたりの数を、2でわってみましょう。
また、はずれの数も2でわってみましょう。

③ 数直線で、偶数（ぐうすう）と奇数（きすう）は、どのようにならんでいますか。

④ 偶数でも奇数でもない整数はありますか。

ねらい **整数を、特ちょうを調べて2つのなかまに分ける方法を考えます。**

答え

① (例)**こうた**…1、②、3、④、…と、こうごに分けている。
あみ…はずれの一の位の数字は、1、3、5、7。
りく…あたりの数は、2に整数をかけた数になっている。

② あたり…2÷2=1、4÷2=2、6÷2=3、8÷2=4、……
はずれ…1÷2=0あまり1、3÷2=1あまり1、
5÷2=2あまり1、7÷2=3あまり1、……
あたりの数…**2でわりきれる。**
はずれの数…**2でわると、あまりが1になる。**

③ ⓪ [1] ② [3] ④ [5] ⑥ [7] ⑧ [9] ⑩ [11] ⑫ [13] ⑭ [15] ⑯ [17]

○…偶数、□…奇数

1つおきにならんでいる。（こうごにならんでいる。）

4 数直線でこうごにならんでいるので、**偶数**(ぐうすう)**でも奇数**(きすう)**でもない整数はない。**

―― 練習 ――

教 ㊤p.96

⚠1 0から40までの整数を、偶数と奇数に分けましょう。

ねらい **整数を、偶数と奇数の2つのなかまに分けます。**

考え方
- 2でわりきれるかどうかで、偶数か奇数に分けます。
- 偶数の一の位の数字は、0、2、4、6、8となります。
  また、奇数の一の位の数字は、1、3、5、7、9です。
- 偶数と奇数はこうごにならぶことから、2つのなかまに分けることができます。

答え 偶数… 0、2、4、6、8、
10、12、14、16、18、
20、22、24、26、28、
30、32、34、36、38、
40

奇数… 1、3、5、7、9、
11、13、15、17、19、
21、23、25、27、29、
31、33、35、37、39

注意! 0は偶数であることに注意しましょう。

教 ㊤p.96

⚠2 算数の教科書の、左ページ、右ページのページ番号は、それぞれどんな数になっていますか。

ねらい **数が、偶数のなかまであるか、奇数のなかまであるか考えます。**

考え方 教科書を見て、左ページ、右ページのページ番号を調べてみます。

答え 左ページのページ番号…2、4、6、8、…… **偶数**
右ページのページ番号…3、5、7、9、…… **奇数**

教 ㊤p.96

⚠3 42、55、63、78のうち、偶数はどれですか。

ねらい **整数が偶数であるかどうかを考えます。**

考え方 偶数であるかどうかは、次の方法で調べることができます。

- 一の位の数字が0、2、4、6、8(偶数)である。
- 2でわり切れる。

答え 偶数は　42、78

教 上p.97

2 偶数と奇数について、くわしく調べましょう。

1. 8は偶数ですか、奇数ですか。
2. □にあてはまる整数はいくつですか。
   8＝2×□
3. 9は偶数ですか、奇数ですか。
4. □にあてはまる整数はいくつですか。
   9＝2×□＋1
5. 10、11は、それぞれ偶数ですか、奇数ですか。
   また、10、11をそれぞれ2や4と同じように、式に表しましょう。

ねらい 偶数と奇数を式で表し、特ちょうを考えます。

答え
1. 偶数
2. 8＝2×4
3. 奇数
4. 9＝2×4＋1
5. 10は偶数　10＝2×5
   11は奇数　11＝2×5＋1

練習

教 上p.97

50、51は、それぞれ偶数ですか、奇数ですか。
式の続きを書いて答えましょう。

① 50＝2×　　② 51＝2×

ねらい 整数を、2×□、2×□＋1の式で表して、その整数が偶数か奇数かを考えます。

答え
① 50＝2×25　偶数
② 51＝2×25＋1　奇数

教科書のまとめ

テスト前にチェックしよう！

教 上 p.95～97

□ ① **整数を2つのなかまに分ける**

整数は、**偶数か奇数かに注目すると**、2つのなかまに分けられる。

整数	
偶数	奇数
0、2、4、6、8、…	1、3、5、7、9、…

□ ② **偶数と奇数を表す式の形**

□に入る数を整数とすると、**偶数は2×□、奇数は2×□＋1の式に表すことができる。**

偶数は、2に整数をかけてできる数ともいえる。

2 倍数と公倍数

教 上 p.98～99

1 1ふくろ3本入りのえん筆と、1ふくろ4本入りのキャップが売られています。それぞれを何ふくろか買って、えん筆とキャップの数が等しくなるようにします。

数が等しくなるのは、何本のときか調べましょう。

1. えん筆を1ふくろ、2ふくろ、…と買ったときの、えん筆の数を調べましょう。
2. キャップを1ふくろ、2ふくろ、…と買ったときの、キャップの数を調べましょう。
3. えん筆の数は、どんな数といえますか。
また、キャップの数はどうですか。
4. えん筆の数、キャップの数は、それぞれどんな数の倍数になっていますか。
5. えん筆とキャップの数が最初に等しくなるのは、何本のときですか。
また、次に数が等しくなるのは、何本のときですか。
6. 5で答えた数は、どんな数といえますか。
7. 3と4の最小公倍数はいくつですか。
8. 4の倍数を4でわったときのあまりはいくつですか。

ねらい ある数に整数をかけてできる数について考えます。また、2つの数をそれぞれ何倍かしてできる数のうちの、共通な数について考えます。

考え方 1 えん筆の数は

1ふくろに入っているえん筆の数 × ふくろの数

で求められます。

2 キャップの数は

1ふくろに入っているキャップの数 × ふくろの数

で求められます。

4 3に整数をかけてできる数を、3の**倍数**(ばいすう)といいます。

7 3と4の共通な倍数を、3と4の**公倍数**(こうばいすう)といいます。

公倍数のうちで、いちばん小さい数を、**最小公倍数**(さいしょうこうばいすう)といいます。

答え 1

ふくろの数(ふくろ)	1	2	3	4	5	6	7	8	9	10	11
えん筆の数(本)	3	6	9	12	15	18	21	24	27	30	33

2

ふくろの数(ふくろ)	1	2	3	4	5	6	7	8	9	10	11
キャップの数(本)	4	8	12	16	20	24	28	32	36	40	44

3 えん筆の数……**3に整数をかけてできる数**

キャップの数…**4に整数をかけてできる数**

4 えん筆の数……**3の倍数**

キャップの数…**4の倍数**

5 最初に等しくなるのは、**12本のとき**

次に等しくなるのは、**24本のとき**

6 (例) **3の倍数であり、4の倍数でもある数**

3と4の共通な倍数

7 3と4の共通な倍数のうちで、いちばん小さい数だから

12

8 4の倍数は4でわりきれるから、**あまりは0**

練習

教 上 p.99

次のページの数直線で、2、3、4の倍数を○で囲(かこ)みましょう。
また、1から20までの整数のうち、2と3の公倍数を見つけましょう。

ねらい 倍数の中から公倍数を見つけます。

考え方 公倍数は、2つ以上の数に共通な倍数です。

答え 2、3、4の倍数

2の倍数 0 1 ② 3 ④ 5 ⑥ 7 ⑧ 9 ⑩ 11 ⑫ 13 ⑭ 15 ⑯ 17 ⑱ 19 ⑳

3の倍数 0 1 2 ③ 4 5 ⑥ 7 8 ⑨ 10 11 ⑫ 13 14 ⑮ 16 17 ⑱ 19 20

4の倍数 0 1 2 3 ④ 5 6 7 ⑧ 9 10 11 ⑫ 13 14 15 ⑯ 17 18 19 ⑳

2と3の公倍数は、2の倍数と3の倍数で○をつけた数のうち、共通している数だから

6、12、18

教 上 p.100

2 4と6の公倍数を、小さいほうから5つ求めましょう。

1 4と6の最小公倍数はいくつですか。

2 4と6の最小公倍数と公倍数を比(くら)べて、気づいたことをいいましょう。

ねらい **2つの数の公倍数、最小公倍数の求め方を考えます。**

考え方 方法(1) **(みさきの考え)**

4の倍数と6の倍数をそれぞれ書き出して、その中から共通な数を見つけます。

方法(2) **(はるとの考え)**

4の倍数を書き出して、それぞれの数について、6の倍数かどうかを調べます。

方法(3) **(あみの考え)**

6の倍数を書き出して、それぞれの数について、4の倍数かどうかを調べます。

答え **2**

方法(1) 4の倍数

4、8、⑫、16、20、㉔、28、32、㊱、40、44、㊽、52、56、(60)、…

6の倍数

6、⑫、18、㉔、30、㊱、42、㊽、54、(60)、…

方法(2) 4の倍数

4、8、12、16、20、24、28、32、36、40、44、48、52、58、60、…

6の倍数かどうか

× × ○ × × ○ × × ○ × × ○ × × ○、…

方法(3)　6の倍数

6、12、18、24、30、36、42、48、54、60、…

4の倍数かどうか

×　○　×　○　×　○　×　○　×　○、…

4と6の公倍数を、小さいほうから5つ求めると

12、24、36、48、60

1　公倍数のうちで、いちばん小さい数だから、最小公倍数は12

2　**4と6の公倍数は、4と6の最小公倍数12の倍数になっている。**

—— 練習 ——

教 上 p.100

△2　(　)の中の数の公倍数を、小さいほうから3つ求めましょう。

①　(6、9)　　②　(5、10)　　③　(3、7)　　④　(8、12)

ねらい　**2つの数の公倍数を求めます。**

考え方　公倍数は、最小公倍数の倍数になっていることを利用して求めます。最小公倍数は、教科書100ページのみさき、はると、あみの方法を使って求められます。

①について、あみの方法を使って、最小公倍数を求めてみます。

9の倍数　　　　　9、18、27、…

6の倍数かどうか　×　○　×　…

6と9の最小公倍数は18だから、公倍数は小さいほうから

$18\times1=18$、$18\times2=36$、$18\times3=54$

②～④も同じようにして求めます。

答え

① **18、36、54**

② **10、20、30**

③ **21、42、63**

④ **24、48、72**

教 上 p.100

△3　高さが5cmの箱と、高さが7cmの箱をそれぞれ積み上げていきます。最初に高さが等しくなるのは、何cmのときですか。

ねらい　**最小公倍数を利用して、身のまわりの問題を考えます。**

考え方 5cmの箱では　5、10、15、20、25、30、35、40、…
7cmの箱では　7、14、21、28、35、42、…
となります。最初に高さが等しくなるのはどんな数か考えてみます。

答え 高さが、最初に等しくなるのは、5と7の最小公倍数になったときです。

7の倍数	7	14	21	28	35
5の倍数かどうか	×	×	×	×	○

最初に高さが等しくなるのは**35cm**のときです。

教㊤p.101

3 2と3と4の公倍数を、小さいほうから5つ求めましょう。

1. 2、3、4の倍数を○で囲(かこ)みましょう。
2. 下の2と3と4の公倍数の求め方を説明しましょう。

4の倍数	4	8	12	16	20	24	…
3の倍数かどうか	×	×	○	×	×	○	
2の倍数かどうか	○	○	○	○	○	○	

3. 2と3と4の最小公倍数はいくつですか。

ねらい **3つの数の公倍数の求め方を考えます。**

答え **3** 3つの数の公倍数12、24は、3つの数の最小公倍数12の倍数になっている。2と3と4の最小公倍数が12だから、公倍数を小さいほうから5つ求めると

12、12×2=**24**、12×3=**36**、12×4=**48**、12×5=**60**

1

2の倍数　0　1　②　3　④　5　⑥　7　⑧　9　⑩　11　⑫　13　⑭　15　⑯　17

3の倍数　0　1　2　③　4　5　⑥　7　8　⑨　10　11　⑫　13　14　⑮　16　17

4の倍数　0　1　2　3　④　5　6　7　⑧　9　10　11　⑫　13　14　15　⑯　17

2 **いちばん大きい数の4の倍数を書き出し、それらが3の倍数かどうか、2の倍数かどうかを調べ、倍数のときに○をつけている。3の倍数、2の倍数の両方に○がついた数が、2と3と4の公倍数です。**

3 **12**

―― 練習 ――

教 ㊤p.101

 (　)の中の数の公倍数を、小さいほうから3つ求めましょう。

① (2、3、5)　② (2、7、8)　③ (3、10、15)

ねらい **3つの数の公倍数を求めます。**

考え方 公倍数は最小公倍数を2倍、3倍して求めます。
公倍数を求めるときには、いちばん大きい数の倍数を書き出し、
それらが残りの数の倍数かどうかを調べます。

答え

①

5の倍数	5、	10、	15、	20、	25、	30、…
3の倍数かどうか	×	×	○	×	×	○、…
2の倍数かどうか	×	○	×	○	×	○、…

最小公倍数が30だから、
公倍数は　**30**、30×2=**60**、30×3=**90**

②

8の倍数	8、	16、	24、	32、	40、	48、	56、…
7の倍数かどうか	×	×	×	×	×	×	○、…
2の倍数かどうか	○	○	○	○	○	○	○、…

最小公倍数が56だから、
公倍数は　**56**、56×2=**112**、56×3=**168**

③

15の倍数	15、	30、…
10の倍数かどうか	×	○、…
3の倍数かどうか	○	○、…

最小公倍数が30だから、
公倍数は　**30**、30×2=**60**、30×3=**90**

公倍数を求めるときは、
はじめにいちばん大きい数の
倍数を書き出すんだね。

教 上 p.101

5 駅前から右のように㋐、㋑、㋒のバスが出ています。
8時10分に、㋐、㋑、㋒のバスが同時に発車しました。

㋐	病院行き	5分おきに発車
㋑	市役所行き	12分おきに発車
㋒	動物園行き	18分おきに発車

㋐、㋑、㋒のバスが次に同時に発車するのは、何時何分ですか。

ねらい **最小公倍数を利用して、身のまわりの問題を考えます。**

考え方 発車の間かくを示す数5と12と18の最小公倍数を考えます。

答え 5と12と18の最小公倍数を求めます。

18の倍数

18、36、54、72、90、108、126、144、162、180、…

12の倍数かどうか

× ○ × ○ × ○ × ○ × ○、…

5の倍数かどうか

× × × × ○ × × × × ○、…

5と12と18の最小公倍数は180です。8時10分から180分後、つまり、8時10分から3時間後だから、次に㋐、㋑、㋒のバスが同時に発車するのは、**11時10分**になります。

身のまわりには、
最小公倍数を利用して
解決(かいけつ)できる問題があるんだね。

教科書のまとめ

テスト前にチェックしよう！

教 上 p.98〜101

□ ❶ **倍数**

3に整数をかけてできる数を、3の**倍数**(ばいすう)という。3の倍数は、3、6、9、12、…と、いくらでもある。

0は、倍数に入れないことにする。

□ ❷ **公倍数と最小公倍数**

3と4の共通な倍数を、3と4の**公倍数**(こうばいすう)という。

また、公倍数のうちで、いちばん小さい数を、**最小公倍数**(さいしょうこうばいすう)という。

3の倍数: 3、6、9、15、18、21、27、…
3と4の公倍数: 12、24、…
4の倍数: 4、8、16、20、28、32、…

□ ❸ **公倍数の求め方**

4と6の公倍数を求めるには、4と6の最小公倍数12の倍数を求めればよい。

3つの数の公倍数も、**2つの数の公倍数の求め方と同じように考えれば**求めることができる。

3 約数と公約数

教 上 p.102〜103

1 たて12cm、横18cmの長方形の中に、合同な正方形の紙をしきつめます。すきまなくしきつめられるのは、正方形の1辺の長さが何cmのときですか。

1. たてにすきまなくしきつめられるのは、正方形の1辺の長さが何cmのときですか。また、そのとき、たてにならぶ正方形の紙の数は何まいですか。
2. たてにすきまなくしきつめられるときの、正方形の1辺の長さを表す数は、どんな数といえますか。
3. 12の約数どうしには、どんな関係がありますか。
4. 横にすきまなくしきつめられるのは、正方形の1辺の長さを表す数がどんな数のときですか。
5. 12の約数、18の約数を○で囲(かこ)みましょう。
6. 12と18の最大公約数はいくつですか。

ねらい **ある数をわりきる数について考えます。また、2つの数をわりきる数のうちの、共通な数について考えます。**

考え方 ③ 右の……や……で結ばれた2つの数の関係を考えます。

1　2　3　4　6　12

⑥ 12と18の公約数のうちで、いちばん大きい数です。

答え **1** **1cm、2cm、3cm、6cmのとき**

①

1辺の長さ(cm)	1	2	3	4	5	6	7	8	9	10	11	12
すきまなし…○ すきまあり…×	○	**○**	**○**	**○**	×	**○**	×	×	×	×	×	**○**
まい数　(まい)	12	**6**	**4**	**3**	−	**2**	−	−	−	−	−	**1**

② **12をわるとわりきれて、商が整数になる数**

③ 1×12=12、2×6=12、3×4=12のように、**かけると12になる2つの数の組になっている。**

④ **18の約数のとき**

⑤ 12の約数　0 ① ② ③ ④ 5 ⑥ 7 8 9 10 11 ⑫ 13 14 15 16 17 18

18の約数　0 ① ② ③ 4 5 ⑥ 7 8 ⑨ 10 11 12 13 14 15 16 17 ⑱

⑥ 公約数が1、2、3、6だから、そのうちで、いちばん大きい数は**6**

―― **練習** ――

教㊤p.103

△1 6と9の公約数を、全部書きましょう。

ねらい **2つの数の公約数を求めます。**

考え方 教科書103ページの⑤のように、数直線を使って考えます。

答え 数直線で、6の約数、9の約数を○で囲(かこ)むと

6の約数　0 ① ② ③ 4 5 ⑥ 7 8 9

9の約数　0 ① 2 ③ 4 5 6 7 8 ⑨

両方に○がついた数は1と3だから、6と9の公約数は**1と3**

教 上 p.103

△2 右の計算で、商が整数で、わりきれるのは、□に入る整数がどんな整数のときですか。

40÷□

ねらい **わり算で、商が整数になるときの、わる数とわられる数の関係を考えます。**

答え 40を□でわったときわりきれるから、□は**40の約数**となります。

教 上 p.104

2 24と36の公約数を全部求めましょう。

1 24と36の最大公約数はいくつですか。

2 24と36の最大公約数と公約数を比(くら)べて、気づいたことをいいましょう。

ねらい **2つの数の公約数と最大公約数の求め方を考えます。**

考え方 方法(1)（**しほの考え**）

24の約数、36の約数をそれぞれ書き出して、その中から共通な数を見つける。

方法(2)（**はるとの考え**）

小さいほうの数24の約数を書き出して、それぞれの数について、36の約数かどうかを調べる。

答え **2** 24と36の公約数は　**1、2、3、4、6、12**

1 最大公約数は、公約数のうちで、いちばん大きい数だから、24と36の最大公約数は　**12**

2 **24と36の公約数1、2、3、4、6、12は、すべて最大公約数12の約数になっている。**

練習

教 上 p.104

△3 （　）の中の数の公約数を、全部求めましょう。
また、最大公約数を求めましょう。

① （12、20）　② （28、42）　③ （18、36）

ねらい 2つの数の公約数と最大公約数を求めます。

考え方 (　)の中の数のうち、小さいほうの数の約数を書き出して、その中から大きいほうの数の約数でもある数を見つけます。

答え ①

12の約数	1	2	3	4	6	12
20の約数かどうか	○	○	×	○	×	×

公約数…**1、2、4**

最大公約数…**4**

②

28の約数	1	2	4	7	14	28
42の約数かどうか	○	○	×	○	○	×

公約数…**1、2、7、14**

最大公約数…**14**

③

18の約数	1	2	3	6	9	18
36の約数かどうか	○	○	○	○	○	○

公約数…**1、2、3、6、9、18**

最大公約数…**18**

教 ㊤p.104

4 6と9と12の最大公約数はいくつですか。

ねらい 3つの数の最大公約数を求めます。

考え方 2つの数のときと同じように、いちばん小さい数6の約数を書き出して、それらが、9の約数、12の約数かどうかを調べます。

答え

6の約数	1	2	3	6
9の約数かどうか	○	×	○	×
12の約数かどうか	○	○	○	○

最大公約数…**3**

教 ㊤p.104

5 (　)の中の数の最大公約数を求めましょう。

① (8、16、20)　② (15、18、30)　③ (12、36、60)

ねらい 3つの数の最大公約数を求めます。

答え ①　8の約数　1、2、4、8

8の約数	1	2	4	8
16の約数かどうか	○	○	○	○
20の約数かどうか	○	○	○	×

最大公約数…4

②

15の約数	1	3	5	15
18の約数かどうか	○	○	×	×
30の約数かどうか	○	○	○	○

最大公約数…3

③

12の約数	1	2	3	4	6	12
36の約数かどうか	○	○	○	○	○	○
60の約数かどうか	○	○	○	○	○	○

最大公約数…12

教科書のまとめ

テスト前にチェックしよう！

教 上p.102～104

□ ① 約数

12は、1、2、3、4、6、12でわりきれる。この1、2、3、4、6、12を、12の**約数**(やくすう)という。

4は、12の約数

12は、4の倍数

12 ―約数→ 4
12 ←倍数― 4

□ ② 公約数と最大公約数

1、2、3、6のように、12と18の共通な約数を、12と18の**公約数**(こうやくすう)という。

また、公約数のうちで、いちばん大きい数を、**最大公約数**(さいだいこうやくすう)という。

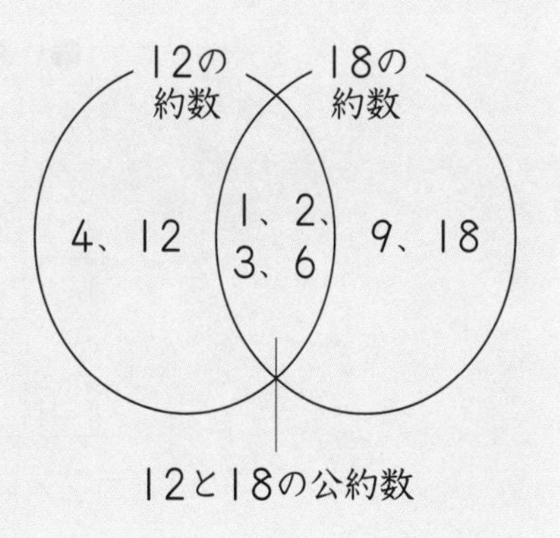

□ ③ 公約数の求め方

24と36の公約数を求めるには、24と36の最大公約数12の約数を求めればよい。

いかしてみよう

教 上 p.105

東海道新幹線(とうかいどうしんかんせん)のざ席は、通路をはさんで２人がけの列と３人がけの列がならんでいます。

なぜ、このようなざ席のならびになっているのでしょうか。

① 13人で新幹線に乗ります。
どのようにすわれば、だれのとなりの席も空かないようにすわることができますか。
図に、どのようにすわるかを●をかいて表しましょう。

② あきらさんは、13人が右のようにすわることを考えました。
あきらさんの考えを、式に表しましょう。

通路

③ ①で自分が考えたすわり方を、②と同じように式に表しましょう。

④ ２人以上25人以下の人数のうち、どのようにすわってもだれかのとなりの席が空いてしまうような人数はありますか。
式を使って考えましょう。

答え

①（例）

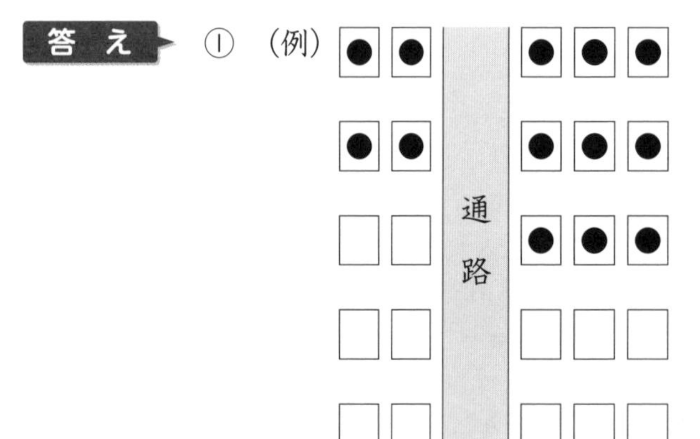

② 13＝2×[5]＋3×[1]

③ 13＝2×[2]＋3×[3]

④ ２以上25以下の数は、かならず２の倍数か３の倍数、または２の倍数と３の倍数の和で表せるから、２人以上25人以下の人数では、どのようにすわってもだれかのとなりの席が空いてしまうような人数はない。

たしかめよう

教 上 p.106

 下の問題に答えましょう。

① 14は、偶数(ぐうすう)ですか、奇数(きすう)ですか。

② 4の倍数と10の倍数を、それぞれ小さいほうから3つ求めましょう。

③ 4と10の公倍数を、小さいほうから3つ求めましょう。

考え方 ① 2でわりきれるかどうかを調べます。

③ 4と10の最小公倍数を求め、それを何倍かして公倍数を求めます。

答え ① 14は2でわりきれるから、**偶数**です。

② 4の倍数…4×1=**4**、4×2=**8**、4×3=**12**

10の倍数…10×1=**10**、10×2=**20**、10×3=**30**

③ 4と10の最小公倍数を求めると

10の倍数	10、	20、	30、	40、…
4の倍数かどうか	×	○	×	○、…

4と10の最小公倍数が20だから、4と10の公倍数は

20、20×2=**40**、20×3=**60**

 1、2、3の数字を1回ずつ使ってできる3けたの整数のうち、いちばん大きい偶数はいくつですか。

考え方 偶数の一の位の数はどんな数でなければならないかを考えます。

答え 偶数の一の位の数は偶数になります。1、2、3のうち偶数は2だから、一の位の数は2となります。百の位の数が大きいほうが大きい数になるので、いちばん大きい偶数は、**312**となります。

 たて6cm、横8cmの長方形の紙を、同じ向きにすきまなくしきつめて正方形を作ります。

できる正方形のうち、いちばん小さいものの1辺の長さは何cmですか。また、そのとき長方形の紙は何まいしきつめられていますか。

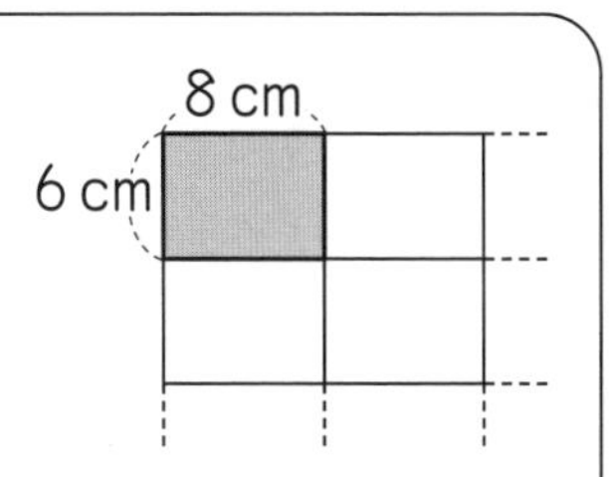

考え方 正方形を作るから、たての長さと横の長さが同じになるように長方形の紙をならべます。

できる正方形の1辺の長さは、6と8の何になるかを考えます。

答 え できる正方形のうち、いちばん小さいものの1辺の長さは、長方形の紙のたてと横の長さ6と8の最小公倍数になります。

6と8の最小公倍数は

8の倍数	8、	16、	24、	…
6の倍数かどうか	×	×	○、	…

最小公倍数が24だから、いちばん小さいものの1辺の長さは24cmです。

1辺の長さが24cmのとき

$24\div6=4$だから　たてに4まい

$24\div8=3$だから　横に3まい

ならびます。しきつめた長方形の紙のまい数は

$4\times3=12$

答え　**1辺の長さ…24cm、まい数…12まい**

 ① 32の約数と48の約数を、それぞれ全部求めましょう。

② 32と48の公約数を全部求めましょう。

答 え ① 32の約数　**1、2、4、8、16、32**

48の約数　**1、2、3、4、6、8、12、16、24、48**

② ①で求めた約数のうち、共通な約数だから　**1、2、4、8、16**

注意! 約数が全部求められたかどうかは、右のように約数の組をつくって確(たし)かめましょう。

32の約数

1　2　4　8　16　32

 1辺の長さが1cmの正方形の紙が、12まいあります。

この紙をあまりなくしきつめて、長方形を作ります。

たてと横の長さは、それぞれ何cmになりますか。

考え方 できる長方形の面積は、$1cm^2$の紙12まい分だから$12cm^2$です。

このことから、たて×横＝$12cm^2$となるとき、たてと横の長さは、12の何になるかを考えます。

答え たてと横の長さは、12の約数の組になります。このような数の組は、下の表のようになります。

たての長さ(cm)	1	2	3	4	6	12
横の長さ(cm)	12	6	4	3	2	1

(たての長さ、横の長さ)のように表すと、
(1cm、12cm)、(2cm、6cm)、(3cm、4cm)、
(4cm、3cm)、(6cm、2cm)、(12cm、1cm)

つないでいこう 算数の目 ～大切な見方・考え方

1 かけ算やわり算をもとにして、整数をいくつかのなかまに分ける

1 ① **し ほ**…60は、2でわりきれます。だから、60は偶数(ぐうすう)です。
り く…60＝2×30
2×整数　の式に表せるから、60は偶数です。
② **はると**…87は、2でわるとわりきれないから、奇数(きすう)です。
みさき…87＝2×43＋1
2×整数＋1　の式で表せるから、87は奇数です。

2 3でわりきれる整数…**3、6、9、12**
3でわると1あまる整数…**1、4、7、10**
3でわると2あまる整数…**2、5、8、11**
どのなかまにも入らない整数はない。

1は2でわると1あまる整数だから、1÷2＝0あまり1だったよね。

分数と小数、整数の関係

分数と小数、整数の関係を調べよう

分数と小数、整数の関係は？

教 上 p.108

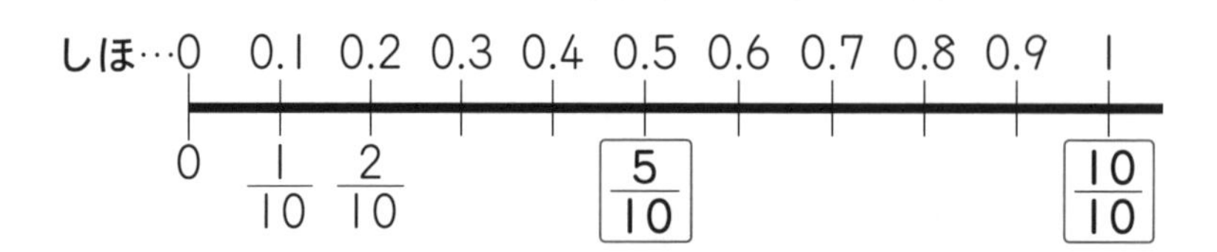

同じ大きさの数を、
小数でも分数でも表せる
場合があるんだね。

教 上 p.109

□Lのジュースを3人で等分します。
1人分は何Lですか。

答え [1]Lのとき

[1]Lの3等分だから、1人分は $\boxed{\frac{1}{3}}$ L

[3]Lのとき

[3]÷3＝1だから、1人分は[1]L

Ⅰ わり算と分数

教 ㊤p.109～110

1 2Lのジュースを3人で等分すると、1人分は何Lになりますか。

1 教科書110ページの図を見て、2÷3の商を分数で表す方法を考えましょう。
2 4÷3の商を分数で表しましょう。
3 1、2の式と答えを見て、気づいたことをいいましょう。
4 1÷3の商を分数で表しましょう。

ねらい **整数どうしのわり算の商の表し方を考えます。**

答え **1** 式 2÷3　答え $\frac{2}{3}$L

1 **みさき**…2Lを、[1]Lずつ2つに分けて考えます。
2Lを3等分した1こ分は、$\frac{1}{3}$Lの[2]こ分になります。
だから、$\frac{2}{3}$Lになります。

$2 \div 3 = \frac{2}{3}$（L）

2 $4 \div 3 = \frac{4}{3}$

はると…4Lを3等分した1こ分は、$\frac{1}{3}$Lの[4]こ分だから…。

3 （例）・わり算の商が、分数で表されている。
・分数では、わる数が分母、わられる数が分子になっている。
・わり算の商を分数を使って表すと、わりきれないわり算の商も表すことができる。

4 $1 \div 3 = \frac{1}{3}$

練習

教 ㊤p.111

△1 4÷5、5÷4のそれぞれの商を、分数で表しましょう。

ねらい **整数どうしのわり算の商を分数で表します。**

考え方 わり算の商は、分数で表すことができます。
わる数が分母、わられる数が分子になります。

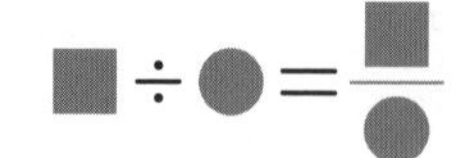

答え $4 \div 5 = \frac{4}{5}$、$5 \div 4 = \frac{5}{4}$

教 ㊤p.111

2 わり算の商を分数で表しましょう。

① $6 \div 7$　② $5 \div 12$　③ $11 \div 17$　④ $9 \div 2$

ねらい 整数どうしのわり算の商を分数で表します。

答え ① $\frac{6}{7}$　② $\frac{5}{12}$　③ $\frac{11}{17}$　④ $\frac{9}{2}$

教 ㊤p.111

3 □にあてはまる数を書きましょう。

① $\frac{5}{9} = 5 \div \square$　② $\frac{1}{4} = \square \div 4$

③ $\frac{7}{2} = \square \div 2$　④ $\frac{2}{5} = 2 \div \square$

⑤ $\frac{13}{6} = \square \div 6$　⑥ $\frac{8}{19} = \square \div 19$

ねらい 分数を、整数どうしのわり算の式で表します。

考え方 分子をわられる数、分母をわる数にして、わり算になおします。

答え ① 9　② 1　③ 7　④ 5　⑤ 13　⑥ 8

教 ㊤p.111

4 しほさんは、次の問題を見て、下のように答えました。

2mのテープを3等分しました。1こ分の長さは、何mですか。

2m

□m

しほ…3等分した1こ分の長さだから、$\frac{1}{3}$mです。

しほさんの考えは正しいですか、正しくないですか。
その理由を、図や式を使って説明しましょう。

ねらい 「2mを3等分した長さの1こ分の長さ」について考えます。

答え こうた…1こ分の長さは [2]÷3で、$\boxed{\frac{2}{3}}$mとなるから、しほさんの考えは**正しくない**。

あみ…$\frac{1}{3}$mは、1mを3等分した1こ分の長さで、この問題は2mを3等分した1こ分の長さを求める問題だから、しほさんの考えは**正しくない**。

教 ㊤p.112

2 右の表のような長さのリボンがあります。
赤のリボンの長さをもとにすると、白、青のリボンの長さは、それぞれ何倍ですか。

リボンの長さ

	長さ(m)
赤	5
白	4
青	6

9 分数と小数、整数の関係

ねらい 分数を使った倍の表し方を考えます。

考え方 それぞれ、もとにする長さを1とみて考えます。

答え **2** 白のリボン…$4\div5=\boxed{\frac{4}{5}}$(倍)

青のリボン…$6\div5=\boxed{\frac{6}{5}}$(倍)

—— 練習 ——

教 ㊤p.112

親犬の体重11kgは、子犬の体重6kgの何倍ですか。
また、子犬の体重は、親犬の体重の何倍ですか。

ねらい 分数を使って、何倍かを表します。

考え方 [倍にあたる大きさ]÷[もとにする大きさ]で求めます。

答え $11\div6=\frac{11}{6}$ **親犬の体重は、子犬の体重の$\frac{11}{6}$倍**

$6\div11=\frac{6}{11}$ **子犬の体重は、親犬の体重の$\frac{6}{11}$倍**

教科書のまとめ

テスト前にチェックしよう！

教 上p.109～112

□ ❶ **分数を使ったわり算の商の表し方**

わり算の商は、分数で表すことができる。

わる数が分母、わられる数が分子になる。

また、分数を使って何倍かを表せる。

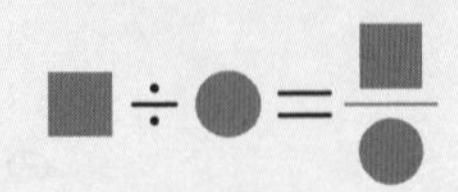

2 分数と小数、整数の関係

教 上p.113

3mのテープを5等分した1こ分の長さを考えています。

$3\div5=\frac{3}{5}$(m)　　$3\div5=0.6$(m)

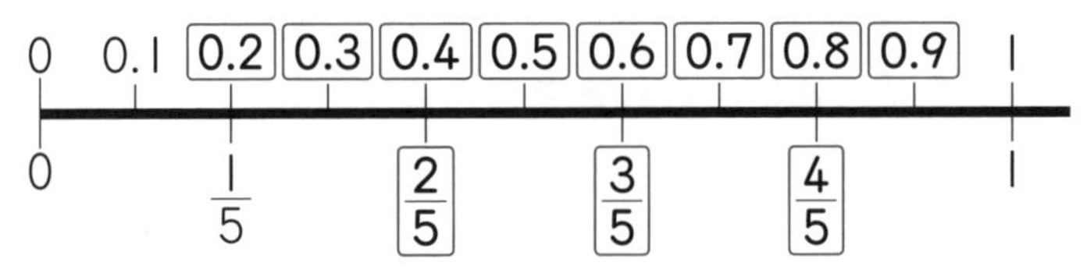

教 上p.113～114

1 $\frac{3}{4}$、$\frac{2}{9}$を、それぞれ小数で表しましょう。

① $2\frac{3}{4}$を小数で表す方法を考えましょう。

ねらい 分数を、小数で表す方法を考えます。

考え方 分数を小数で表すには、分子÷分母を計算します。

答え **1** $\frac{3}{4}=3\div4$ 　　$\frac{2}{9}=2\div9$

$=0.75$　　$=0.222\cdots$

① **あみの考え**……帯分数を、整数と真分数に分けて、真分数を小数で表し、整数との和を求める。

こうたの考え…仮分数(かぶんすう)になおして、分子を分母でわる。

練習

教 ㊤p.114

△1 $\frac{4}{5}$と0.7は、どちらが大きいですか。
□にあてはまる不等号を書きましょう。

$\frac{4}{5}$□0.7

ねらい **分数と小数で表された数の大きさを比(くら)べます。**

考え方 分数と小数の大小を比べるときは、分数を小数で表して比べます。

答え $\frac{4}{5}=4\div5=0.8$で、$0.8>0.7$だから $\frac{4}{5}$ [>] 0.7

教 ㊤p.114

△2 下の①～⑥の分数を、小数や整数で表しましょう。

① $\frac{1}{4}$　② $\frac{12}{5}$　③ $\frac{18}{6}$　④ $\frac{56}{8}$　⑤ $3\frac{2}{5}$　⑥ $1\frac{1}{8}$

ねらい **分数を小数や整数で表します。**

考え方 分数を小数や整数で表すには、分子÷分母を計算します。

答え

① $\frac{1}{4}=1\div4=\mathbf{0.25}$

② $\frac{12}{5}=12\div5=\mathbf{2.4}$

③ $\frac{18}{6}=18\div6=\mathbf{3}$

④ $\frac{56}{8}=56\div8=\mathbf{7}$

⑤ $3\frac{2}{5}=3+\frac{2}{5}$　$\frac{2}{5}=2\div5=0.4$だから、$3\frac{2}{5}=\mathbf{3.4}$

⑥ $1\frac{1}{8}=1+\frac{1}{8}$　$\frac{1}{8}=1\div8=0.125$だから、$1\frac{1}{8}=\mathbf{1.125}$

仮分数になおして、分子を分母でわってもいいよ。

⑤ $3\frac{2}{5}=\frac{17}{5}$
$=17\div5$
$=\mathbf{3.4}$

⑥ $1\frac{1}{8}=\frac{9}{8}$
$=9\div8$
$=\mathbf{1.125}$

$\frac{1}{7}$を小数で表してみたら…

答え ㋐と㋑で10÷7を計算しているから、㋑からあとの計算は、㋐から㋑の計算をくり返すことになる。だから、商は、142857がくり返される。

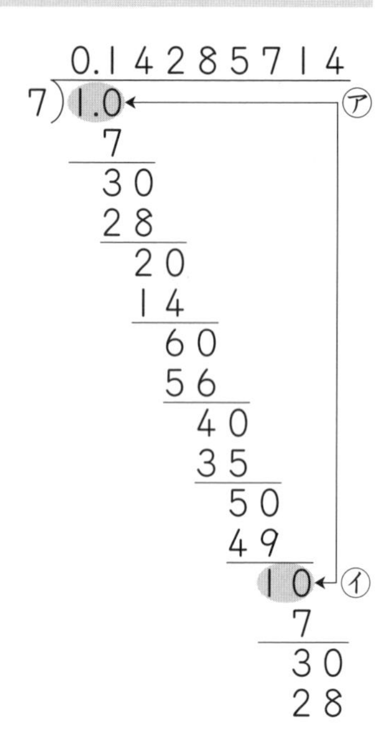

教 上p.115

2 0.3、0.29、1.57、4、12を、それぞれ分数で表しましょう。

① 0.3、0.29、1.57を、それぞれ分数で表しましょう。

② 4、12を、それぞれ分数で表しましょう。

ねらい 小数や整数を、分数で表す方法を考えます。

答え **2** $\frac{3}{10}$、$\frac{29}{100}$、$\frac{157}{100}$、$\frac{4}{1}$、$\frac{12}{1}$

① $0.1=\frac{1}{\boxed{10}}$ だから、 $0.3=\frac{3}{\boxed{10}}$

$0.01=\frac{1}{\boxed{100}}$ だから、 $0.29=\frac{29}{\boxed{100}}$

$0.01=\frac{1}{\boxed{100}}$ だから、 $1.57=\frac{157}{\boxed{100}}$

② $4=4\div1$
$=\frac{\boxed{4}}{\boxed{1}}$

$12=12\div1$
$=\frac{\boxed{12}}{\boxed{1}}$

練習

教 上p.115

△3 下の①～⑥の小数や整数を、分数で表しましょう。

① 0.2　② 0.49　③ 3　④ 3.14　⑤ 5　⑥ 7.06

ねらい 小数や整数を、分数で表します。

考え方 $\frac{1}{10}$の位までの小数は10を分母とする分数で、$\frac{1}{100}$の位までの小数は100を分母とする分数で表すことができます。
また、整数は、1などを分母とする分数で表すことができます。

答え ① $\frac{2}{10}$　② $\frac{49}{100}$　③ $\frac{3}{1}$　④ $\frac{314}{100}$ $\left(3\frac{14}{100}\right)$
⑤ $\frac{5}{1}$　⑥ $\frac{706}{100}$ $\left(7\frac{6}{100}\right)$

教科書のまとめ

テスト前にチェックしよう！

□ ❶ **分数の小数による表し方**
分数を小数で表すには、分子を分母でわる。

□ ❷ **小数の分数による表し方**
小数は、10、100などを分母とする分数で表すことができる。

□ ❸ **整数の分数による表し方**
整数は、1などを分母とする分数で表すことができる。

たしかめよう

教 上p.116

□にあてはまる数を書きましょう。

① $\frac{5}{6}=\square\div6$　② $\frac{9}{4}=9\div\square$　③ $7\div5=\frac{\square}{\square}$　④ $11\div14=\frac{\square}{\square}$

9 分数と小数、整数の関係

答え　① $\frac{5}{6}=\boxed{5}\div 6$　② $\frac{9}{4}=9\div\boxed{4}$

③ $7\div 5=\frac{\boxed{7}}{\boxed{5}}$　④ $11\div 14=\frac{\boxed{11}}{\boxed{14}}$

△2　分数で答えましょう。

① 20mは、15mの何倍ですか。
② 9kgは、20kgの何倍ですか。
③ 3cmを1とみると、2cmはいくつにあたりますか。
④ 2cmを1とみると、3cmはいくつにあたりますか。

考え方　もとにする大きさは、下のようになります。

①…15m　②…20kg　③…3cm　④…2cm

答え　① $20\div 15=\frac{20}{15}$　答え $\frac{20}{15}$倍

② $9\div 20=\frac{9}{20}$　答え $\frac{9}{20}$倍

③ $2\div 3=\frac{2}{3}$　答え $\frac{2}{3}$

④ $3\div 2=\frac{3}{2}$　答え $\frac{3}{2}$

下の①～⑥の分数を、小数や整数で表しましょう。

① $\frac{3}{8}$　② $\frac{16}{5}$　③ $\frac{7}{4}$　④ $\frac{5}{2}$　⑤ $\frac{8}{2}$　⑥ $\frac{21}{7}$

答え　① $\frac{3}{8}=3\div 8=\mathbf{0.375}$　② $\frac{16}{5}=16\div 5=\mathbf{3.2}$

③ $\frac{7}{4}=7\div 4=\mathbf{1.75}$　④ $\frac{5}{2}=5\div 2=\mathbf{2.5}$

⑤ $\frac{8}{2}=8\div 2=\mathbf{4}$　⑥ $\frac{21}{7}=21\div 7=\mathbf{3}$

下の①～⑥の小数や整数を、分数で表しましょう。

① 0.5　② 0.03　③ 1.6

④ 0.78　⑤ 7　⑥ 4.08

① $\frac{5}{10}$　② $\frac{3}{100}$　③ $\frac{16}{10}\left(1\frac{6}{10}\right)$

④ $\frac{78}{100}$　⑤ $\frac{7}{1}$　⑥ $\frac{408}{100}\left(4\frac{8}{100}\right)$

つないでいこう 算数の目 ～大切な見方・考え方

1 分数が表しているものに注目し、分数の意味を整理する

みさき…ある大きさを、何等分かしたものの何こ分の大きさを表します。

色をぬった部分の長さは、㋐の長さの$\frac{1}{4}$の

3こ分だから、㋐の長さの$\frac{3}{4}$です。

はると…長さなどの量を表します。

1mの$\frac{3}{4}$の長さは、$\frac{3}{4}$mです。

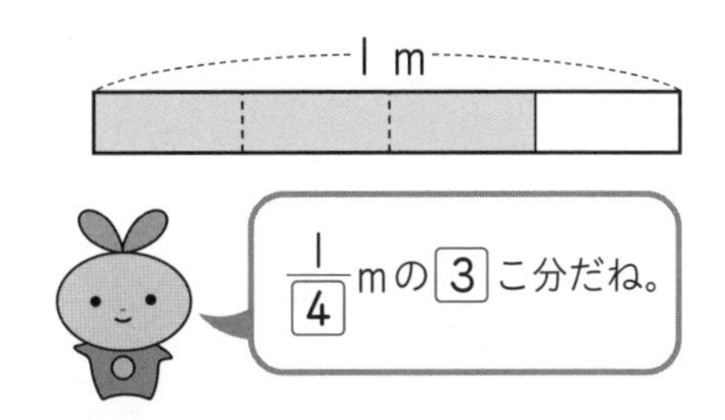

あ　み…倍を表します。

青のリボンの長さは、白のリボンの長さの$\frac{3}{4}$倍です。

白のリボンの長さを1とみたとき、

青のリボンの長さは$\frac{3}{4}$にあたります。

リボンの長さ

	長さ(m)
白	4
青	3

り　く…わり算の商を表します。　$3\div4=\frac{3}{4}$

9 分数と小数、整数の関係

考える力をのばそう

差や和に注目して

教 上p.118〜119

1 **考え方** 金額(きんがく)が等しくなるということは、2人の金額の差が0になるということと同じです。

答え ❶

	去年	1月	2月	3月	4月
つよし(円)	1200	1400	1600	1800	2000
まい (円)	0	350	700	1050	1400

しほ…去年は差が1200円もあるけど、4月には差が 600 円にちぢまっているよ。

❷、❸

	去年	1月	2月	3月	4月
つよし(円)	1200	1400	1600	1800	2000
まい (円)	0	350	700	1050	1400
差 (円)	1200	1050	900	750	600

こうた…差を、1200円から150円ずつ減らしていき、0円になる月を調べる。

	去年	1月	2月	3月	4月	5月	6月	7月	8月
つよし(円)	1200	1400	1600	1800	2000				↑
まい (円)	0	350	700	1050	1400				
差 (円)	1200	1050	900	750	600	450	300	150	0

150円ずつちぢまる

答え 8 月

しほ…最初の差は1200円だから、

$1200 \div 150 = 8$

1月から貯金(ちょきん)を始めたから、金額が等しくなるのは、8か月後の8月となります。

答え 8 月

2 考え方 「つながる」ということは、西側と東側の長さの和が橋全体の長さ285mと等しくなるということと同じです。

答え

	昨日まで	1日(今日)	2日	3日	4日
西側(m)	30	36	42	48	54
東側(m)	0	9	18	27	36
和　(m)	30	45	60	75	90

285−30＝255だから、あと255m造(つく)ればよい。
1日で、西側、東側で合わせて15mずつ造っているから(和が15mずつ増(ふ)えているから)

255÷15＝17

答え　17日

算数で読みとこう　データにかくれた事実にせまろう

教上p.120〜121

1 答え ❶ (例) はると…2020年は調査をしていないのに、グラフでは2019年と2021年を右下がりに直線でつなげているのはよくないと思う。

あ　み…総合得点(そうごうとくてん)って何かな。52点以上だけ見ているので、急に落ちたと見えているのかもしれない。

こうた…全部の種目の記録が下がったということかな。種目別に調べてみたいと思う。

❷ (例) し　ほ…長ざ体前くつなど、種目によっては、2021年のほうが、ほかの年より記録がよい。

2 答え ❶ (例) り　く…ふだん運動する時間が少ないからといって、遊びたくないわけではないように思う。

❷ (例) はると…体を動かす遊びはいろいろあるけど、どんな遊びがしたいのか、みんなにアンケートを行うのがよいと思う。

おぼえているかな？

教 上 p.122

1 計算をしましょう。わり算は、わりきれるまでしましょう。

① 27×1.9　② 0.8×1.6　③ 0.7×0.9　④ 2.4×0.5

⑤ $78.4 \div 3.5$　⑥ $4.32 \div 7.2$　⑦ $0.4 \div 0.5$　⑧ $5.39 \div 2.2$

答え

① 27 × 1.9：243、27 → **51.3**

② 0.8 × 1.6：48、8 → **1.28**

③ 0.7 × 0.9 → **0.63**

④ 2.4 × 0.5 → **1.20**

⑤ 3.5)78.4 → **22.4**（70、84、70、140、140、0）

⑥ 7.2)4.32 → **0.6**（432、0）

⑦ 0.5)0.40 → **0.8**（40、0）

⑧ 2.2)5.39 → **2.45**（44、99、88、110、110、0）

2 大小2つの箱があります。大きい箱の重さは40kgで、小さい箱の重さの1.6倍です。小さい箱の重さは何kgですか。

答え 小さい箱の重さを□kgとして

□×1.6=40

だから

□=40÷1.6

=25

答え　25kg

3 (　)の中の数の最小公倍数を求めましょう。

① (6、8)　② (10、15)　③ (3、4、9)

考え方 公倍数は、いちばん大きい数の倍数を書き出し、それらが、残りの数の倍数かどうかを調べます。

答え ① 8の倍数　8、16、24、…
6の倍数かどうか　×　×　○、…

答え　最小公倍数は　24

② 15の倍数　15、30、…
10の倍数かどうか　×　○、…

答え　最小公倍数は　30

③ 9の倍数　9、18、27、36、…
4の倍数かどうか　×　×　×　○、…
3の倍数かどうか　○　○　○　○、…

答え　最小公倍数は　36

4 (　)の中の数の最大公約数を求めましょう。

① (24、32)　② (27、45)　③ (18、42、54)

考え方 公約数は、いちばん小さい数の約数を書き出し、それらが、残りの数の約数かどうかを調べます。

答え ① 24の約数　1、2、3、4、6、8、12、24
32の約数かどうか　○　○　×　○　×　○　×　×

答え　最大公約数は　8

② 27の約数　1、3、9、27
45の約数かどうか　○　○　○　×

答え　最大公約数は　9

③ 18の約数　1、2、3、6、9、18
42の約数かどうか　○　○　○　○　×　×
54の約数かどうか　○　○　○　○　○　○

答え　最大公約数は　6

5 ①〜③の体積を求めましょう。

① 1辺が9cmの立方体

② たて3.5m、横2.8m、高さ4mの直方体

③

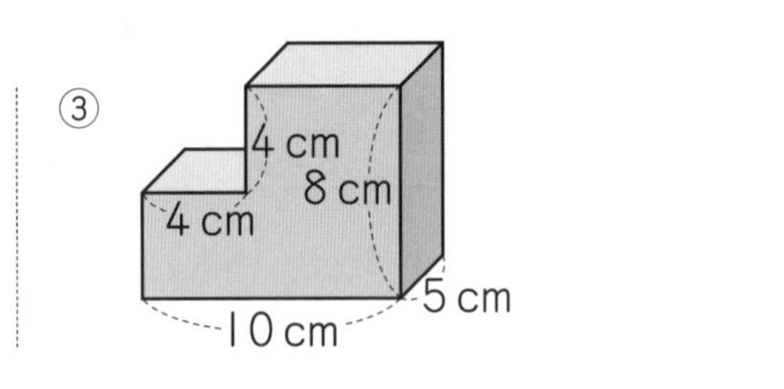

考え方
① 立方体の体積＝1辺×1辺×1辺
② 直方体の体積＝たて×横×高さ
③ 2つの直方体に分けるなど、直方体の形をもとにして考えます。

答え
① $9\times9\times9=729$ 答え **729cm³**
② $3.5\times2.8\times4=39.2$ 答え **39.2m³**
③ 体積は **320cm³**

方法(1)…左と右の直方体に分ける。

$5\times4\times(8-4)+5\times(10-4)\times8=320$

方法(2)…上と下の直方体に分ける。

$5\times(10-4)\times4+5\times10\times(8-4)=320$

方法(3)…大きい直方体から小さい直方体をひく。

$5\times10\times8-5\times4\times4=320$

方法(1)

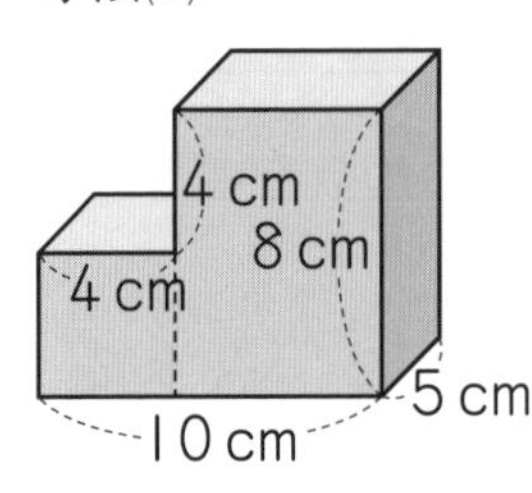

方法(2)

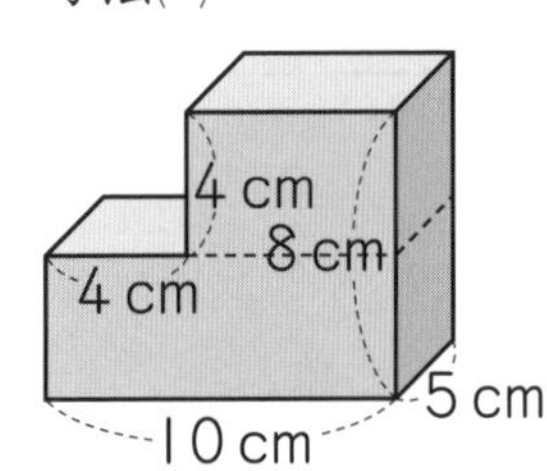

方法(3)

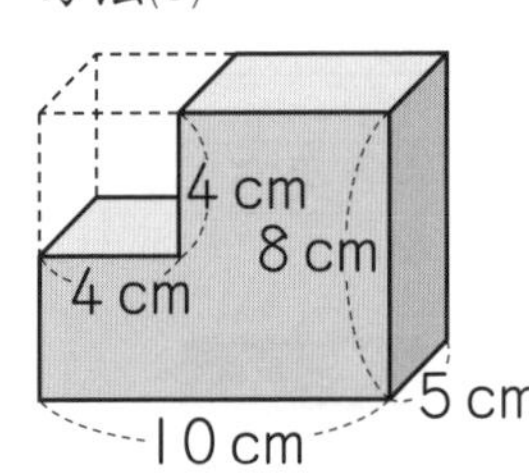

③では、2つの直方体の体積をたす考え方と、大きい直方体から小さい直方体の体積をひく考え方が使われてるね。
ほかの考え方もあるかな。

6 ① $\frac{5}{9}+\frac{7}{9}$ ② $2\frac{3}{6}+\frac{2}{6}$ ③ $3\frac{2}{4}+\frac{3}{4}$ ④ $1\frac{3}{5}+2\frac{1}{5}$

⑤ $\frac{9}{7}-\frac{6}{7}$ ⑥ $5\frac{3}{4}-2\frac{1}{4}$ ⑦ $2\frac{4}{5}-\frac{3}{5}$ ⑧ $3\frac{3}{8}-\frac{5}{8}$

答え

① $\frac{5}{9}+\frac{7}{9}=\frac{12}{9}\left(1\frac{3}{9}\right)$

② $2\frac{3}{6}+\frac{2}{6}=2\frac{5}{6}\left(\frac{17}{6}\right)$

③ $3\frac{2}{4}+\frac{3}{4}=3\frac{5}{4}$
$=4\frac{1}{4}\left(\frac{17}{4}\right)$

④ $1\frac{3}{5}+2\frac{1}{5}=3\frac{4}{5}\left(\frac{19}{5}\right)$

⑤ $\frac{9}{7}-\frac{6}{7}=\frac{3}{7}$

⑥ $5\frac{3}{4}-2\frac{1}{4}=3\frac{2}{4}\left(\frac{14}{4}\right)$

⑦ $2\frac{4}{5}-\frac{3}{5}=2\frac{1}{5}\left(\frac{11}{5}\right)$

⑧ $3\frac{3}{8}-\frac{5}{8}=2\frac{11}{8}-\frac{5}{8}$
$=2\frac{6}{8}\left(\frac{22}{8}\right)$

仮分数(かぶんすう)になおして、計算してもいいよ。
⑧ $3\frac{3}{8}-\frac{5}{8}=\frac{27}{8}-\frac{5}{8}$
$=\frac{22}{8}\left(2\frac{6}{8}\right)$

数と計算であそぼう 24をいろいろな式で表そう

教 上 p.122

考え方 ②と④、③と④の式をそれぞれ比(くら)べると

○＝♡×◇（②と④）、♡×♡＝△（③と④）

であることがわかります。

答え ①から □＝24÷2＝12 だから □＝12

③から 24＝2×2×2×3 だから ♡＝2、◇＝3

④から 24＝2×3×△ だから △＝24÷6＝4 △＝4

②から 24＝○×4 だから ○＝24÷4＝6 ○＝6

プログラミングを体験しよう！

教 上 p.124

1 3の倍数は、3でわったときのあまりが0になる数だといえる。

2 4÷3=1あまり1 → 何もしない
5÷3=1あまり2 → 何もしない
6÷3=2あまり0 → 6を書き出す
7÷3=2あまり1 → 何もしない
8÷3=2あまり2 → 何もしない
9÷3=3あまり0 → 9を書き出す
10÷3=3あまり1 → 何もしない

3 こうた…・1から 20 まで順に数を調べる。
⬇
・もし、 4 でわったあまりが0ならその数を書き出し、
そうでなければ次の数にうつる。

かたちであそぼう

ブロック遊び

教 上 p.125

1 ㋐…6個分、㋑…3個分、㋒…2個分

㋐ 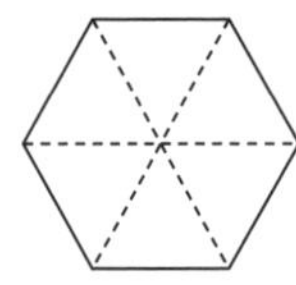 ㋑ 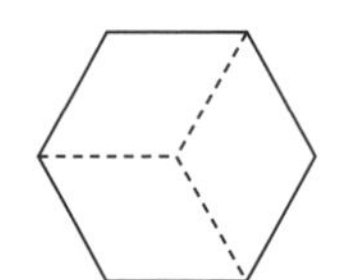 ㋒ 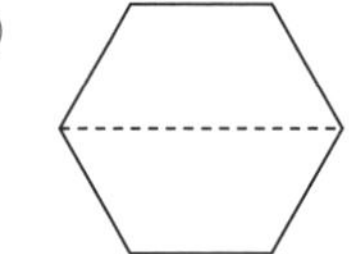

2 ・㋑のブロックは㋐のブロックの2個分の大きさ。
右の形は、㋐のブロック9個分の大きさだから、
右の形を㋑のブロックで**作ることはできません。**
・㋒のブロックでは、たとえば、右のようにして
作ることができます。

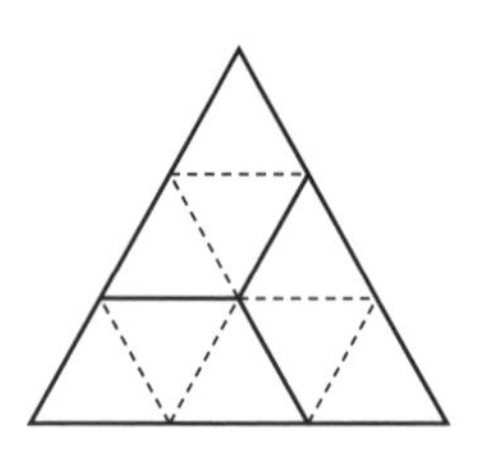

3 省略

4

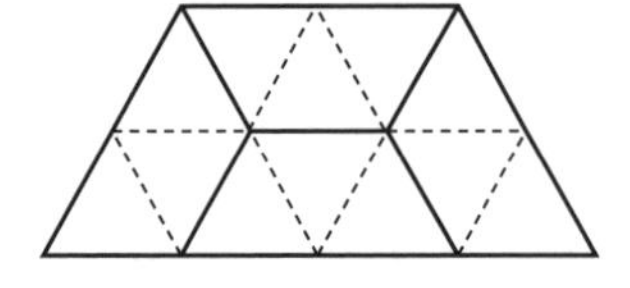

㋒のブロックは
4個いります。

ほじゅうのもんだい

教 上 p.126〜134

1 整数と小数のしくみをまとめよう

教 上 p.126

5.069＝1×[5]＋0.1×[0]＋0.01×[6]＋0.001×[9]

7.513＝[1]×7＋[0.1]×5＋[0.01]×1＋[0.001]×3

① 5こ　② 37こ　③ 899こ　④ 5200こ

イ 0.01を100こ集めた数は1、0.001を10こ集めた数は0.01だから
1.01

2 直方体や立方体のかさの比べ方と表し方を考えよう

教 上 p.126〜127

① $7\times8\times4=224$　答え　224cm^3

② $6\times6\times6=216$　答え　216cm^3

③ $9\times4\times4=144$　答え　144cm^3

④ 1m＝100cm　だから　$60\times100\times20=120000$

答え　120000cm^3

考え方。□を使って、体積を求める式を表してみます。

① $4\times3\times\square=72$　だから　$\square=6$

② $\square\times7\times5=140$　だから　$\square=4$

エ ① 左と右の２つの直方体に分ける。

$4\times3\times3+4\times(8-3)\times8=196$　答え　196cm^3

② 大きい直方体から小さい直方体をひく。

$4\times8\times6-4\times(8-2-3)\times3=156$　答え　156cm^3

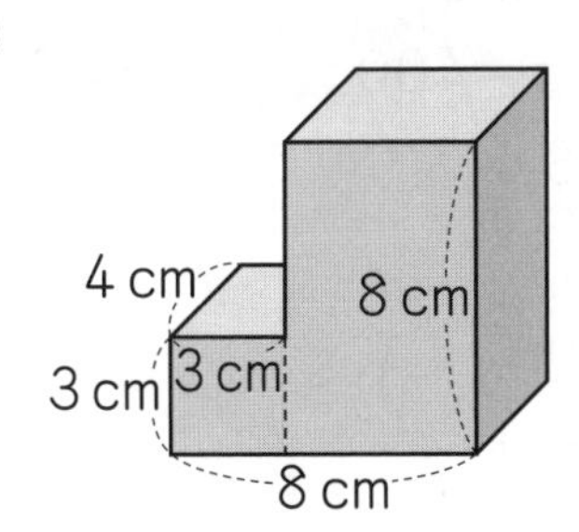

②

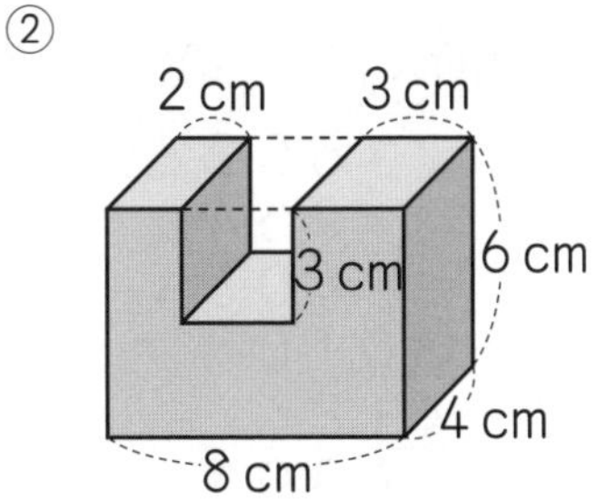

考え方。かけ算が、どの直方体の体積を求めているのかを考えます。

① ㋐　② ㋒　③ ㋑

オ 水そうの容積(ようせき)は　30×50×30＝45000

1 L＝1000 cm^3　だから　45000 cm^3＝45 L

答え　**45000 cm^3、45 L**

オ 水そうの容積は　30×40×50＝60000

60000 cm^3＝60 L　だから　60－36＝24　答え　**24 L**

3 変わり方を調べよう(1)

教 上 p.128

カ ① □が2倍、3倍、…になると、それにともなって○も2倍、3倍、…になるから、○は□に**比例(ひれい)している。**

② □が2倍、3倍、…になるとき、それにともなって○は2倍、3倍、…にならないから、○は□に**比例していない。**

カ ① □が2倍、3倍、…になると、それにともなって○も2倍、3倍、…になるから、○は□に**比例している。**

② □が2倍、3倍、…になるとき、それにともなって○は2倍、3倍、…にならないから、○は□に**比例していない。**

式（例）① **□×4＝○**　② **10＝□＋○**

4 かけ算の世界を広げよう

教 上 p.128～129

見当…① 6×6＝**36**　② 2×7＝**14**　③ 3×5＝**15**

筆算…

$$\begin{array}{r} 5.85 \\ \times\ \ 6.3 \\ \hline 1755 \\ 3510\ \ \\ \hline \mathbf{36.855} \end{array} \qquad \begin{array}{r} 2.46 \\ \times\ \ 6.8 \\ \hline 1968 \\ 1476\ \ \\ \hline \mathbf{16.728} \end{array} \qquad \begin{array}{r} 3.1 \\ \times 4.7 \\ \hline 217 \\ 124\ \ \\ \hline \mathbf{14.57} \end{array}$$

見当…④ 60×10＝**600**　⑤ 80×5＝**400**　⑥ 800×1＝**800**

筆算…

$$\begin{array}{r} 60.2 \\ \times 9.54 \\ \hline 2408 \\ 3010\ \ \\ 5418\ \ \ \ \\ \hline \mathbf{574.308} \end{array} \qquad \begin{array}{r} 84 \\ \times 5.1 \\ \hline 84 \\ 420\ \ \\ \hline \mathbf{428.4} \end{array} \qquad \begin{array}{r} 764 \\ \times\ \ 1.4 \\ \hline 3056 \\ 764\ \ \\ \hline \mathbf{1069.6} \end{array}$$

考え方 一の位に入る数字をまず考えます。

① 積がいちばん小さくなる式だから、一の位にはなるべく小さい数字が入ります。

② 積が10にいちばん近くなる式だから、積が10に近い2つの数の組を一の位に入れて考えます。

① 1.6×2.7 (2.7×1.6)　② 1.7×6.2 (6.2×1.7)

ケ
① 6.16×7.5=**46.2**　② 4.2×2.5=**10.5**
③ 335×5.8=**1943**　④ 0.59×1.3=**0.767**
⑤ 0.32×2.9=**0.928**　⑥ 0.4×1.5=**0.6**

ク
①
$$\begin{array}{r} \boxed{3}.4 \\ \times\ \boxed{2}.5 \\ \hline 1\,\boxed{7}\,\boxed{0} \\ \boxed{6}\,8 \\ \hline \boxed{8}.5\,\boxed{0} \end{array}$$

②
$$\begin{array}{r} \boxed{0}.1\,9 \\ \times\ \boxed{4}.\boxed{8} \\ \hline 1\,\boxed{5}\,\boxed{2} \\ \boxed{7}\,6 \\ \hline \boxed{0}.9\,\boxed{1}\,2 \end{array}$$

ケ
① 2.7×0.6=**1.62**　② 18.5×0.3=**5.55**
③ 0.5×0.7=**0.35**　④ 0.8×0.04=**0.032**
⑤ 0.5×0.6=**0.3**　⑥ 1.34×0.5=**0.67**

ケ **考え方** かける数が大きいほど、積も大きくなります。
① $\triangle\times1.2\ \boxed{<}\ \triangle\times2.5$
② $\triangle\times1.6\ \boxed{>}\ \triangle\times0.9$
③ $\triangle\times0.04\ \boxed{<}\ \triangle\times0.4$

コ
① 7.2×2.5×4=7.2×(2.5×4)
=7.2×10
=**72**

② 3.9×2.6+6.1×2.6=(3.9+6.1)×2.6
=10×2.6
=**26**

③ 25.7×4=(25+0.7)×4
=25×4+0.7×4
=100+2.8
=**102.8**

④ 9.9×6=(10−0.1)×6
=10×6−0.1×6
=60−0.6
=**59.4**

考え方 ② □×□＋□×□＋□×□＝1010.1 となる組み合わせ（□×□＝1000、□×□＝10、□×□＝0.1）を考えます。

① （例） 25 × 4 ＝100、 2.5 × 40 ＝100

② （例） 25 × 40 ＋ 2.5 × 4 ＋ 0.25 × 0.4 ＝1010.1

（かけられる数とかける数が入れかわってもよい。また、たす順がかわってもよい。）

5 わり算の世界を広げよう

教 上 p.129～130

見当…① 5÷4＝**1.25**　② 8÷2＝**4**　③ 30÷6＝**5**

筆算…

```
       1.4           3.1 5           4.5
3.8)5.3.2     2.4)7.5.6       5.6)2 5.2
    3 8            7 2             2 2 4
    1 5 2            3 6             2 8 0
    1 5 2            2 4             2 8 0
        0            1 2 0               0
                     1 2 0
                         0
```

見当…④ 7÷1＝**7**　⑤ 70÷9＝**7.7…**　⑥ 100÷3＝**33.3…**

筆算…

```
       5.5             8.2               3 0
1.2)6.6        8.5)6 9.7      3.1 8)9 5.4 0
    6 0            6 8 0             9 5 4
      6 0            1 7 0               0
      6 0            1 7 0
        0                0
```

見当…⑦ 30÷6＝**5**　⑧ 6÷2＝**3**　⑨ 50÷2＝**25**

筆算…

```
         6                3             2 7
5.7)3 4.2    1.9 6)5.8 8     1.7)4 5.9
    3 4 2          5 8 8          3 4
        0              0          1 1 9
                                  1 1 9
                                      0
```

サ 28.5÷1.5＝19　　答え **19ふくろ**

① 5.32÷7.6＝**0.7**　② 2.46÷4.1＝**0.6**

③ 3.9÷5.2＝**0.75**　④ 3.33÷7.4＝**0.45**

⑤ 9÷7.5＝**1.2**　⑥ 17÷6.8＝**2.5**

① 3.2) 25.6 の筆算：商 [0].[8]、25.6 → [2][5][6]、あまり 0

② 5.6) 4.2 の筆算：商 0.[7]5、[3][9][2]、[2]8[0]、2[8]0、あまり 0

① $37.6 \div 0.4 =$ **94**　② $4.3 \div 0.5 =$ **8.6**

③ $8.7 \div 0.6 =$ **14.5**　④ $2.52 \div 0.8 =$ **3.15**

⑤ $0.78 \div 0.8 =$ **0.975**　⑥ $3 \div 0.4 =$ **7.5**

考え方 わる数が大きいほど、商は小さくなります。

① $\triangle \div 1.5$ [>] $\triangle \div 2.5$

② $\triangle \div 0.8$ [>] $\triangle \div 1.2$

③ $\triangle \div 0.12$ [<] $\triangle \div 0.012$

小数の倍

教 上 p.130

セ ㋑のホース…$2 \div 5 = 0.4$　答え **0.4倍**

㋐のホース…$5 \div 2 = 2.5$　答え **2.5倍**

$2 \div 5 = 0.4$ だから　㋐のテープ…D（ディー）、㋑のテープ…B（ビー）

㋑のたまごの重さを□gとすると、

□$\times 0.9 = 54.9$

□$= 54.9 \div 0.9$

$= 61$　答え **61g**

B小学校の児童数を□人とすると、

□$\times 0.8 = 360$

□$= 360 \div 0.8$

$= 450$

C（シー）小学校の児童数を○人とすると、

○$\times 2.5 = 450$

○$= 450 \div 2.5$

$= 180$

答え　B小学校…**450人**、C小学校…**180人**

6 形も大きさも同じ図形を調べよう

教 上p.131

① 辺AB（エービー）に対応（たいおう）する辺…**辺EF**（イーエフ）、角C（シー）に対応する角…**角D**（ディー）

② 辺DF…**4cm**、角F…**85°**

角Aと角H（エイチ）、角Bと角E、角Cと角F、角Dと角G（ジー）がそれぞれ対応します。
角Fの大きさは75°、角Gの大きさは90°だから、角Eの大きさは

360－(75＋90＋60)＝135　　答え　135°

①（例）

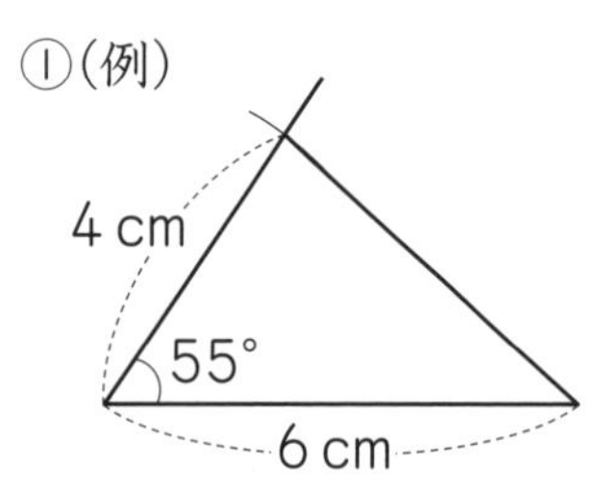

②（例）

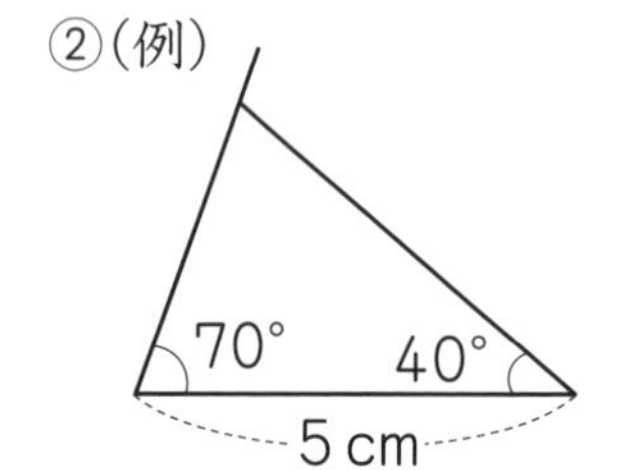

③（例）

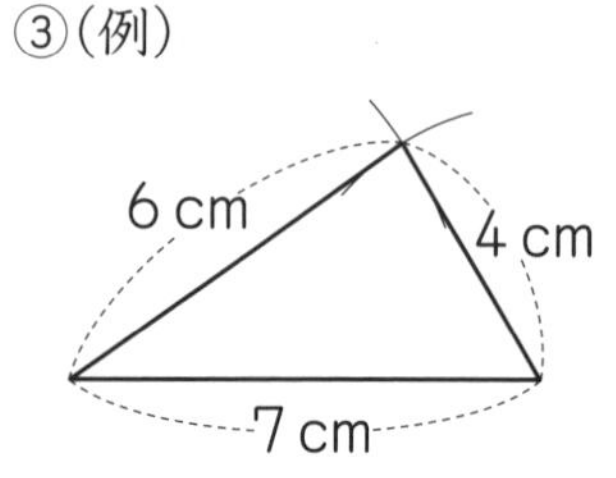

（例）

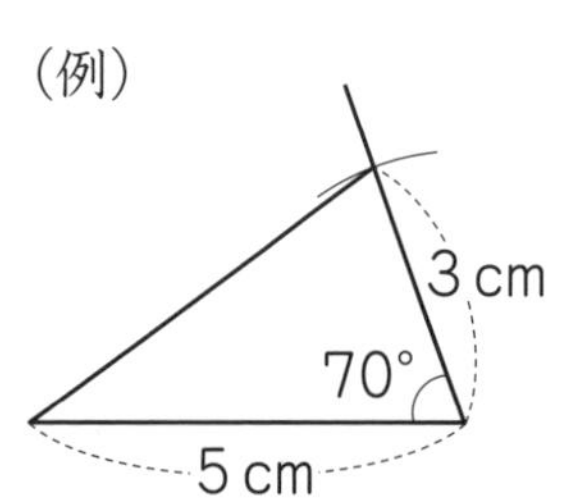

5cm、3cm、70°を使う。
または、3cm、75°、70°を使う。

7 図形の角を調べよう

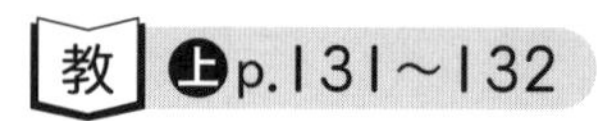
教 上p.131～132

① 180－(70＋60)＝50　　あ……50°

② 180－(85＋50)＝45　180－45＝135　　い…135°

① 180－115＝65　180－(65＋30)＝85　180－85＝95　　あ……95°

② 180－85＝95　95－(25＋35)＝35　180－35＝145　　い…145°

① 360－(120＋80＋60)＝100　　あ…100°

② 360－(80＋110＋60)＝110　180－110＝70　　い……70°

考え方 平行四辺形やひし形の向かい合った角の大きさは等しいです。また、平行な直線は、ほかの直線と等しい角度で交わります。

あ…130°　　い…55°

8 整数の性質を調べよう

教 上p.132～133

① 24、48、72　　② 14、28、42

③ 35、70、105　　④ 36、72、108

① 96　② 84　③ 72　④ 80

 ① 40、80、120　② 72、144、216　③ 126、252、378

 ① 90　② 84

ニ ① 公約数…1、3、9　最大公約数…9
② 公約数…1、2、4　最大公約数…4
③ 公約数…1、2、3、4、6、8、12、24　最大公約数…24

 ① たて…4cm、横…2cm、高さ…3cm
② $4\times2\times3=24$　答え　$24cm^3$

 ① 3　② 5　③ 14

 ① 3　② 8

9 分数と小数、整数の関係を調べよう

教 上p.133〜134

 ① $\frac{5}{8}=\boxed{5}\div8$　② $\frac{1}{9}=1\div\boxed{9}$　③ $\frac{11}{3}=\boxed{11}\div3$
④ $\frac{7}{4}=7\div\boxed{4}$　⑤ $\frac{19}{8}=19\div\boxed{8}$　⑥ $\frac{7}{17}=7\div\boxed{17}$

 ① $1\frac{1}{2}=3\div\boxed{2}$　② $1\frac{3}{4}=\boxed{7}\div4$　③ $2\frac{\boxed{2}}{3}=8\div3$

 ① $\frac{1}{5}=1\div5=\mathbf{0.2}$　② $\frac{15}{6}=15\div6=\mathbf{2.5}$
③ $\frac{28}{7}=28\div7=\mathbf{4}$　④ $\frac{63}{9}=63\div9=\mathbf{7}$
⑤ $2\frac{4}{5}=\frac{14}{5}=14\div5=\mathbf{2.8}$　⑥ $4\frac{3}{8}=\frac{35}{8}=35\div8=\mathbf{4.375}$

 ① $\frac{3}{4}=0.75$、$\frac{4}{5}=0.8$ だから $\frac{3}{4}\boxed{<}\frac{4}{5}$
② $\frac{12}{6}=2$、$\frac{16}{10}=1.6$ だから $\frac{12}{6}\boxed{>}\frac{16}{10}$
③ $\frac{12}{8}=1.5$、$\frac{30}{20}=1.5$ だから $\frac{12}{8}\boxed{=}\frac{30}{20}$
④ $1\frac{2}{5}=\frac{7}{5}=7\div5=1.4$、$\frac{5}{2}=5\div2=2.5$ だから $1\frac{2}{5}\boxed{<}\frac{5}{2}$

 ① $0.8=\frac{8}{10}$　② $0.93=\frac{93}{100}$　③ $2=\frac{2}{1}$
④ $6.01=\frac{601}{100}\left(6\frac{1}{100}\right)$　⑤ $9=\frac{9}{1}$

考え方 ㋐〜㋕を小数や整数で表すと、下のようになります。

㋐ 40　㋑ 0.4　㋒ 4　㋓ 0.04　㋔ 1.45　㋕ 0.145

① ㋑　② ㋔　③ ㋒

おもしろもんだいにチャレンジ

教 ㊤p.136〜138

1 整数と小数のしくみをまとめよう

教 ㊤p.136

1 考え方 ② 50以上の数、50以下の数で50にいちばん近い数をつくり、比(くら)べてみます。

① 1.23456

② 49.8765

2 直方体や立方体のかさの比べ方と表し方を考えよう

教 ㊤p.136〜137

1 ① 16 × 16 × 1 = 256 (cm^3)

②

切り取る正方形の1辺の長さ（cm）	1	2	3	4	5	6	7	8
できる箱の容積(ようせき)（cm^3）	256	392	432	400	320	216	112	32

③

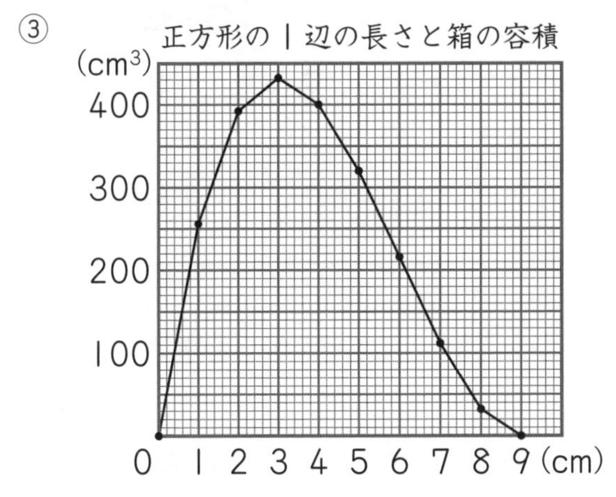

④ 3cmのとき

6 形も大きさも同じ図形を調べよう

教 ㊤p.137

1 (例)① 半径(1cm)

② 辺AB(エービー)(2cm)、辺BC(シー)(1.5cm)、角B(75°)

(となり合う2つの辺の長さとその間の角の大きさ)

③ 辺AB(2cm)、辺BC(1.5cm)

(となり合う2つの辺の長さ)

④ 辺AB(1.5cm)

(1つの辺の長さ)

新しい算数5上 プラス

⑤　辺AB(1.5cm)、角kg(100°)
(1つの辺と1つの角の大きさ)

7 図形の角を調べよう

教 ㊤p.138

1　①　(例)辺BCと辺DAは、等しい長さです。辺ABと辺CDは、等しい長さです。辺ACは、2つの三角形で共通です。対応する辺の長さが3つとも等しいから、三角形ABCと三角形CDAは合同です。

②　90°

理由…(例)合同な図形では、対応する角の大きさは等しいから。

③　90°

説明…(例)三角形の3つの角の大きさの和は180°なので、
三角形ABCで90°＋あ＋い＝180°です。
㋐＋㋑＝90°だから、角Aも角Cも大きさは90°になります。

8 整数の性質を調べよう

教 ㊤p.138

1　**考え方**　ある数は、3でわると2あまるから、ある数から2をひいた数は3でわりきれるといえます。このことから
ある数から2をひいた数は、3でも、4でも、5でも、6でも、7でも、8でもわりきれる
つまり
　ある数から2をひいた数は、3と4と5と6と7と8の公倍数であるといえます。

3と4と5と6と7と8の公倍数のうち3けたの数は840だから、求める数は
840＋2＝842　　　　答え　842

分数のたし算とひき算

分数のたし算、ひき算を広げよう

分数の学習をふり返ろう

教 下 p.2

りく…分数を小数で表したり、小数を分数で表したりできた。

$\frac{3}{4}=\boxed{3}\div\boxed{4}=\boxed{0.75}$　　$0.3=\frac{\boxed{3}}{\boxed{10}}$

はると…分母が同じ分数は、たし算やひき算ができた。

$\frac{3}{5}+\frac{4}{5}=\frac{\boxed{7}}{5}$　　$\frac{5}{6}-\frac{2}{6}=\frac{\boxed{3}}{6}$

1 分数のたし算、ひき算と約分、通分

教 下 p.3〜4

1 $\frac{1}{2}$Lの牛にゅうと、$\frac{1}{3}$Lの牛にゅうがあります。
あわせると何Lですか。

① 数直線を使って、$\frac{1}{2}$、$\frac{1}{3}$と大きさの等しい分数をそれぞれ調べ、分母が同じになるものを見つけましょう。

② 計算のしかたを説明しましょう。

③ 数直線を使って、$\frac{2}{3}-\frac{1}{2}$の計算のしかたを説明しましょう。

ねらい 分母のちがう分数のたし算とひき算のしかたを考えます。

考え方 ③ 数直線を使って、$\frac{2}{3}$と$\frac{1}{2}$と大きさの等しい分数で、分母が同じになるものを見つけます。

答え **1** 式 $\frac{1}{2}+\frac{1}{3}$　　答え $\frac{5}{6}$L

① $\frac{1}{2}=\frac{\boxed{2}}{\boxed{4}}=\frac{\boxed{3}}{\boxed{6}}$　　$\frac{1}{3}=\frac{\boxed{2}}{\boxed{6}}$　　分母が同じになるもの…$\frac{3}{6}$と$\frac{2}{6}$

② 分母が同じ分数はたし算ができるから、$\frac{1}{2}$、$\frac{1}{3}$と大きさの等しい分数で、分母が同じものを見つけて、その分数どうしのたし算をする。

$\frac{1}{2}+\frac{1}{3}=\frac{\boxed{3}}{6}+\frac{\boxed{2}}{6}=\frac{\boxed{5}}{6}$

答え $\boxed{\frac{5}{6}}$ L

③ 分母のちがうひき算でも、分母をそろえると計算ができる。

$\frac{2}{3}$と等しい分数は、数直線を使って見つけると $\frac{4}{6}$

$\frac{1}{2}$と等しい分数は、数直線を使って見つけると $\frac{2}{4}$、$\frac{3}{6}$

そのうち、分母が同じになるものは、$\frac{4}{6}$と$\frac{3}{6}$だから

$\frac{2}{3}-\frac{1}{2}=\frac{4}{6}-\frac{3}{6}=\frac{1}{6}$

と計算することができる。

2 $\frac{6}{8}$、$\frac{9}{12}$のほかに、$\frac{3}{4}$と大きさの等しい分数を見つけましょう。

① $\frac{3}{4}=\frac{6}{8}=\frac{9}{12}$を見て、気づいたことをいいましょう。

② $\frac{12}{16}$と$\frac{3}{4}$の大きさが等しいことを、それぞれ小数で表して確(たし)かめましょう。

③ $\frac{3}{4}$と大きさの等しい分数を、$\frac{6}{8}$、$\frac{9}{12}$、$\frac{12}{16}$のほかに、2つ見つけましょう。

④ 図を見て、$\frac{6}{8}$、$\frac{9}{12}$、$\frac{12}{16}$を$\frac{3}{4}$になおす方法を考えましょう。

ねらい **大きさの等しい分数の見つけ方を考えます。**

考え方 **はると**…大きさの等しい分数は、どうしたら見つけられるのかな。

大きさの等しい分数かどうかを小数で表して確かめると

$\frac{3}{4}=3\div4$ $=0.75$　　$\frac{6}{8}=6\div8$ $=\boxed{0.75}$　　$\frac{9}{12}=9\div12$ $=\boxed{0.75}$

答え 2 $\frac{3}{4}=\frac{6}{8}=\frac{9}{12}=\frac{12}{16}=\frac{15}{20}=\cdots$

1 $\frac{3}{4}$の分母と分子にそれぞれ2をかけると$\frac{6}{8}$になります。

$\frac{3}{4}$の分母と分子にそれぞれ3をかけると$\frac{9}{12}$になります。

分母と分子に同じ数をかけると等しい分数ができます。

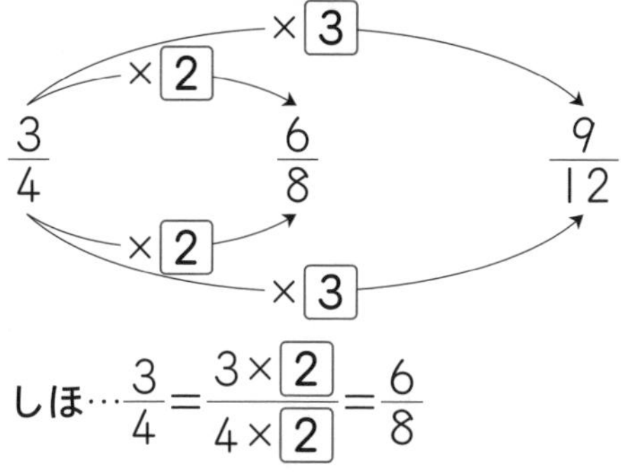

しほ… $\frac{3}{4}=\frac{3\times\boxed{2}}{4\times\boxed{2}}=\frac{6}{8}$

$\frac{3}{4}=\frac{3\times\boxed{3}}{4\times\boxed{3}}=\frac{9}{12}$

2 $\frac{12}{16}=0.75$、$\frac{3}{4}=0.75$となり、大きさが等しいことが確かめられます。

3 $\frac{3}{4}=\frac{3\times\square}{4\times\square}$で、□に数をあてはめて等しい分数を見つけます。

(例) $\frac{3}{4}=\frac{3\times5}{4\times5}=\frac{15}{20}$、$\frac{3}{4}=\frac{3\times6}{4\times6}=\frac{18}{24}$など

4 分母と分子を同じ数でわって、等しい分数になおすことができます。

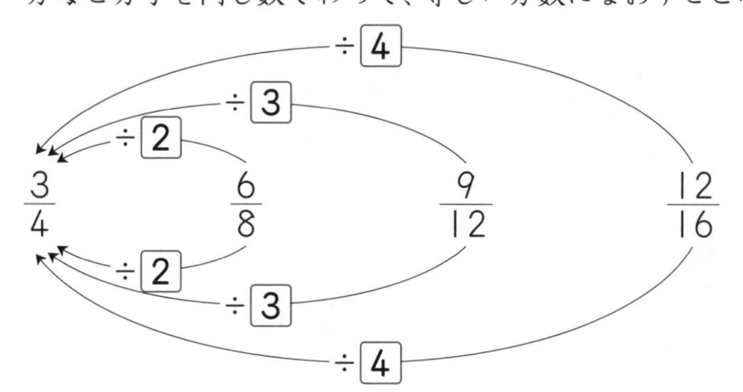

みさき… $\frac{6}{8}=\frac{6\div\boxed{2}}{8\div\boxed{2}}=\frac{3}{4}$

$\frac{9}{12}=\frac{9\div\boxed{3}}{12\div\boxed{3}}=\frac{3}{4}$

…

練習

教 下p.6

⚠ $\frac{10}{8}$と大きさの等しい分数を、2つつくりましょう。

また、大きさが等しいことを、小数で表して確(たし)かめましょう。

ねらい **大きさの等しい分数をつくります。**

考え方 分母と分子に同じ数をかけたり、分母と分子を同じ数でわったりして、大きさの等しい分数をつくります。

答 え 同じ数をかけて

$$\frac{10}{8}=\frac{10\times2}{8\times2}=\mathbf{\frac{20}{16}},\quad \frac{10}{8}=\frac{10\times3}{8\times3}=\mathbf{\frac{30}{24}},$$

$$\frac{10}{8}=\frac{10\times4}{8\times4}=\mathbf{\frac{40}{32}},\quad \cdots$$

同じ数でわって

$$\frac{10}{8}=\frac{10\div2}{8\div2}=\mathbf{\frac{5}{4}}$$

(これらの数のうち、2つを答えればよい。)

どの分数も小数で表すと**1.25**となり、等しくなります。

教 下p.7

⑤ こうたさんとしほさんは、$\frac{12}{18}$を下のように約分(やくぶん)しました。

2人の考えを説明しましょう。

こうた…$\frac{\overset{\overset{2}{\cancel{6}}}{\cancel{12}}}{\underset{\underset{3}{\cancel{9}}}{\cancel{18}}}=\frac{2}{3}$　　しほ…$\frac{\overset{2}{\cancel{12}}}{\underset{3}{\cancel{18}}}=\frac{2}{3}$

答 え **こうた**…分母をできるだけ小さくするのに、分母と分子の公約数を見つけてくり返しわって約分した。

し　ほ…分母と分子の最大公約数で約分すれば、1回の約分で分母がいちばん小さい分数になおせた。

―― 練習 ――

教 下 p.8

2 下の分数を約分しましょう。

① $\frac{8}{12}$　② $\frac{24}{16}$　③ $2\frac{18}{24}$　④ $\frac{24}{36}$　⑤ $\frac{14}{28}$　⑥ $\frac{90}{15}$

ねらい 分数を約分します。

考え方 約分するときは、分母と分子の最大公約数でわって、分母をできるだけ小さくするようにします。

答え

① $\frac{\overset{2}{\cancel{8}}}{\underset{3}{\cancel{12}}}=\frac{2}{3}$　② $\frac{\overset{3}{\cancel{24}}}{\underset{2}{\cancel{16}}}=\frac{3}{2}$　③ $2\frac{\overset{3}{\cancel{18}}}{\underset{4}{\cancel{24}}}=2\frac{3}{4}$

④ $\frac{\overset{2}{\cancel{24}}}{\underset{3}{\cancel{36}}}=\frac{2}{3}$　⑤ $\frac{\overset{1}{\cancel{14}}}{\underset{2}{\cancel{28}}}=\frac{1}{2}$　⑥ $\frac{\overset{6}{\cancel{90}}}{\underset{1}{\cancel{15}}}=6$

教 下 p.8

3 下の分数を約分して、$\frac{2}{3}$と大きさの等しい分数を見つけましょう。

㋐ $\frac{4}{6}$　㋑ $\frac{6}{8}$　㋒ $\frac{9}{12}$　㋓ $\frac{10}{15}$　㋔ $\frac{12}{18}$　㋕ $\frac{12}{20}$

㋖ $\frac{15}{21}$　㋗ $\frac{16}{24}$　㋘ $\frac{20}{30}$　㋙ $\frac{30}{45}$　㋚ $\frac{32}{48}$　㋛ $\frac{50}{75}$

ねらい 分数を約分して、大きさの等しい分数を見つけます。

答え

㋐ $\frac{\overset{2}{\cancel{4}}}{\underset{3}{\cancel{6}}}=\frac{2}{3}$　㋑ $\frac{\overset{3}{\cancel{6}}}{\underset{4}{\cancel{8}}}=\frac{3}{4}$　㋒ $\frac{\overset{3}{\cancel{9}}}{\underset{4}{\cancel{12}}}=\frac{3}{4}$　㋓ $\frac{\overset{2}{\cancel{10}}}{\underset{3}{\cancel{15}}}=\frac{2}{3}$

㋔ $\frac{\overset{2}{\cancel{12}}}{\underset{3}{\cancel{18}}}=\frac{2}{3}$　㋕ $\frac{\overset{3}{\cancel{12}}}{\underset{5}{\cancel{20}}}=\frac{3}{5}$　㋖ $\frac{\overset{5}{\cancel{15}}}{\underset{7}{\cancel{21}}}=\frac{5}{7}$　㋗ $\frac{\overset{2}{\cancel{16}}}{\underset{3}{\cancel{24}}}=\frac{2}{3}$

㋘ $\frac{\overset{2}{\cancel{20}}}{\underset{3}{\cancel{30}}}=\frac{2}{3}$　㋙ $\frac{\overset{2}{\cancel{30}}}{\underset{3}{\cancel{45}}}=\frac{2}{3}$　㋚ $\frac{\overset{2}{\cancel{32}}}{\underset{3}{\cancel{48}}}=\frac{2}{3}$　㋛ $\frac{\overset{2}{\cancel{50}}}{\underset{3}{\cancel{75}}}=\frac{2}{3}$

$\frac{2}{3}$と大きさの等しい分数…㋐、㋓、㋔、㋗、㋘、㋙、㋚、㋛

約分とわり算の性質

(例) $\frac{1}{4}$の分母と分子に3をかけて、$\frac{3}{12}$にする。

$\frac{1}{4}$ = 1 ÷ 4

分母と分子に3をかける　↓×3　↓×3　等しい

$\frac{3}{12}$ = 3 ÷ 12

わり算の性質(せいしつ)を使えば、わられる数とわる数に同じ数をかけても商は変わらない。

教 下 p.9〜10

3 $\frac{3}{5}$Lの牛にゅうと、$\frac{1}{4}$Lの牛にゅうがあります。ちがいは何Lですか。

1. $\frac{3}{5}$、$\frac{1}{4}$と大きさの等しい分数をそれぞれつくり、分母が同じになるものを見つけましょう。
2. 1の結果を見て、気づいたことをいいましょう。
3. $\frac{3}{5}$と$\frac{1}{4}$を、分母が20になるように通分(つうぶん)しましょう。
4. $\frac{3}{5}-\frac{1}{4}$の計算のしかたを説明し、答えを求めましょう。
5. $\frac{1}{2}+\frac{1}{3}$の計算のしかたを説明し、答えを求めましょう。

ねらい 大きさの等しい分数を書きならべずに、分母が同じ分数を見つける方法を考えます。

考え方 まず、$\frac{3}{5}$と$\frac{1}{4}$では、どちらが大きいかを考えます。

2 分母どうしについて、それらの数の関係を考えます。

答え **3** $\frac{3}{5}=0.6$、$\frac{1}{4}=0.25$で、$\frac{3}{5}$のほうが大きいから

式 $\frac{3}{5}-\frac{1}{4}$　答え $\frac{7}{20}$L

1 $\frac{3}{5}=\frac{12}{20}=\frac{24}{40}$　$\frac{1}{4}=\frac{5}{20}=\frac{10}{40}$

2 **通分した分数の分母の20、40は、もとの分数のそれぞれの分母の5と4の公倍数になっている。**

3 $\frac{3}{5}$の分母が20になるようにするには、分母と分子に4をかければよい。

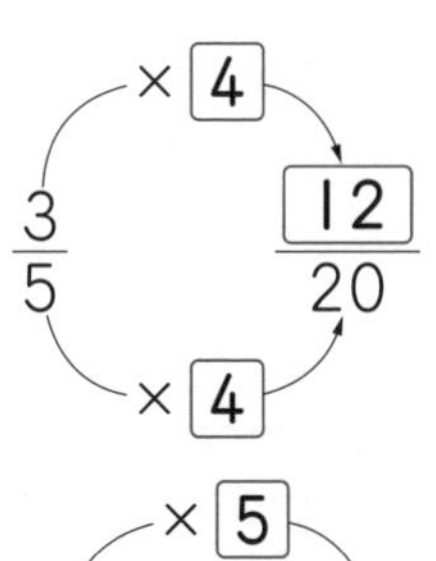

$\frac{1}{4}$の分母が20になるようにするには、分母と分子に5をかければよい。

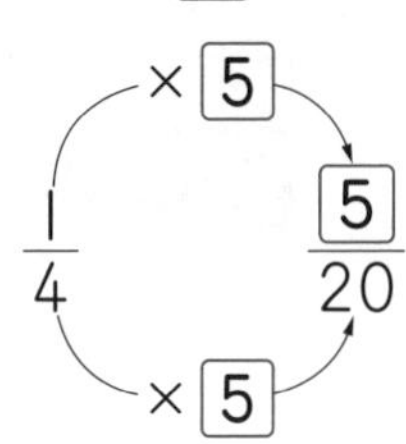

4 **通分して分母をそろえてから計算する。**

$$\frac{3}{5}-\frac{1}{4}=\frac{12}{20}-\frac{5}{20}$$

$$=\frac{7}{20}$$

答え $\frac{7}{20}$ L

5 **通分して分母をそろえてから計算する。**

$$\frac{1}{2}+\frac{1}{3}=\frac{3}{6}+\frac{2}{6}$$

$$=\frac{5}{6}$$

答え $\frac{5}{6}$

教 下 p.11

4 $\frac{1}{2}$、$\frac{2}{3}$、$\frac{1}{4}$を小さい順にならべましょう。

ねらい **3つの分数の通分のしかたを考えます。**

考え方 通分して大小を比(くら)べます。

答え **4** 分母2、3、4の最小公倍数12で通分すると

$\frac{1}{2}=\frac{6}{12}$　$\frac{2}{3}=\frac{8}{12}$　$\frac{1}{4}=\frac{3}{12}$

分母が同じ分数では、分子が小さいほど小さいから、小さい順にならべると $\frac{1}{4}$、$\frac{1}{2}$、$\frac{2}{3}$

10 分数のたし算とひき算

練習

教 下p.11

4 下の分数を通分して大小を比(くら)べ、□にあてはまる等号や不等号を書きましょう。

① $\frac{7}{9}\square\frac{5}{6}$ ② $\frac{27}{24}\square\frac{9}{8}$ ③ $2\frac{3}{10}\square2\frac{4}{15}$

ねらい **分数を通分して、分数の大小を調べます。**

答え ① 分母9、6の最小公倍数は18だから、通分すると

$\frac{7\times2}{9\times2}=\frac{14}{18}$、$\frac{5\times3}{6\times3}=\frac{15}{18}$

となるから $\frac{7}{9}\boxed{<}\frac{5}{6}$

② 分母24、8の最小公倍数は24だから、通分すると

$\frac{27}{24}$、$\frac{9\times3}{8\times3}=\frac{27}{24}$

となるから $\frac{27}{24}\boxed{=}\frac{9}{8}$

③ 分母10、15の最小公倍数は30だから、通分すると

$2\frac{3\times3}{10\times3}=2\frac{9}{30}$、$2\frac{4\times2}{15\times2}=2\frac{8}{30}$

となるから $2\frac{3}{10}\boxed{>}2\frac{4}{15}$

教 下p.11

5 (　)の中の分数を通分しましょう。

① $\left(\frac{5}{3}、\frac{7}{4}\right)$ ② $\left(1\frac{1}{3}、1\frac{2}{5}\right)$ ③ $\left(\frac{2}{3}、\frac{5}{12}\right)$

④ $\left(\frac{3}{2}、\frac{1}{4}\right)$ ⑤ $\left(\frac{1}{2}、\frac{2}{3}、\frac{3}{5}\right)$ ⑥ $\left(\frac{4}{3}、\frac{7}{10}、\frac{8}{15}\right)$

ねらい **いくつかの分数を通分します。**

考え方 それぞれの分母の最小公倍数を共通な分母とします。
公倍数は、いちばん大きい数の倍数を書き出し、それらが、残りの数の倍数になっているかどうかを調べます。

① 4の倍数	4	8	12	
3の倍数かどうか	×	×	○	←最小公倍数

分母の最小公倍数は、下のようになります。

① 12　② 15　③ 12　④ 4　⑤ 30　⑥ 30

答え

① $\frac{5\times4}{3\times4}=\frac{20}{12}$、$\frac{7\times3}{4\times3}=\frac{21}{12}$ だから $\left(\frac{20}{12}、\frac{21}{12}\right)$

② $1\frac{1\times5}{3\times5}=1\frac{5}{15}$、$1\frac{2\times3}{5\times3}=1\frac{6}{15}$ だから $\left(1\frac{5}{15}、1\frac{6}{15}\right)$

③ $\frac{2\times4}{3\times4}=\frac{8}{12}$ だから $\left(\frac{8}{12}、\frac{5}{12}\right)$

④ $\frac{3\times2}{2\times2}=\frac{6}{4}$ だから $\left(\frac{6}{4}、\frac{1}{4}\right)$

⑤ $\frac{1\times15}{2\times15}=\frac{15}{30}$、$\frac{2\times10}{3\times10}=\frac{20}{30}$、$\frac{3\times6}{5\times6}=\frac{18}{30}$

だから $\left(\frac{15}{30}、\frac{20}{30}、\frac{18}{30}\right)$

⑥ $\frac{4\times10}{3\times10}=\frac{40}{30}$、$\frac{7\times3}{10\times3}=\frac{21}{30}$、$\frac{8\times2}{15\times2}=\frac{16}{30}$

だから $\left(\frac{40}{30}、\frac{21}{30}、\frac{16}{30}\right)$

教 下 p.11

① $\frac{2}{3}+\frac{1}{4}$　② $\frac{3}{7}+\frac{1}{2}$　③ $\frac{7}{5}+\frac{2}{3}$　④ $\frac{4}{3}+\frac{6}{5}$

⑤ $\frac{4}{5}-\frac{2}{3}$　⑥ $\frac{7}{8}-\frac{3}{5}$　⑦ $\frac{8}{7}-\frac{1}{2}$　⑧ $\frac{5}{3}-\frac{9}{7}$

ねらい 分母のちがう分数のたし算、ひき算を計算します。

考え方 分母のちがう分数のたし算、ひき算は、通分してから計算します。

答え

① $\frac{2}{3}+\frac{1}{4}=\frac{8}{12}+\frac{3}{12}=\frac{11}{12}$　② $\frac{3}{7}+\frac{1}{2}=\frac{6}{14}+\frac{7}{14}=\frac{13}{14}$

③ $\frac{7}{5}+\frac{2}{3}=\frac{21}{15}+\frac{10}{15}=\frac{31}{15}\left(2\frac{1}{15}\right)$

④ $\frac{4}{3}+\frac{6}{5}=\frac{20}{15}+\frac{18}{15}=\frac{38}{15}\left(2\frac{8}{15}\right)$

⑤ $\frac{4}{5}-\frac{2}{3}=\frac{12}{15}-\frac{10}{15}=\frac{2}{15}$　⑥ $\frac{7}{8}-\frac{3}{5}=\frac{35}{40}-\frac{24}{40}=\frac{11}{40}$

⑦ $\frac{8}{7}-\frac{1}{2}=\frac{16}{14}-\frac{7}{14}=\frac{9}{14}$　⑧ $\frac{5}{3}-\frac{9}{7}=\frac{35}{21}-\frac{27}{21}=\frac{8}{21}$

教 下 p.12

5 $\frac{1}{6}+\frac{3}{8}$ の計算のしかたを説明しましょう。

1 2人の考えを説明しましょう。

しほ

$$\frac{1}{6}+\frac{3}{8}=\frac{1\times8}{6\times8}+\frac{3\times6}{8\times6}$$
$$=\frac{8}{48}+\frac{18}{48}$$
$$=\frac{26}{48}$$

はると

$$\frac{1}{6}+\frac{3}{8}=\frac{1\times4}{6\times4}+\frac{3\times3}{8\times3}$$
$$=\frac{4}{24}+\frac{9}{24}$$
$$=\frac{13}{24}$$

ねらい 分母のちがう分数のたし算について、計算のしかたをふり返ります。

答え 1 しほ…もとの分数の分母の6と8の公倍数の48を分母にして通分し、分母をそろえてから計算している。
答えを約分して、分母をできるだけ小さくして答えると、はるとさんと同じになる。

はると…もとの分数の分母の6と8の最小公倍数の24で通分し、分母をそろえてから計算している。
答えは約分できないので、そのまま答えとしている。

練習

教 下 p.12

① $\frac{2}{5}+\frac{1}{10}$　② $\frac{1}{4}+\frac{5}{12}$　③ $\frac{7}{4}+\frac{1}{6}$　④ $\frac{7}{6}+\frac{5}{8}$

⑤ $\frac{2}{3}-\frac{1}{6}$　⑥ $\frac{4}{5}-\frac{3}{10}$　⑦ $\frac{9}{8}-\frac{5}{6}$　⑧ $\frac{13}{12}-\frac{5}{8}$

ねらい 分母のちがう分数のたし算とひき算を計算します。

考え方 答えが約分できないかどうか調べます。

答え ① $\frac{2}{5}+\frac{1}{10}=\frac{4}{10}+\frac{1}{10}=\frac{\cancel{5}^{1}}{\cancel{10}_{2}}=\frac{1}{2}$

② $\frac{1}{4}+\frac{5}{12}=\frac{3}{12}+\frac{5}{12}=\frac{\overset{2}{\cancel{8}}}{\underset{3}{\cancel{12}}}=\mathbf{\frac{2}{3}}$

③ $\frac{7}{4}+\frac{1}{6}=\frac{21}{12}+\frac{2}{12}=\mathbf{\frac{23}{12}}\left(\mathbf{1\frac{11}{12}}\right)$

④ $\frac{7}{6}+\frac{5}{8}=\frac{28}{24}+\frac{15}{24}=\mathbf{\frac{43}{24}}\left(\mathbf{1\frac{19}{24}}\right)$

⑤ $\frac{2}{3}-\frac{1}{6}=\frac{4}{6}-\frac{1}{6}=\frac{\overset{1}{\cancel{3}}}{\underset{2}{\cancel{6}}}=\mathbf{\frac{1}{2}}$

⑥ $\frac{4}{5}-\frac{3}{10}=\frac{8}{10}-\frac{3}{10}=\frac{\overset{1}{\cancel{5}}}{\underset{2}{\cancel{10}}}=\mathbf{\frac{1}{2}}$

⑦ $\frac{9}{8}-\frac{5}{6}=\frac{27}{24}-\frac{20}{24}=\mathbf{\frac{7}{24}}$

⑧ $\frac{13}{12}-\frac{5}{8}=\frac{26}{24}-\frac{15}{24}=\mathbf{\frac{11}{24}}$

教 下p.12

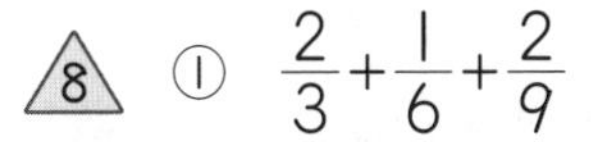

8 ① $\frac{2}{3}+\frac{1}{6}+\frac{2}{9}$　　② $\frac{1}{3}-\frac{1}{6}-\frac{1}{9}$

ねらい 分母のちがう3つの分数の計算をします。

答え ① $\frac{2}{3}+\frac{1}{6}+\frac{2}{9}=\frac{12}{18}+\frac{3}{18}+\frac{4}{18}=\mathbf{\frac{19}{18}}\left(\mathbf{1\frac{1}{18}}\right)$

② $\frac{1}{3}-\frac{1}{6}-\frac{1}{9}=\frac{6}{18}-\frac{3}{18}-\frac{2}{18}=\mathbf{\frac{1}{18}}$

教科書のまとめ

テスト前にチェックしよう！

□ ❶ **分母のちがう分数の計算の考え方**

分母のちがう分数のたし算やひき算は、大きさの等しい分数を見つけて、**分母をそろえる**と計算できる。

□ ❷ **大きさの等しい分数のつくり方**

分母と分子に同じ数をかけても、分母と分子を同じ数でわっても、分数の大きさは変わらない。

$$\frac{●}{■}=\frac{●\times▲}{■\times▲}$$

$$\frac{●}{■}=\frac{●\div▲}{■\div▲}$$

□ ❸ **約分とそのしかた**

分母と分子を、それらの公約数でわって、分母の小さい分数にすることを、**約分**（やくぶん）するという。

$$\frac{6}{8}=\frac{3}{4} \quad (\div 2) \qquad \frac{9}{12}=\frac{3}{4} \quad (\div 3) \qquad \frac{12}{16}=\frac{3}{4} \quad (\div 4)$$

□ ❹ **通分とそのしかた**

分母がちがういくつかの分数を、それぞれの大きさを変えないで、共通な分母の分数になおすことを、**通分**（つうぶん）するという。

分数を通分するには、**分母の公倍数を見つけて**、それを分母とする分数になおす。

３つの分数の通分も、**２つの分数の通分と同じように分母の公倍数を見つければ、同じようにできる。**

□ ❺ **分母のちがう分数の計算のしかた**

分母のちがう分数のたし算、ひき算は、**分母をそろえる**ために通分をしてから計算する。

答えが約分できるときは、**大きさをわかりやすくする**ために、分母をできるだけ小さくする。

2 いろいろな分数のたし算、ひき算

教 下p.13

1 $2\frac{3}{4}-1\frac{2}{3}$の計算のしかたを考えましょう。

① 2人の考えを説明しましょう。

こうた

$$2\frac{3}{4}-1\frac{2}{3}=2\frac{9}{12}-1\frac{8}{12}$$
$$=1\frac{1}{12}$$

みさき

$$2\frac{3}{4}-1\frac{2}{3}=\frac{11}{4}-\frac{5}{3}$$
$$=\frac{33}{12}-\frac{20}{12}$$
$$=\frac{13}{12}$$

② $1\frac{1}{12}$と$\frac{13}{12}$が等しいことを確(たし)かめましょう。

③ 2人の考えを使って、$1\frac{3}{5}+2\frac{1}{3}$を計算しましょう。

ねらい 分母のちがう帯分数のたし算やひき算のしかたを考えます。

答え ① (例)**こうた**…帯分数のまま通分して計算し、帯分数で答えている。

みさき…仮分数(かぶんすう)になおしてから通分して計算し、仮分数で答えている。

② $1\frac{1}{12}$を仮分数になおすと$\frac{13}{12}$となるから、$1\frac{1}{12}$と$\frac{13}{12}$は等しい。

③ **こうたの考え**

$$1\frac{3}{5}+2\frac{1}{3}=1\frac{9}{15}+2\frac{5}{15}$$
$$=3\frac{14}{15}$$

みさきの考え

$$1\frac{3}{5}+2\frac{1}{3}=\frac{8}{5}+\frac{7}{3}$$
$$=\frac{24}{15}+\frac{35}{15}$$
$$=\frac{59}{15}$$

練習

教 下p.13

1 ① $3\frac{1}{2}+1\frac{1}{3}$　② $1\frac{1}{2}+2\frac{1}{6}$　③ $1\frac{1}{6}+\frac{3}{10}$

ねらい 分母のちがう帯分数のたし算を計算します。

答え

① $3\frac{1}{2}+1\frac{1}{3}=3\frac{3}{6}+1\frac{2}{6}=4\frac{5}{6}$

② $1\frac{1}{2}+2\frac{1}{6}=1\frac{3}{6}+2\frac{1}{6}=3\frac{\overset{2}{\cancel{4}}}{\underset{3}{\cancel{6}}}=3\frac{2}{3}$

③ $1\frac{1}{6}+\frac{3}{10}=1\frac{5}{30}+\frac{9}{30}=1\frac{\overset{7}{\cancel{14}}}{\underset{15}{\cancel{30}}}=1\frac{7}{15}$

仮分数(かぶんすう)になおしてから通分するしかたで計算してもよい。

① $3\frac{1}{2}+1\frac{1}{3}=\frac{7}{2}+\frac{4}{3}=\frac{21}{6}+\frac{8}{6}=\frac{29}{6}$

② $1\frac{1}{2}+2\frac{1}{6}=\frac{3}{2}+\frac{13}{6}=\frac{9}{6}+\frac{13}{6}=\frac{\overset{11}{\cancel{22}}}{\underset{3}{\cancel{6}}}=\frac{11}{3}$

③ $1\frac{1}{6}+\frac{3}{10}=\frac{7}{6}+\frac{3}{10}=\frac{35}{30}+\frac{9}{30}=\frac{\overset{22}{\cancel{44}}}{\underset{15}{\cancel{30}}}=\frac{22}{15}$

注意! 約分ができるときは、約分して答えましょう。

教 下p.13

2 ① $2\frac{2}{5}-1\frac{1}{3}$　② $3\frac{5}{6}-1\frac{1}{3}$　③ $1\frac{7}{10}-\frac{1}{6}$

ねらい 分母のちがう帯分数のひき算を計算します。

答え

① $2\frac{2}{5}-1\frac{1}{3}=2\frac{6}{15}-1\frac{5}{15}=1\frac{1}{15}\left(\frac{16}{15}\right)$

② $3\frac{5}{6}-1\frac{1}{3}=3\frac{5}{6}-1\frac{2}{6}=2\frac{\overset{1}{\cancel{3}}}{\underset{2}{\cancel{6}}}=2\frac{1}{2}\left(\frac{5}{2}\right)$

③ $1\frac{7}{10}-\frac{1}{6}=1\frac{21}{30}-\frac{5}{30}=1\frac{\overset{8}{\cancel{16}}}{\underset{15}{\cancel{30}}}=1\frac{8}{15}\left(\frac{23}{15}\right)$

2 $\frac{2}{5}+0.3$の計算のしかたを考えましょう。

① 2人の考えを説明しましょう。

こうた

$$\frac{2}{5}+0.3=\frac{2}{5}+\frac{3}{10}$$
$$=\frac{4}{10}+\frac{3}{10}$$
$$=\frac{7}{10}$$

あ　み

$$\frac{2}{5}+0.3=0.4+0.3$$
$$=0.7$$

② $\frac{2}{3}+0.5$の計算のしかたを考えましょう。

ねらい **分数と小数のまじった計算のしかたを考えます。**

考え方 ② $\frac{2}{3}=2\div3=0.666\cdots$となり、$\frac{2}{3}$は小数で表せません。

分数にそろえれば、いつでも計算することができます。

答　え ① (例)**こうた**…小数を分数で表して計算している。

あ　み…分数を小数で表して計算している。

② 0.5を分数で表して計算する。

$$\frac{2}{3}+0.5=\frac{2}{3}+\frac{5}{10}$$
$$=\frac{20}{30}+\frac{15}{30}$$
$$=\frac{\overset{7}{\cancel{35}}}{\underset{6}{\cancel{30}}}$$
$$=\frac{7}{6}\left(1\frac{1}{6}\right)$$

―― 練習 ――

教 下p.14

△3 ① $0.6+\frac{4}{5}$　② $\frac{3}{10}-0.25$　③ $\frac{1}{3}+0.75$　④ $\frac{5}{7}-0.5$

ねらい 分数と小数のまじった計算をします。

考え方 ③、④　分数を小数で表せないので、分数にそろえて計算をします。

答え ① $0.6+\frac{4}{5}=0.6+0.8=\mathbf{1.4}$

または

$$0.6+\frac{4}{5}=\frac{6}{10}+\frac{4}{5}=\frac{3}{5}+\frac{4}{5}=\mathbf{\frac{7}{5}}\left(\mathbf{1\frac{2}{5}}\right)$$

② $\frac{3}{10}-0.25=0.3-0.25=\mathbf{0.05}$

または

$$\frac{3}{10}-0.25=\frac{3}{10}-\frac{\overset{1}{\cancel{25}}}{\underset{4}{\cancel{100}}}=\frac{6}{20}-\frac{5}{20}=\mathbf{\frac{1}{20}}$$

③ $\frac{1}{3}+0.75=\frac{1}{3}+\frac{\overset{3}{\cancel{75}}}{\underset{4}{\cancel{100}}}=\frac{4}{12}+\frac{9}{12}=\mathbf{\frac{13}{12}}\left(\mathbf{1\frac{1}{12}}\right)$

④ $\frac{5}{7}-0.5=\frac{5}{7}-\frac{\overset{1}{\cancel{5}}}{\underset{2}{\cancel{10}}}=\frac{10}{14}-\frac{7}{14}=\mathbf{\frac{3}{14}}$

教科書のまとめ

テスト前にチェックしよう！

教 下p.13～14

□ ❶ **分母のちがう帯分数の計算**

分母のちがう帯分数のたし算やひき算は、**帯分数のまま通分するか、仮分数（かぶんすう）になおしてから通分する**しかたで、計算すればよい。

□ ❷ **分数と小数のまじった計算**

分数と小数のまじった計算は、**どちらかにそろえて**計算する。
分数を小数で表せないときは、分数にそろえて計算する。

3 時間と分数

1 45分は何時間ですか。

① 3人の考えを説明しましょう。

はると

1時間を60等分した45こ分だから、$\frac{45}{60}$時間

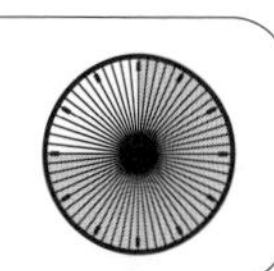

みさき

1時間を12等分した9こ分だから、□時間

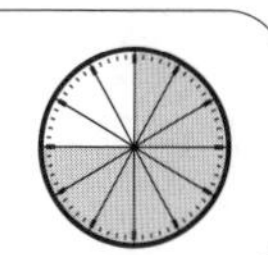

こうた

1時間を4等分した□こ分だから、□時間

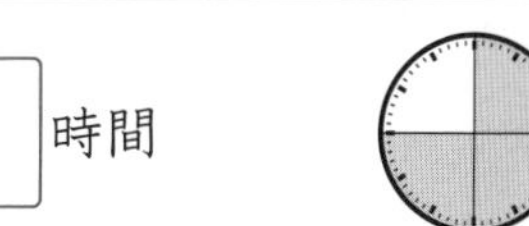

② 40秒は何分ですか。

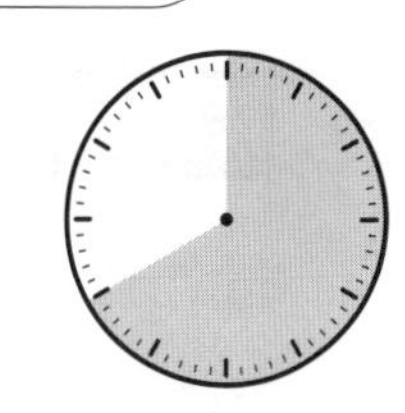

ねらい 分数を使って時間を表す方法を考えます。

考え方 ② 1分は60秒であることをもとに考えます。

答え **1** $\frac{3}{4}$時間

① **はると**…1時間＝60分だから、60等分して考えている。

みさき…45分は、1時間を12等分した9こ分だから、$\boxed{\frac{9}{12}}$時間

こうた…45分は、1時間を4等分した$\boxed{3}$こ分だから、$\boxed{\frac{3}{4}}$時間

② $\frac{\overset{2}{\cancel{40}}}{\underset{3}{\cancel{60}}}$分＝$\frac{2}{3}$分

10 分数のたし算とひき算

練習

教 下 p.15

⚠1 □にあてはまる分数はいくつですか。

① 15分＝□時間　② 40分＝□時間　③ 5分＝□時間
④ 48秒＝□分　⑤ 90分＝□時間　⑥ 100分＝□時間

考え方 1時間＝60分、1分＝60秒をもとにして考えます。

答え

① $\frac{15}{60}=\frac{1}{4}$（時間）

② $\frac{40}{60}=\frac{2}{3}$（時間）

③ $\frac{5}{60}=\frac{1}{12}$（時間）

④ $\frac{48}{60}=\frac{4}{5}$（分）

⑤ $\frac{90}{60}=\frac{3}{2}$（時間）$=1\frac{1}{2}$（時間）

⑥ $\frac{100}{60}=\frac{5}{3}$（時間）$=1\frac{2}{3}$（時間）

教科書のまとめ

テスト前にチェックしよう！

教 下 p.15

□ ❶ **分数を使った時間の表し方**

1時間を**何等分かして、その何こ分か**を考えることで、時間を分数で表すことができる。

たしかめよう

教 下 p.16

1 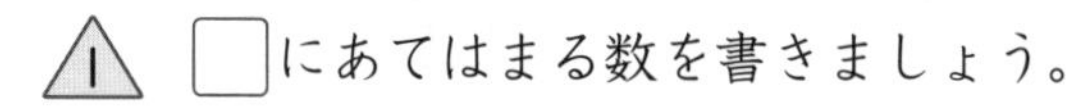
□にあてはまる数を書きましょう。

① $\frac{7}{9}=\frac{\square}{18}=\frac{21}{\square}$　② $\frac{54}{60}=\frac{27}{\square}=\frac{\square}{20}$

答え

① $\frac{7}{9}=\frac{\boxed{14}}{18}=\frac{21}{\boxed{27}}$（分母・分子に×2、×3）

② $\frac{54}{60}=\frac{27}{\boxed{30}}=\frac{\boxed{18}}{20}$（分母・分子を÷2、÷3）

2 下の分数を約分しましょう。

① $\frac{16}{18}$　② $\frac{9}{24}$　③ $\frac{45}{15}$　④ $\frac{72}{60}$　⑤ $2\frac{25}{100}$

考え方 分母と分子の最大公約数で約分すれば、1回の約分で分母がいちばん小さい分数になおせます。

分母と分子の最大公約数は、下のようになります。

① 2　② 3　③ 15　④ 12　⑤ 25

答え

① $\frac{16}{18}=\frac{8}{9}$　② $\frac{9}{24}=\frac{3}{8}$　③ $\frac{45}{15}=3$

④ $\frac{72}{60}=\frac{6}{5}$　⑤ $2\frac{25}{100}=2\frac{1}{4}$

3 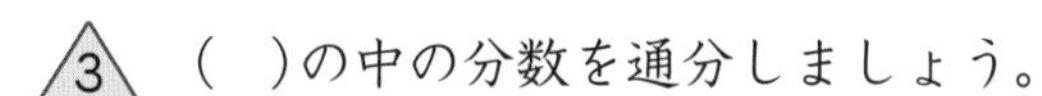
(　)の中の分数を通分しましょう。

① $\left(\frac{2}{3}、\frac{3}{5}\right)$　② $\left(\frac{7}{6}、\frac{9}{10}\right)$　③ $\left(2\frac{1}{3}、1\frac{1}{8}\right)$　④ $\left(\frac{1}{3}、\frac{2}{5}、\frac{5}{6}\right)$

考え方 通分するには、それぞれの分母の最小公倍数を共通な分母とします。

分母の最小公倍数は、下のようになります。

① 15　② 30　③ 24　④ 30

答え ① $\frac{2\times5}{3\times5}=\frac{10}{15}$、$\frac{3\times3}{5\times3}=\frac{9}{15}$ だから　$\left(\frac{10}{15}、\frac{9}{15}\right)$

② $\frac{7\times5}{6\times5}=\frac{35}{30}$、$\frac{9\times3}{10\times3}=\frac{27}{30}$ だから　$\left(\frac{35}{30}、\frac{27}{30}\right)$

③ $2\frac{1\times8}{3\times8}=2\frac{8}{24}$、$1\frac{1\times3}{8\times3}=1\frac{3}{24}$ だから　$\left(2\frac{8}{24}、1\frac{3}{24}\right)$

④ $\frac{1\times10}{3\times10}=\frac{10}{30}$、$\frac{2\times6}{5\times6}=\frac{12}{30}$、$\frac{5\times5}{6\times5}=\frac{25}{30}$ だから

$\left(\frac{10}{30}、\frac{12}{30}、\frac{25}{30}\right)$

△4 $\frac{5}{8}$Lのジュースと$\frac{5}{6}$Lのジュースがあります。あわせると何Lですか。

また、ちがいは何Lですか。

答え あわせると…$\frac{5}{8}+\frac{5}{6}=\frac{15}{24}+\frac{20}{24}=\frac{35}{24}\left(1\frac{11}{24}\right)$

ちがいは…$\frac{5}{8}=\frac{15}{24}$、$\frac{5}{6}=\frac{20}{24}$ で、$\frac{5}{6}$のほうが大きいから

$\frac{5}{6}-\frac{5}{8}=\frac{20}{24}-\frac{15}{24}=\frac{5}{24}$

答え　**あわせると$\frac{35}{24}$L$\left(1\frac{11}{24}\text{L}\right)$、ちがいは$\frac{5}{24}$L**

$\frac{5}{8}$と$\frac{5}{6}$は、分子が同じだから、分母の大きい$\frac{5}{8}$のほうが小さいと考えることもできます。

△5

① $\frac{1}{2}+\frac{2}{5}$	② $\frac{9}{5}+\frac{8}{15}$	③ $1\frac{3}{8}+2\frac{1}{2}$
④ $\frac{7}{15}+2\frac{1}{3}$	⑤ $\frac{3}{4}-\frac{1}{3}$	⑥ $\frac{13}{12}-\frac{5}{6}$
⑦ $2\frac{5}{6}-\frac{3}{5}$	⑧ $3\frac{7}{8}-1\frac{7}{10}$	⑨ $1\frac{13}{14}-\frac{3}{7}$
⑩ $\frac{1}{2}+\frac{1}{3}+\frac{1}{9}$	⑪ $\frac{3}{4}-\frac{3}{5}+\frac{1}{2}$	⑫ $0.3+\frac{5}{6}$

答え

① $\frac{1}{2}+\frac{2}{5}=\frac{5}{10}+\frac{4}{10}=\mathbf{\frac{9}{10}}$

② $\frac{9}{5}+\frac{8}{15}=\frac{27}{15}+\frac{8}{15}=\frac{\overset{7}{\cancel{35}}}{\underset{3}{\cancel{15}}}=\mathbf{\frac{7}{3}}\left(\mathbf{2\frac{1}{3}}\right)$

③ $1\frac{3}{8}+2\frac{1}{2}=1\frac{3}{8}+2\frac{4}{8}=\mathbf{3\frac{7}{8}}\left(\mathbf{\frac{31}{8}}\right)$

④ $\frac{7}{15}+2\frac{1}{3}=\frac{7}{15}+2\frac{5}{15}=2\frac{\overset{4}{\cancel{12}}}{\underset{5}{\cancel{15}}}=\mathbf{2\frac{4}{5}}\left(\mathbf{\frac{14}{5}}\right)$

⑤ $\frac{3}{4}-\frac{1}{3}=\frac{9}{12}-\frac{4}{12}=\mathbf{\frac{5}{12}}$

⑥ $\frac{13}{12}-\frac{5}{6}=\frac{13}{12}-\frac{10}{12}=\frac{\overset{1}{\cancel{3}}}{\underset{4}{\cancel{12}}}=\mathbf{\frac{1}{4}}$

⑦ $2\frac{5}{6}-\frac{3}{5}=2\frac{25}{30}-\frac{18}{30}=\mathbf{2\frac{7}{30}}\left(\mathbf{\frac{67}{30}}\right)$

⑧ $3\frac{7}{8}-1\frac{7}{10}=3\frac{35}{40}-1\frac{28}{40}=\mathbf{2\frac{7}{40}}\left(\mathbf{\frac{87}{40}}\right)$

⑨ $1\frac{13}{14}-\frac{3}{7}=1\frac{13}{14}-\frac{6}{14}=1\frac{\overset{1}{\cancel{7}}}{\underset{2}{\cancel{14}}}=\mathbf{1\frac{1}{2}}\left(\mathbf{\frac{3}{2}}\right)$

⑩ $\frac{1}{2}+\frac{1}{3}+\frac{1}{9}=\frac{9}{18}+\frac{6}{18}+\frac{2}{18}=\mathbf{\frac{17}{18}}$

⑪ $\frac{3}{4}-\frac{3}{5}+\frac{1}{2}=\frac{15}{20}-\frac{12}{20}+\frac{10}{20}=\mathbf{\frac{13}{20}}$

⑫ $0.3+\frac{5}{6}=\frac{3}{10}+\frac{5}{6}=\frac{9}{30}+\frac{25}{30}=\frac{\overset{17}{\cancel{34}}}{\underset{15}{\cancel{30}}}=\mathbf{\frac{17}{15}}\left(\mathbf{1\frac{2}{15}}\right)$

つないでいこう **算数の目** ～大切な見方・考え方 

教 下 p.17

① もとにする数の何こ分かに注目し、前に学習した計算に結びつけて考える

こうた…これで単位分数が $\frac{1}{\boxed{35}}$ にそろった。

あとは、$\frac{1}{\boxed{35}}$ が何こ分かを求めればいいね。

10 分数のたし算とひき算

平均

11 ならした大きさを考えよう

1 平均と求め方

教 下 p.19〜20

1 5個のオレンジをしぼったら、下のようになりました。

ア	イ	ウ	エ	オ
70mL	80mL	95mL	65mL	90mL

オレンジ1個からしぼることができるジュースの量は、何mLと考えられますか。

① 右のグラフで、どのジュースの量も等しくなるようにならしましょう。
　また、ならした量は何mLですか。

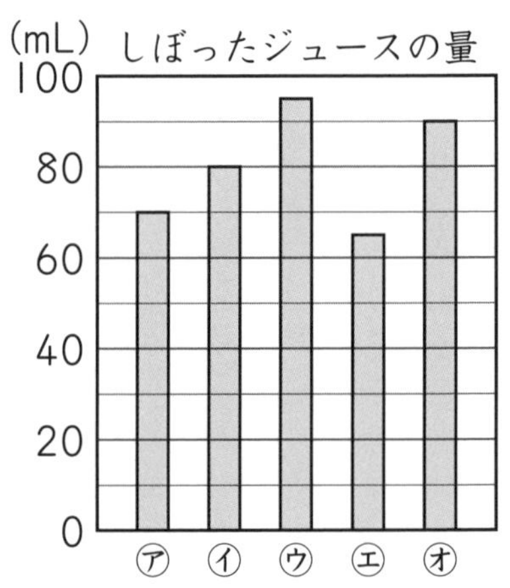

② 右の図を見て、ならした量を計算で求める方法を説明しましょう。

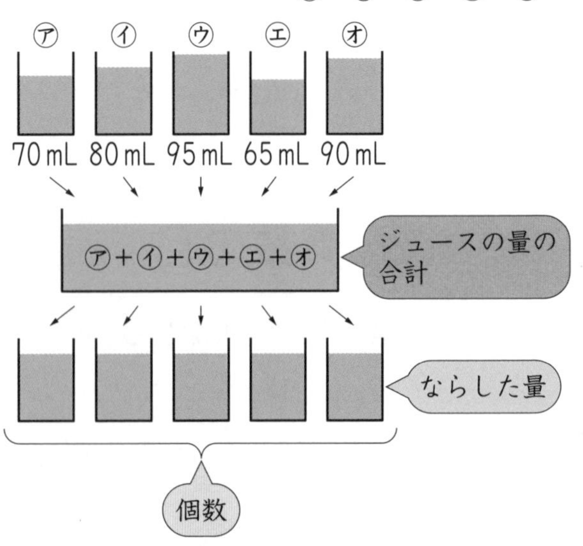

ねらい ならした量を、計算で求める方法を考えます。

答え **1** 80mL

① 右のように、ぼうグラフをならします。

ならした量…80mL

② ならした量は、ジュースの量の合計を求めて、それを個数で等分すれば求めることができます。

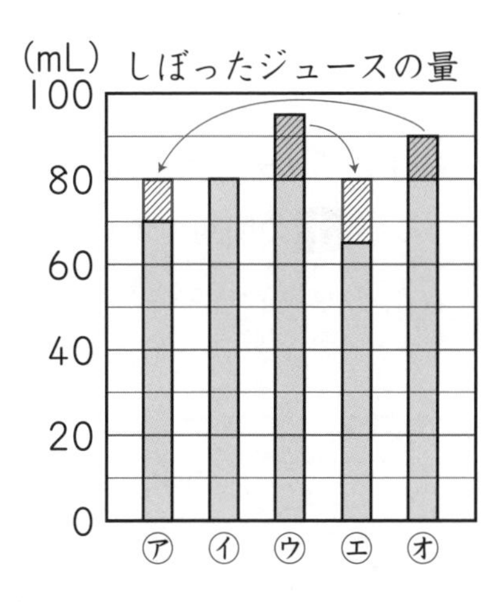

ジュースの量の合計　個数　ならした量

(70+80+95+65+90)÷5= 80 　　答え 80 mL

── 練習 ──

教 下 p.20

 下のたまごの重さの平均(へいきん)を求めましょう。

 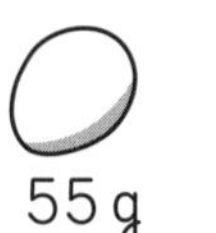  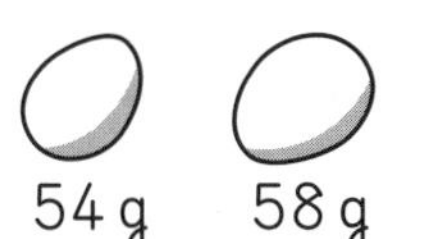

56g　55g　54g　58g　55g　53g　54g

ねらい いくつかの数量の平均を求めます。

考え方 平均＝合計÷個数　の式を使って求めます。

答え (56+55+54+58+55+53+54)÷7=55 　　答え 55g

教 下 p.20

△2 下の魚の長さの平均を求めましょう。

28cm　30cm　29cm　27cm

ねらい いくつかの数量の平均を求めます。

答え (28+30+29+27)÷4=28.5 　　答え 28.5cm

2 **1**の問題のオレンジを20個全部しぼると、何mLのジュースができると考えられますか。

① 右のガラスの入れ物には、1200mL入ります。
1の問題のオレンジをしぼって、この入れ物いっぱいにジュースを入れます。
オレンジを何個しぼればよいですか。

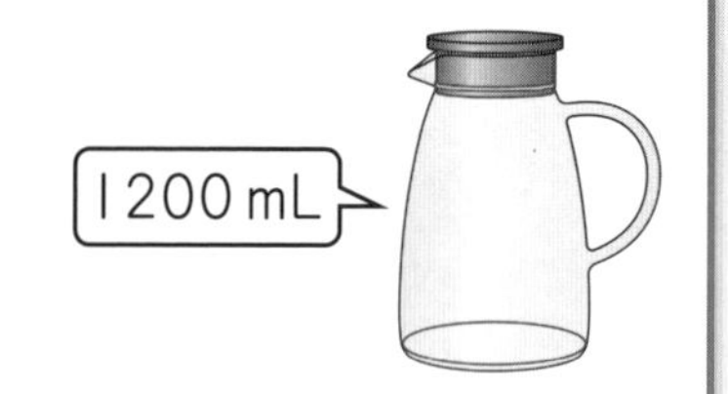

ねらい 平均から全体の量を予想する方法を考えます。

考え方 平均を使うと、全体の量を予想することができます。
オレンジ20個をしぼってできるジュースの量は、下の図の□にあてはまる数になります。

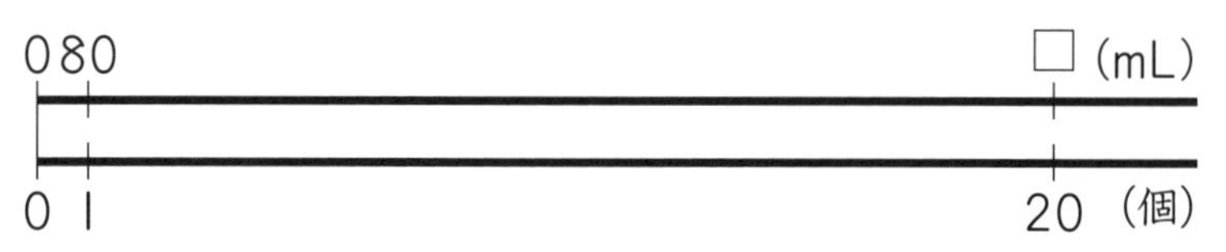

① オレンジ1個からしぼれたジュースの量の平均は80mLです。
オレンジの個数は、下の図の□にあてはまる数になります。

答え **2** 80×20＝1600　　答え 1600mL

① 1200÷80＝15　　答え 15個

練習

△3 ひろとさんは、この1か月間に1日平均2kmずつ走りました。
1年間同じように走るとすると、1年間では何km走ることになりますか。

ねらい 平均から全体の量を予想します。

考え方 1年間で走るきょりは、平均×日数 で求められます。
↑平均：1日2km　↑日数：365日(＝1年間)

答え 2×365＝730　　答え 730km

教 下p.22

3 下の数は、えみさんのサッカーチームの最近6試合の得点(とくてん)です。

1、4、0、5、3、2

最近6試合では、1試合に平均何点とったことになりますか。

① 2人の考えについて話し合いましょう。

あみ

(1+4+5+3+2)÷5=3

答え 3点

こうた

(1+4+0+5+3+2)÷6=2.5

答え 2.5点

ねらい **平均を求める数量に0がふくまれるときの、平均の求め方について考えます。**

答え **3** **2.5点**

① **あみの考え**…得点が0点の試合をのぞいた5試合の得点の平均を求めています。得点が0点の試合も1試合として考えなければなりません。

こうたの考え…6試合の得点の平均を求めています。
サッカーの得点は小数では表しませんが、平均は小数で表すことがあります。

練習

教 下p.22

△4 右は、5年1組で先週欠席した人数を調べた表です。1日に平均何人が欠席しましたか。

5年1組の先週欠席した人数

曜日	月	火	水	木	金
人数(人)	1	2	0	3	2

ねらい **0をふくめた数の平均を求めます。**

答え 水曜日は欠席者が0人ですが、日数に入れて平均を求めます。

(1+2+0+3+2)÷5=1.6

答え 1.6人

教科書のまとめ

テスト前にチェックしよう！

教 下 p.19〜22

□ ① **平均**

いくつかの数量を、等しい大きさになるようにならしたものを、**平均**（へいきん）という。

□ ② **平均の求め方**

平均は、**合計を求めて、それを個数（こすう）で等分する**と考えると、計算で求めることができる。

平均＝合計÷個数

□ ③ **平均の使い方**

平均を使うと、全体の量を予想することができる。

合計＝平均×個数

2 平均の利用

教 下 p.23

1 まいさんたちが、ある一輪車のタイヤを１回転させたときに進む長さを、５人で１回ずつ回して調べたら、下のようになりました。

このデータから、この一輪車のタイヤを１回転させると、どれだけ進むと考えられますか。

150.2 cm、150.9 cm、150.3 cm、150.6 cm、150.5 cm

① しほさんの考えを説明しましょう。

ねらい 何回かはかったデータから、より正確（せいかく）な大きさを知る方法を考えます。

答え **1** 150.5 cm

① **しほの考え**

…５回のデータの平均が、より正確な長さと考えている。

平均を求めると

(150.2＋150.9＋150.3＋150.6＋150.5)÷5＝150.5(cm)

答え　150.5 cm

練習

教 下p.23

⚠1 みかさんたち4人が、それぞれ同じたっ球のボールの直径をはかったら、下のようになりました。
このデータから、たっ球のボールの直径は何cmと考えられますか。

4.2cm、3.9cm、3.8cm、4.1cm

ねらい **何回かはかったデータから、より正確な大きさを知る方法を考えます。**

答え 4人のデータの平均が、より正確な長さと考えられるから、
平均を求めると
(4.2＋3.9＋3.8＋4.1)÷4＝4(cm)

答え　4cm

教 下p.24

2 下のデータは、車の先頭が㋐の位置にくるまでゴムをのばして手をはなしたときに、車がどれだけ進むかを、5回調べたものです。
㋐の位置までゴムをのばして手をはなしたときに、車はふつうどれだけ進むと考えられますか。

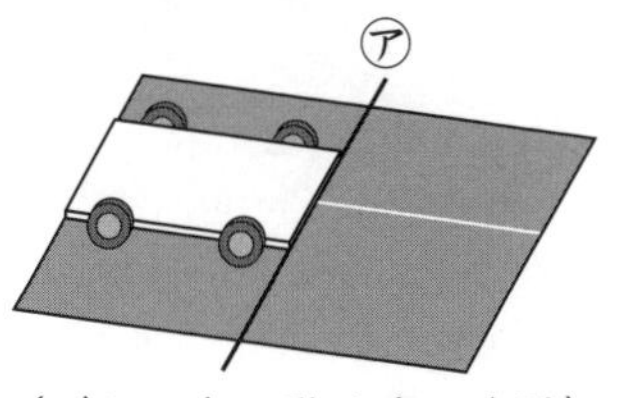

(ゴムの力で動く車の実験)

① 7.43m　② 0.78m　③ 7.87m　④ 7.69m　⑤ 7.93m

1 2人の考えについて話し合いましょう。
みさき…(7.43＋0.78＋7.87＋7.69＋7.93)÷5＝6.34(m)
こうた…(7.43＋7.87＋7.69＋7.93)÷4＝7.73(m)

ねらい **ほかと大きくちがうデータがあるときの平均の求め方を考えます。**

答え **2** 7.73cm

1 **みさきの考え**…2回めは失敗しているが、このデータもふくめて平均を求めている。
こうたの考え…目的はふつうの場合のデータをもとに平均を求めることだから、失敗したデータはのぞいている。
2人の考えのうち、ふつうの場合として平均を求めることとすると、こうたさんが求めた平均7.73mだけ進むと考える。

練習

教 下 p.24

△2 右の表は、まみさんの3回の走りはばとびのデータです。
この表をもとにすると、まみさんが失敗しないでとぶと、どれだけとぶことができると考えられますか。

何回め	1	2（失敗）	3
データ	3m12cm	62cm	3m18cm

考え方 失敗したデータをのぞいて平均（へいきん）の求め方を考えます。

答え 2回めは失敗しているので、1回めと3回めのデータをもとにして平均を求めると

$(3.12+3.18)\div2=3.15$(m)

答え　3m15cm

2回めのデータは、まみさんがどれだけとべるかを調べるという目的にはあっていないので、のぞいて考えているね。

教科書のまとめ

テスト前にチェックしよう！

教 下 p.23～24

□ ❶ **データの平均の求め方**

何回かはかったデータから、より正確（せいかく）な大きさを知る目的で、データの平均を求めることがある。

□ ❷ **目的にそった平均の求め方**

目的によっては、ほかと大きくちがうデータをのぞいて平均を求めることがある。

たしかめよう

教 下p.25

⚠1 下の表は、ある牛が、１月から５月までの５か月間に食べたえさの量を表したものです。

１年間同じようにえさを食べるとすると、１年間では何kgのえさを食べることになりますか。

牛のえさの量（１月～５月）

月	１月	２月	３月	４月	５月
えさの量(kg)	450	480	360	420	390

答え ５か月間の平均を求めると

（450＋480＋360＋420＋390）÷５＝420

１年間では　420×12＝5040

答え　5040kg

単位量あたりの大きさ

12 比べ方を考えよう(1)

比べられるかな？

教 下 p.26

みさき…㋐と㋑は、まい数が同じで、ねだんが㋑のほうが安い。だから、㋑のほうがお買い得(どく)です。

こうた…㋕と㋖は、面積が同じで、うさぎの数が㋖のほうが多い。だから、㋖のほうがこんでいます。

1 こみぐあい

教 下 p.27～29

1 A(エー)、B(ビー)、C(シー)のうさぎ小屋の、こみぐあいの順番を調べましょう。

1. こみぐあいを比(くら)べるには、何と何がわかればよいですか。
2. AとBでは、どちらがこんでいますか。
3. BとCでは、どちらがこんでいますか。

うさぎ小屋の面積とうさぎの数

	面積(m^2)	うさぎの数(ひき)
A	6	9
B	6	8
C	5	8

4. D(ディー)のうさぎ小屋の面積とうさぎの数は、右のとおりです。A、C、Dの、こみぐあいの順番を調べましょう。

うさぎ小屋の面積とうさぎの数

	面積(m^2)	うさぎの数(ひき)
D	9	14

5. Aのうさぎ小屋のこみぐあいと、右のE(イー)のうさぎ小屋のこみぐあいは同じです。
   Eのうさぎ小屋には、うさぎは何びきいますか。

うさぎ小屋の面積とうさぎの数

	面積(m^2)	うさぎの数(ひき)
E	4	□

ねらい うさぎの数、小屋の面積がちがっているときのこみぐあいを比べます。

教科書27ページのうさぎ小屋の絵を見て、こみぐあいがわかるかな。

考え方 4 教科書28ページで取り上げた3人の考え(☆)で考えてみます。

5 Eのうさぎ小屋のこみぐあいから、うさぎの数を考えます。

答え 1 こんでいる順に、C、A、B

1 **うさぎ小屋の面積とうさぎの数**

2 右のようにならした図で比べます。
AとBは面積が同じだから、
●の数が多いAのほうがこんでいる。

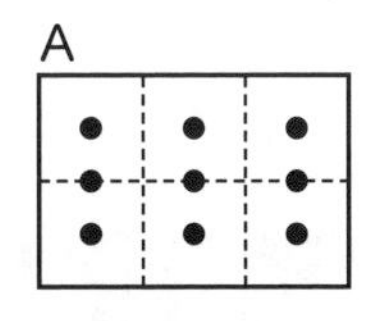

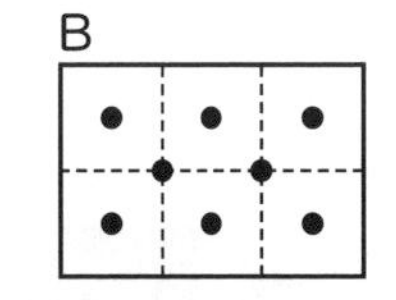

3 BとCは●の数が同じだから、面積のせまいCのほうがこんでいる。

(☆) **こうたの考え**…面積を6と5の公倍数の30にそろえて比べる。

A…30÷6＝5
9×5＝45(ひき)
C…30÷5＝6
8×6＝48(ひき)

面積30 m^2 あたりのうさぎの数は、Aが45ひき、Cが48ひきだから、Cのほうがこんでいる。

しほの考え…1 m^2 あたりのうさぎの数で比べる。

A…9÷6＝1.5(ひき)
C…8÷5＝1.6(ひき)

1 m^2 あたりのうさぎの数は、Aが1.5ひき、Cが1.6ひきだから、Cのほうがこんでいる。

はるとの考え…1ぴきあたりの面積で比べる。

A…6÷9＝0.67 (m^2)
C…5÷8＝0.625 (m^2)

1ぴきあたりの面積は、Aが0.666…で約0.67 m^2、Cが約0.63 m^2 だから、Cのほうがこんでいる。

4 **こうたの考え**…(☆)より、面積を、6と5と9の公倍数の90にそろえて比べる。

A…90÷6＝15　9×15＝135(ひき)
C…90÷5＝18　8×18＝144(ひき)
D…90÷9＝10　14×10＝140(ぴき)

しほの考え…(☆)より、1 m^2 あたりのうさぎの数で比べる。

A…1.5ひき、C…1.6ひき、D…14÷9＝1.55…(ひき)

はるとの考え…(☆)より、1ぴきあたりの面積で比べる。

A…0.666… m^2、C…0.625 m^2、
D…9÷14＝0.642… (m^2)

C、D、Aの順にこんでいる。

5 A(エー)のうさぎ小屋には、$1\,m^2$ あたり1.5ひきのうさぎがいる。
E(イー)のうさぎ小屋の面積は $4\,m^2$ で $1\,m^2$ の4倍になっているから、
うさぎの数も1.5ひきの4倍になる。

1.5×4=6

答え 6ぴき

教科書のまとめ

テスト前にチェックしよう!

教 下p.27〜29

□ 1 **こみぐあいの調べ方**

面積やうさぎの数がそろっていないときも、ならした**$1\,m^2$ あたりのうさぎの数**や**1ぴきあたりの面積**を求めれば、こみぐあいを調べることができる。

□ 2 **単位量あたりの大きさ**

ならした $1\,m^2$ あたりのうさぎの数や1ぴきあたりの面積のように、2つの量を組み合わせて表した大きさを、「単位量あたりの大きさ」という。

2 いろいろな単位量あたりの大きさ

教 下p.30

1 北海道と沖縄県の、人のこみぐあいを比(くら)べましょう。

1 北海道と沖縄県の人口密度(じんこうみつど)を、それぞれ求めましょう。

北海道と沖縄県の面積と人口(2023年)

	面積(km^2)	人口(万人)
北海道	83422	514
沖縄県	2282	149

ねらい 人のこみぐあいの比べ方を考えます。

答え **1** しほ…面積と人口がわかればよい。

1 北海道……5140000÷83422=61.6…(1.6 → 2)=62(人)

沖縄県……1490000÷2282=652.…(2 → 0)=650(人)

練習

教 下 p.30

⚠1 自分の住んでいる都道府県や市区町村の人口密度を調べましょう。

ねらい 身のまわりの人口密度を調べます。

考え方 インターネットや社会科資料などを利用して、面積と人口を調べます。

答え 省略(しょうりゃく)

教 下 p.31

2 2つの田A、B(ビー)で、よく米がとれたといえるのはどちらでしょうか。

1 米のとれぐあいを比べるには、何と何がわかればよいですか。

2 右の表を見て、A、Bそれぞれの1aあたりのとれた米の重さを求めましょう。

田の面積ととれた米の重さ

	面積(a)	とれた重さ(kg)
A	11	570
B	14	680

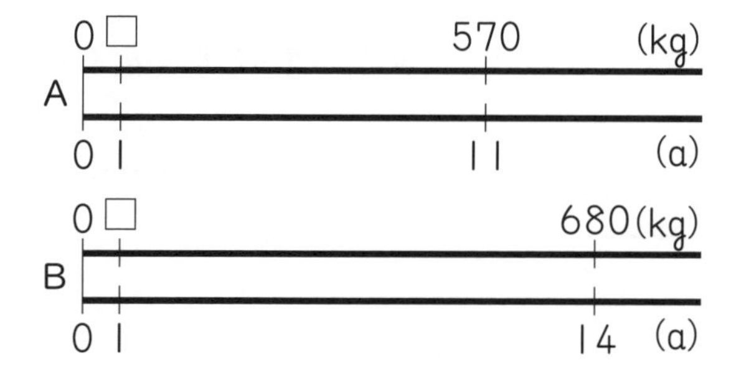

□×11＝570
□＝570÷11
＝□(kg)

□×14＝680
□＝680÷14
＝□(kg)

ねらい 単位量あたりの大きさを比べて、問題を考えます。

答え

2 Aの田のほうがよく米がとれた。

1 田の面積ととれた米の重さ

2 A…570÷11＝51.8…＝ 52 (kg)

B…680÷14＝48.5…＝ 49 (kg)

12 単位量あたりの大きさ

練習

教 ㊦p.31

△2 ガソリン45Lで630kmを走れる自動車C(シー)と、ガソリン30Lで480kmを走れる自動車D(ディー)があります。
使うガソリンの量のわりに長い道のりを走れるのは、C、Dのどちらですか。

ねらい **単位量あたりの大きさを比(くら)べて、問題を考えます。**

考え方 ガソリン1Lあたりに走る道のりで比べます。

答え ガソリン1Lあたりに走る道のりは

自動車C…630÷45＝14(km)

自動車D…480÷30＝16(km)

答え **自動車D**

教科書のまとめ

テスト前にチェックしよう！

教 ㊦p.30~31

□ ❶ **こみぐあいの比べ方**

うさぎ小屋や都道府県などのこみぐあいは、**単位面積あたりの数**を使って比べることができる。

人口密度(じんこうみつど)は、実際(じっさい)は人が住めない山の中などもふくめて、**ならして**考えている。

□ ❷ **とれぐあいの比べ方**

米などのとれぐあいは、**単位面積あたりの重さ**を使って比べることができる。

3 速さ

? 教科書32ページの2つの場面で、速いのはそれぞれどちらかな。
また、理由を説明してみよう。

みさきの考え…①では、[㋐]のほうが速い。なぜなら、㋐と㋑は、ゴールまで走った道のりは同じだけど、[㋐]のほうがゴールまで走った[時間]は短いからです。

こうたの考え…②では、エ のほうが速い。なぜなら、ウとエは、ゴールまで走った **時間** は同じだけど、エ のほうがゴールまで走った **道のり** は長いからです。

次に、教科書33ページの場面では、えみさんと弟の短きょり走の記録は、右のようになっています。

	時間(秒)
弟	16
えみ	18

教 下 p.33～34

1 上の短きょり走で、えみさんと弟ではどちらが速いでしょうか。

① 速さを比べるには、何と何がわかればよいですか。

② えみさんと弟のかかった時間と走ったきょりは、右のとおりです。

この表を見て、どちらが速いかを比べましょう。

かかった時間と走ったきょり

	時間(秒)	きょり(m)
弟	16	80
えみ	18	100

ねらい **単位量あたりの大きさを使った速さの比べ方を考えます。**

考え方 速さは、1秒間あたりに走った平均（へいきん）のきょりや、1mあたりにかかった平均の時間などの、単位量あたりの大きさを使えば、比べることができます。

答え **1** **えみさん**

① **かかった時間と走ったきょり**

② **みさきの考え**

1秒間あたりに何m走ったかで比べる。

弟…□×16＝80

□＝80÷16

＝ 5 (m)

えみさん…□×18＝100

□＝100÷18

＝ 5.55… (m)　（または、 5.6 ）

かかった時間が同じなので、走ったきょりの長いほうが速いといえます。

えみさん のほうが速い。

はるとの考え

1mあたりに何秒かかったかで比(くら)べる。

弟…□×80＝16

□＝16÷80

＝0.2（秒）

えみさん…□×100＝18

□＝18÷100

＝0.18（秒）

走ったきょりが同じなので、かかった時間の短いほうが速いといえます。

えみさんのほうが速い。

みさきとはるとの考えから、**えみさん**のほうが速い。

教 下 p.35～36

2 新幹線(しんかんせん)のはやぶさ号は3時間に660km進み、かがやき号は2時間に420km進みます。

どちらが速いですか。

1 1時間あたりに進む道のりを比べましょう。

2 1で速さを求めるとき、何を何でわっていますか。

3 はやぶさ号、かがやき号は、それぞれ時速(じそく)何kmですか。また、それぞれ分速(ふんそく)何kmですか。

ねらい **速さを求める式を考えます。**

考え方 3 分速は、1分間あたりに進む道のりで表した速さです。

答え **2** **はやぶさ号**のほうが速い。

1 はやぶさ号…□×3＝660

□＝660÷3

＝220（km）

かがやき号…□×2＝420

□＝420÷2

＝210（km）

りく…1時間あたりに進む道のりが長いのははやぶさ号だから、はやぶさ号のほうが速い。

2 **はると**…道のりを 時間 でわっている。

3 はやぶさ号

時速… 1 で求めたことから、**時速220km**

分速…1時間＝60分で、60分間に220km進むから、

分速は

220÷60＝3.66… 分速 約3.7km

かがやき号

時速… 1 で求めたことから、**時速210km**

分速…はやぶさ号と同じように考えて

210÷60＝3.5 分速3.5km

練習

バショウカジキは、水中でいちばん速く泳ぐことができる魚です。
4時間で360km進むバショウカジキの時速を求めましょう。
また、分速と秒速(びょうそく)も求めましょう。

ねらい **速さ＝道のり÷時間の式にあてはめて、速さを求めます。**

考え方 速さは、どの単位時間を用いるかによって、いろいろな表し方があります。「**時速**」は1時間あたりに、「**分速**」は1分間あたりに、「**秒速**」は1秒間あたりに進む道のりで表した速さです。
1時間＝60分だから、分速は、時速を60でわって求めます。
1分＝60秒だから、秒速は、分速を60でわって求めます。

答え 時速は

360÷4＝90 答え **時速90km**

1時間＝60分だから、分速は

90÷60＝1.5

答え **分速1.5km**(または、**分速1500m**)

1分＝60秒だから、秒速は

1500÷60＝25 答え **秒速25m**

教 下p.37

3 ツバメは、時速70kmで飛ぶことができます。
ツバメが3時間で進むことができる道のりを求めましょう。

1 道のりを求める式を書いて、答えを求めましょう。
2 ツバメの速さ、時間、求めた道のりを、「速さ＝道のり÷時間」の式にあてはめて、式が成り立つか確(たし)かめましょう。

ねらい **速さと時間から、道のりを求める方法を考えます。**

考え方 1 進む道のりは、時間に比例(ひれい)するから、時間が3倍になると、進む道のりも3倍になります。

答え **3** 210km

1 式 70×3＝210　　答え 210 km

2 速さ…時速70km、道のり…210km、時間…3時間
だから、 70＝210÷3 となって、式は成り立ちます。

練習

教 下p.37

分速800mで飛ぶカモメは、5分で何m進みますか。

ねらい **速さと時間から、道のりを求めます。**

答え **道のり＝速さ×時間**で求められるから

800×5＝4000　　答え 4000m

教 下p.38

4 台風が時速25kmで進んでいます。この台風が、沖縄県の石垣島(いしがきじま)から那覇(なは)市までの400kmを進むのにかかる時間を求めましょう。

1 かかる時間を□時間として、かけ算の式に表しましょう。
また、□にあてはまる数を求めましょう。

ねらい **速さと道のりから、時間を求める方法を考えます。**

考え方 1 **道のり＝速さ×時間**の式に、時間を□時間として、時速25km、道のり400kmをあてはめて表します。

答え 4 16時間

1 25×□＝400

□＝400÷25

＝16

答え 16 時間

練習

教 下 p.38

3 分速65mで歩く人が、2.6km歩くのにかかる時間は何分ですか。

ねらい 速さと道のりから、時間を求めます。

考え方 かかる時間を□分として、道のりを求める式をかけ算の式で表します。

答え 1km＝1000mだから 2.6km＝2600m

かかる時間を□分として、

65×□＝2600

□＝2600÷65

＝40

答え 40分

教科書のまとめ

テスト前にチェックしよう！

教 下 p.33～38

□ 1 **速さの求め方**

速さは、ならした**1秒間あたりに走ったきょり**や**1mあたりにかかった時間**を調べれば、比(くら)べることができる。

速さは、単位時間あたりに進む道のりで表すことを使うと、求め方を下のように式にまとめることができる。

速さ＝道のり÷時間

□ 2 **速さの表し方**

速さには、下の3つの表し方がある。

時速(じそく)…**1時間あたり**に進む道のりで表した速さ

分速(ふんそく)…**1分間あたり**に進む道のりで表した速さ

秒速(びょうそく)…**1秒間あたり**に進む道のりで表した速さ

□ 3 **道のりの求め方**

道のりは、下の式で求めることができる。

道のり＝速さ×時間

この式が表している関係は、「速さ＝道のり÷時間」と同じである。

いかしてみよう　教 下 p.39

身のまわりで、単位量あたりの大きさを使っている、いろいろな場面を見つけましょう。

答え 省略

かみなりが発生したとき、いなずまが光ってから、少し後に「ドン」「ゴロゴロ」といった音が聞こえることがあります。

それは、音が伝わる速さに関係しています。

① 音が空気中を伝わる速さは、およそ秒速340mであることが知られています。

いなずまが見えてから、10秒たってかみなりの音が聞こえたとすると、かみなりの発生した場所から音が聞こえた場所までは、およそ何mありますか。

② 自分がかみなりの発生した場所から1km以内にいると考えられるのは、いなずまが見えてから音が聞こえるまでにかかる時間がおよそ何秒以内のときですか。四捨五入して、整数で答えましょう。

考え方 ① 速さと時間から道のりを求めます。

② 速さと道のりから時間を求めます。1kmのとき何秒かかるかを考えます。そのとき、速さと道のりの単位がちがっていることに注意します。

答え ① 道のり＝速さ×時間で求められるから

$340\times10=3400$　　答え　**およそ3400m**

② 1km＝1000mだから、かかる時間を□秒として、

$340\times\square=1000$

$\square=1000\div340$

$=\overset{3}{2.9}\cdots$　　答え　**およそ3秒以内**

たしかめよう

教 下 p.40

みどりさんの学校の児童数は740人で、校庭の面積は1人あたり21 m^2 です。

① 校庭の面積は何 m^2 ですか。

② 来年は、児童数が20人減る予定です。
来年の1人あたりの校庭の面積は、およそ何 m^2 になりますか。

考え方 ① 校庭の面積＝1人あたりの面積×人数

② 来年の1人あたりの面積を□ m^2 として、①の式にあてはめます。

答え ① 21×740＝15540

答え **15540 m^2**

② 来年の1人あたりの面積を□ m^2 とする。

来年の児童数は、740−20＝720(人)だから、

□×720＝15540

□＝15540÷720

＝21.5…（2に切り上げ）

答え **およそ22 m^2**

1ダースで600円のえん筆と、10本で450円のえん筆では、1本あたりのねだんはどちらが高いですか。

考え方 1本あたりのねだんを、代金÷本数　で計算して比べます。
1ダース＝12本です。

答え 1ダース600円のえん筆…600÷12＝50(円)

10本で450円のえん筆…450÷10＝45(円)

答え **1ダース600円**のえん筆のほうが高い。

単位量あたりの大きさを使うと、いろいろな問題が解けるね。

3　チーターが、10秒間に310m走りました。
このチーターの走る速さは秒速何mですか。
また、分速と時速も求めましょう。

考え方　秒速は1秒間あたりに、分速は1分間あたりに、時速は1時間あたりに、それぞれ進む道のりで表した速さです。

答え　310÷10＝31　　答え　**秒速31m**

1分＝60秒だから、分速は　31×60＝1860

答え　**分速1860m**(または、**分速1.86km**)

1時間＝60分だから、時速は　1860×60＝111600

答え　**時速111600m**(または、**時速111.6km**)

4　時速96kmで走る特急列車があります。この特急列車は、2時間で何km進みますか。

答え　96×2＝192　　答え　**192km**

5　秒速3mで30分走る自転車が進む道のりは何mですか。

考え方　速さの単位と時間の単位がちがっているので、そろえてから考えます。

答え　**みさきの考え**…60秒＝1分だから、秒速3mを分速になおすと

3×60＝180

分速180mになるから、30分走ると進む道のりは

180×30＝5400　　答え　**5400m**

こうたの考え…1分＝60秒だから、30分は 1800 秒になる。

秒速3mで1800秒走ると進む道のりは

3×1800＝5400　　答え　**5400m**

△6 家からひなん場所までの道のりは780mです。
分速65mで歩くと、何分かかりますか。

考え方 かかる時間を□分として、道のりを求める式を使って、かけ算の式に表します。

答え 65×□＝780
□＝780÷65
＝12

答え 12分

つないでいこう 算数の目 ～大切な見方・考え方

1 2つの量の関係に注目し、単位量あたりの大きさを使って比べる

し ほ…こみぐあいも、速さも、**なら**した状態で考えている。

はると…こみぐあいは面積と**うさぎの数**、速さは道のりと**時間**のように、2つの量を組み合わせて表した単位量あたりの大きさを使って比べている。

身のまわりには、単位量あたりの大きさを使って比べられる場面がいろいろあるね。

四角形と三角形の面積

面積の求め方を考えよう

長方形の面積＝たて×横、正方形の面積＝１辺×１辺

１ 平行四辺形の面積の求め方

教 下 p.43~44

１ 下の平行四辺形ABCDの面積は何cm^2ですか。

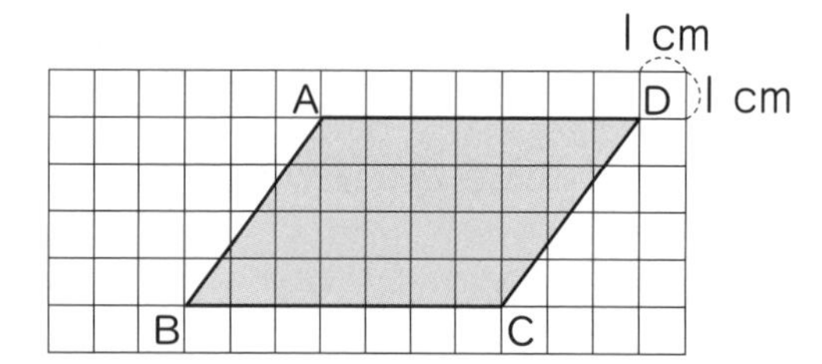

① ２人の考えを、図を使って説明しましょう。

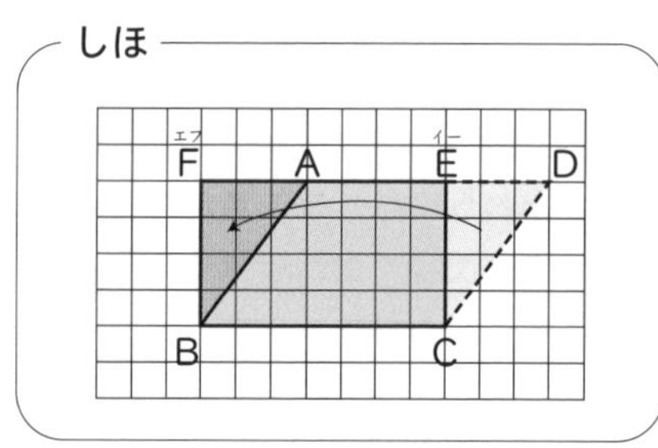

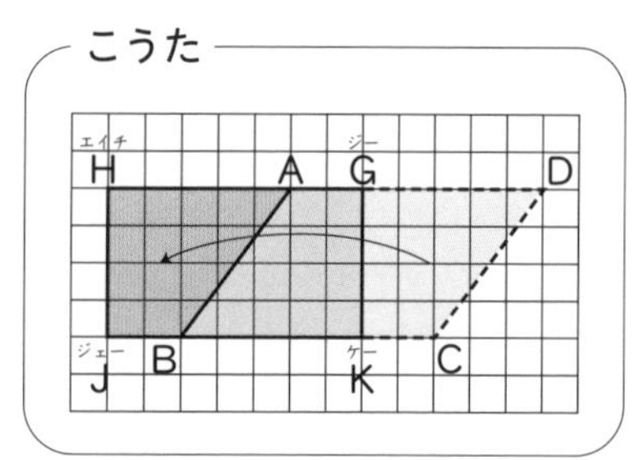

② ２人の考えで、共通していることはどんなことですか。

ねらい 平行四辺形の面積の求め方を考えます。

考え方 形が変わっても、面積はもとの平行四辺形と同じです。

答え **１** $28cm^2$

① しほ…三角形ECDを三角形FBAの位置に動かし、平行四辺形ABCDを長方形FBCEに形を変えて、その面積を求めている。

こうた…四角形GKCDを四角形HJBAの位置に動かし、平行四辺形ABCDを長方形HJKGに形を変えて、その面積を求めている。

平行四辺形ABCDの面積は 28 cm²

② 2人とも、**形を平行四辺形から、面積の求め方がわかっている長方形に変えている。**

教 下 p.45

2 右の平行四辺形ABCDの面積を、計算で求めましょう。

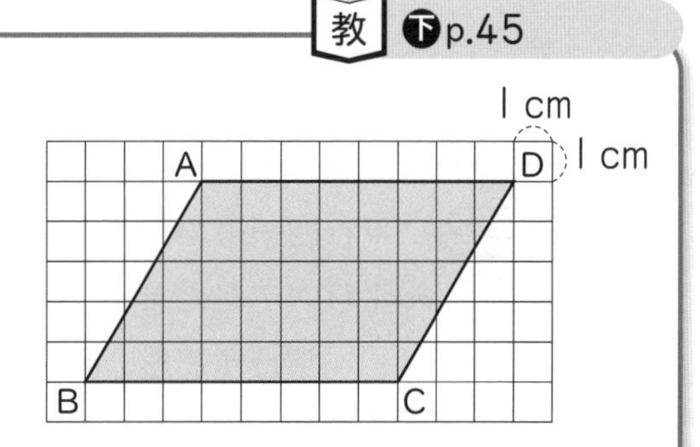

① 教科書44ページのしほさんの考えをもとに考えます。

上の平行四辺形の面積は、たてと横の長さがそれぞれ何cmの長方形の面積と等しいですか。

また、その長方形のたてと横の長さは、それぞれ上の平行四辺形のどこの部分の長さと等しいですか。

② 上の平行四辺形ABCDの面積を、底辺（ていへん）を辺BCとして計算で求めましょう。

ねらい **平行四辺形の面積を求める公式を考えます。**

考え方 右の図のように、三角形ECDを三角形FBAの位置に動かし、長方形FBCEに形を変えます。

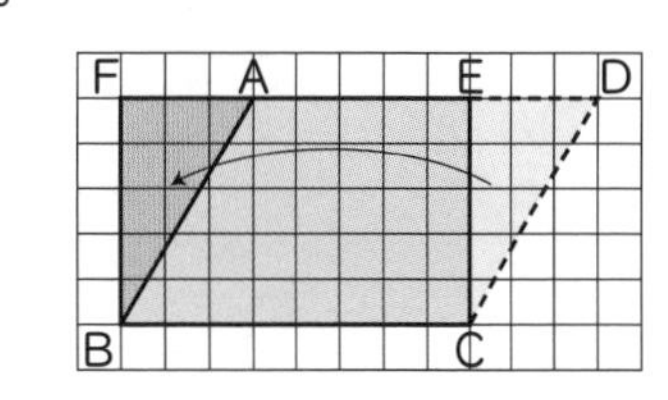

答え **2** 40 cm²

① 平行四辺形ABCDの面積は、

たてが5cm、横が8cmの長方形の面積と等しい。

長方形のたて、横の長さは、それぞれ平行四辺形の**高さ**（たか）、**底辺**の長さと等しい。

② 8×5＝40　　40 cm²

練習

教 下p.46

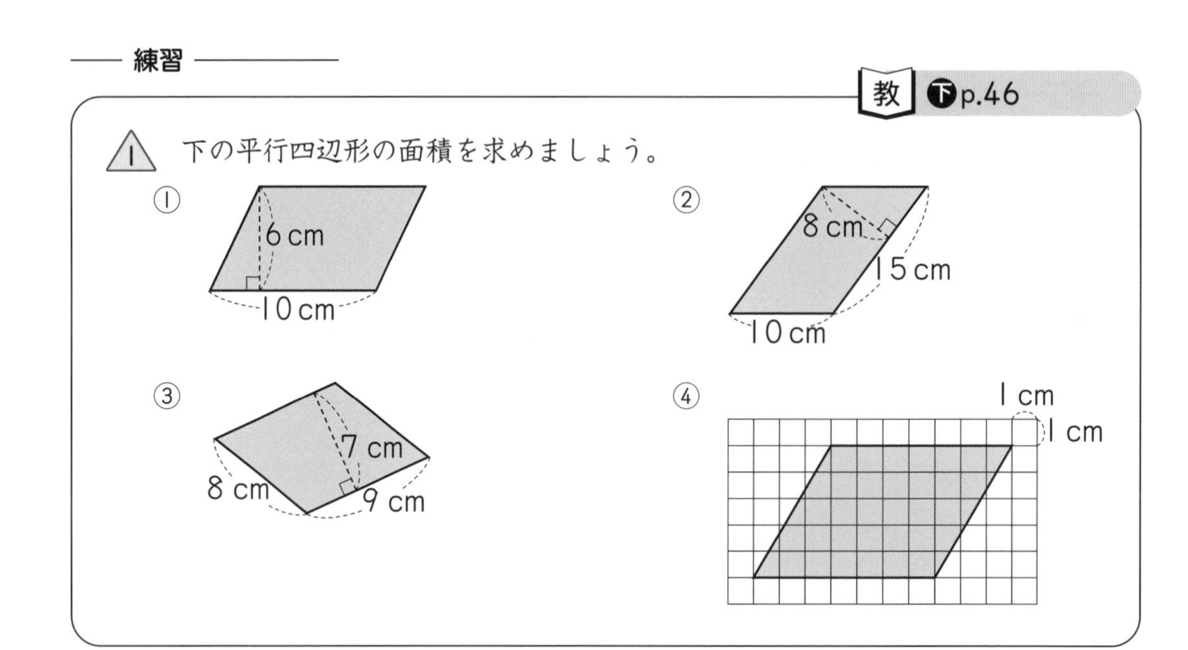

ねらい **平行四辺形の面積を、公式を利用して求めます。**

考え方 平行四辺形の面積は、

平行四辺形の面積＝底辺×高さ

で求めることができます。

平行四辺形の高さは、底辺に垂直(すいちょく)な直線の長さです。底辺になる辺を決めたときに高さにあたる長さはどこかを考えます。

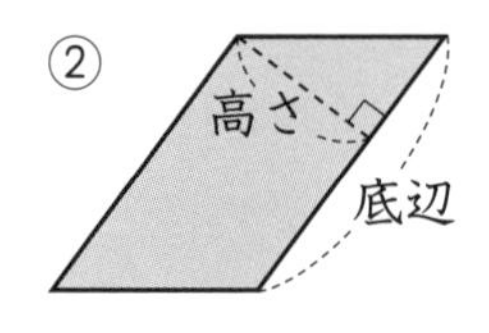

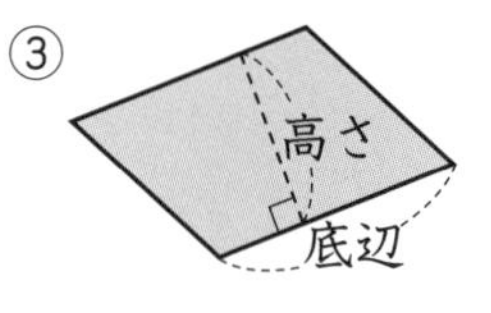

答え

① 10×6＝60　　**60 cm^2**

② 15×8＝120　　**120 cm^2**

③ 9×7＝63　　**63 cm^2**

④ 7×5＝35　　**35 cm^2**

教 下p.46～48

3 右の平行四辺形ABCDで、辺BCを底辺としたときの、面積の求め方を考えましょう。

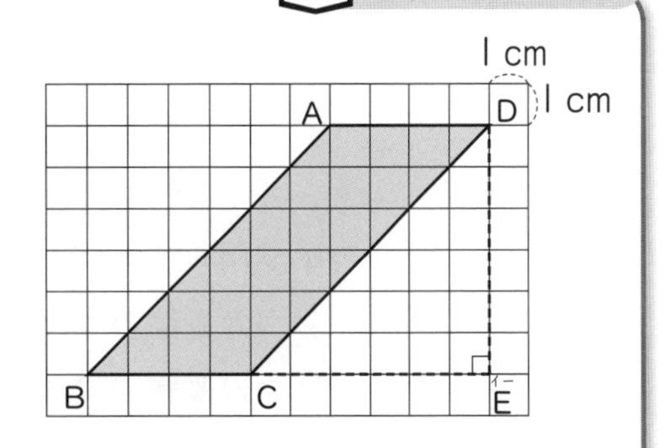

1 はるとさんとあみさんは、高さが図形の中にある平行四辺形を使って、面積を求めています。2人の考えを説明しましょう。

はると

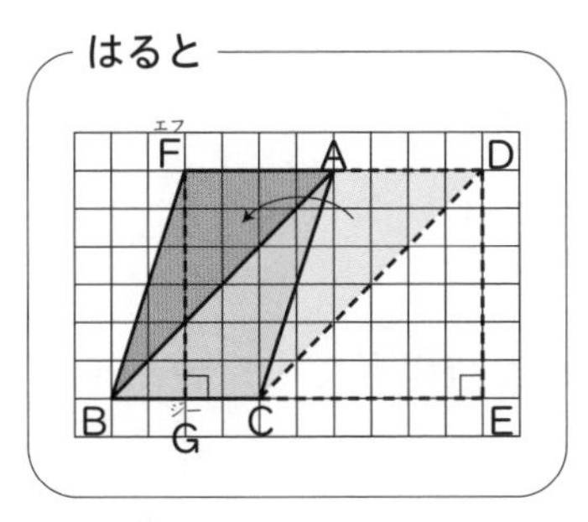

あみ

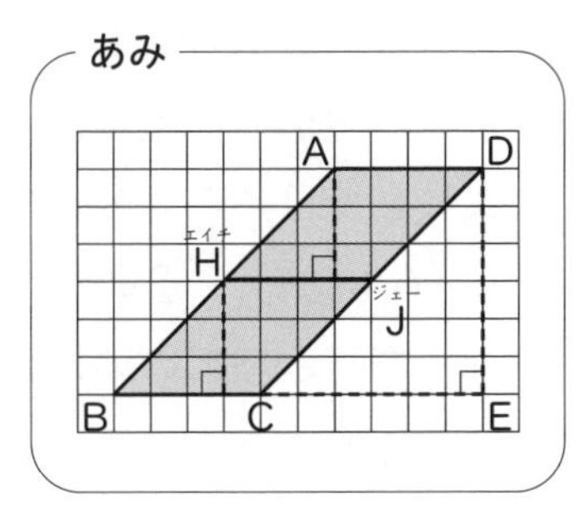

2 辺BCを底辺としたとき、平行四辺形ABCDの高さはどこといえますか。

3 下の平行四辺形㋕、㋖、㋗の面積は等しくなっています。
その理由を説明しましょう。

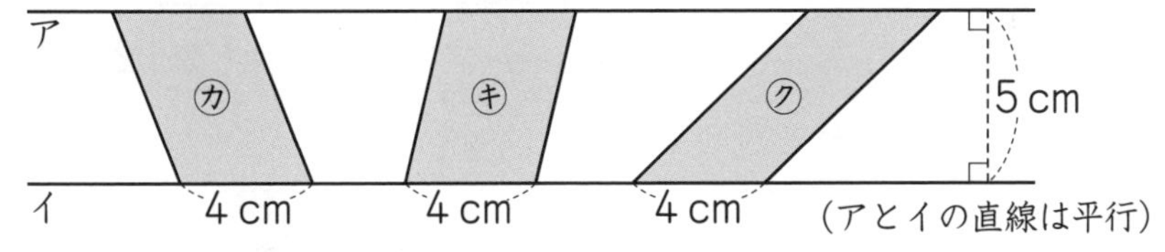

4 平行四辺形の面積の学習をふり返って、あなたが大切だと思った考えを書きましょう。

ねらい 高さが平行四辺形の中にない場合、高さはどこになるのかを考えます。

考え方 1 2人とも、高さが図形の中にある平行四辺形をつくっています。

答え 1 **はると**…三角形ACDを三角形FBAの位置に動かし、高さが図形の中にある平行四辺形FBCAに形を変えて、その面積を求めている。

あ　み…平行四辺形ABCDを、高さが図形の中にある平行四辺形AHJDと平行四辺形HBCJに分けて、それぞれの面積を求めている。2つの平行四辺形の面積の和が、平行四辺形ABCDの面積になる。

平行四辺形ABCD（エービーシーディー）の面積は 24 cm^2

② 辺BCを底辺としたときの高さは、右の図のように考えることができます。

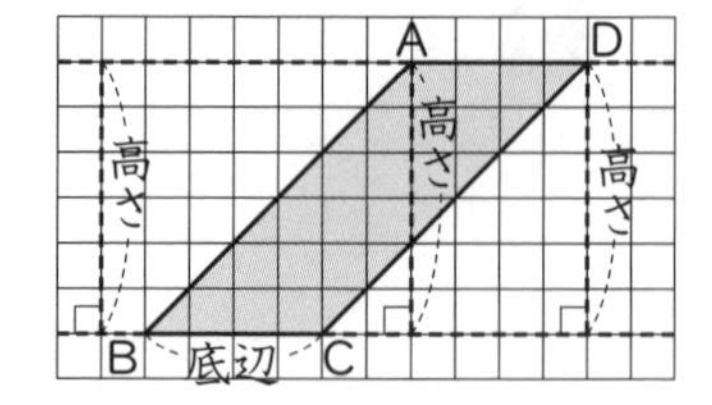

③ 平行四辺形㋕、㋖、㋗の底辺を4cmの辺とすると、高さは、平行な2つの直線のはばになります。平行な2つの直線のはばはどこも等しいから、高さはどれも5cmになります。したがって

㋕、㋖、㋗は、底辺の長さが4cmで等しく、高さも5cmで等しいから、面積は等しくなる。

④ （例）平行四辺形ABCDの底辺の長さ4cm、高さ6cmを、

平行四辺形の面積＝底辺×高さ

の公式にあてはめることができるので、面積は

$4\times6=24$　　24 cm^2

となり、高さが図形の外にある平行四辺形でも、公式を使って面積を求めることができます。したがって

面積を求めるときは、底辺と高さがどこかを考えることが大切である。

―― 練習 ――

教 ㊦p.48

2 下の平行四辺形の面積を求めましょう。

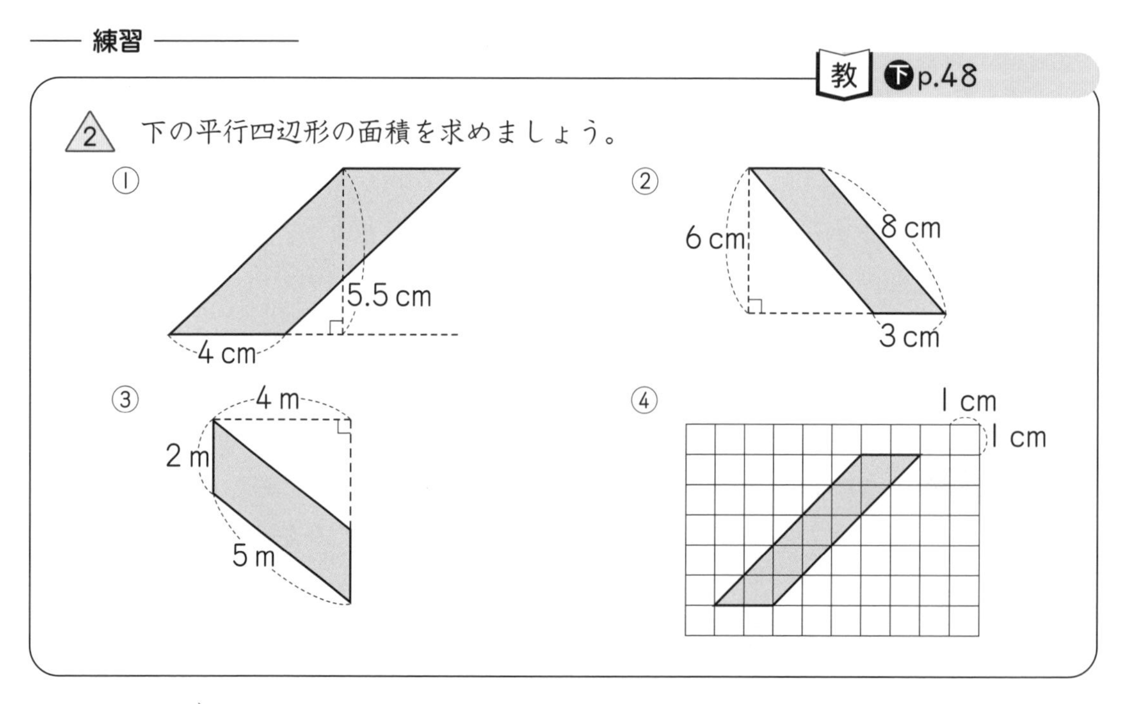

ねらい　高さが図形の外にある平行四辺形の面積を求めます。

考え方 底辺と高さがどの部分になるかを考えます。

①
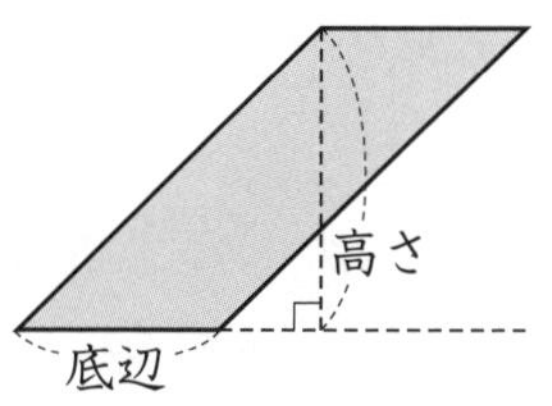

②
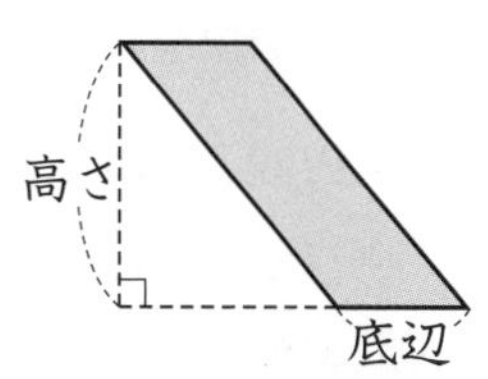

③
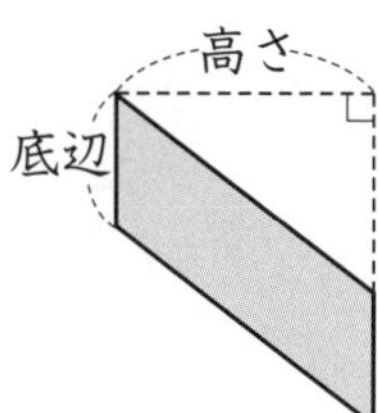

④
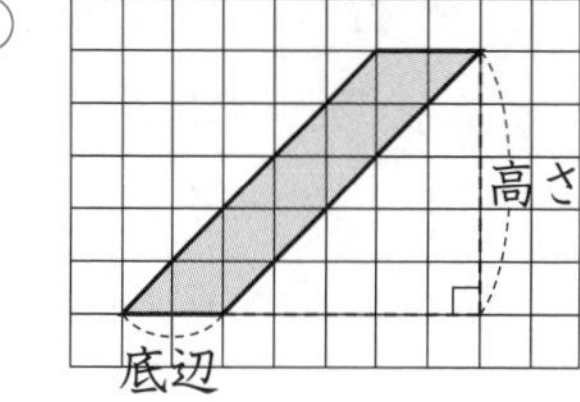

答え
① $4 \times 5.5 = 22$　　**22 cm²**
② $3 \times 6 = 18$　　**18 cm²**
③ $2 \times 4 = 8$　　**8 m²**
④ $2 \times 5 = 10$　　**10 cm²**

教 下p.48

△3 右の㋙の平行四辺形の面積は何cm²ですか。

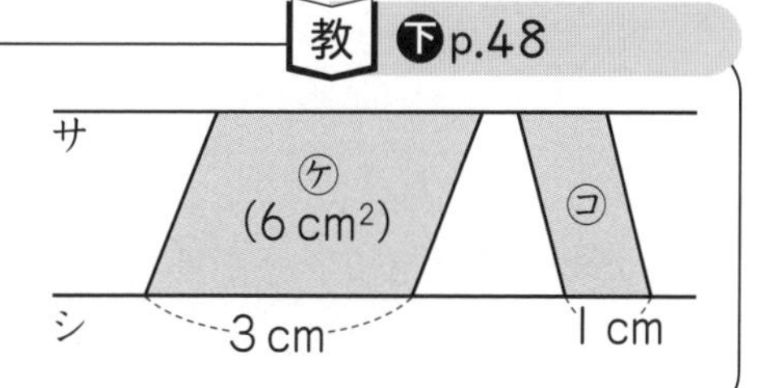

ねらい **平行な２つの直線の間にある平行四辺形の面積の関係を考えます。**

考え方 平行四辺形㋘、㋙の3cm、1cmの辺をそれぞれ底辺とすると、サとシの直線は平行だから、㋘と㋙の高さは等しくなります。

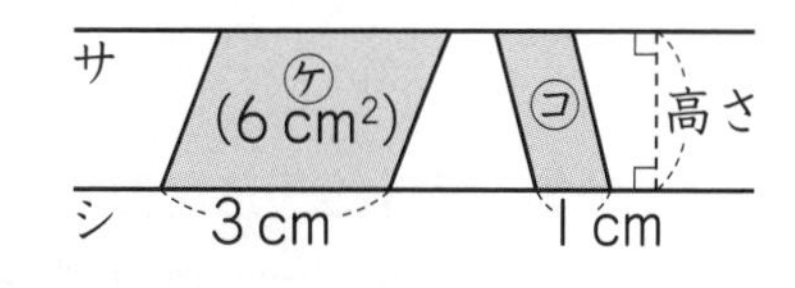

高さは、㋘の面積と底辺の長さから求めることができます。

答え ㋘の高さを□cmとすると、

$3 \times \square = 6$
$\square = 6 \div 3$
$= 2$

㋘の高さが2cmだから、㋙の高さも2cmとなります。

㋙の面積は

$1 \times 2 = 2$　　**2 cm²**

教科書のまとめ

テスト前にチェックしよう！

教 下 p.43〜49

□ ❶ 平行四辺形の面積の求め方

平行四辺形の面積は、**形の特ちょうを生かして、面積の求め方がわかっている長方形に形を変えれば**求めることができる。

□ ❷ 平行四辺形の底辺と高さ

右の平行四辺形で、辺BC(ビーシー)を**底辺**(ていへん)としたとき、その底辺に垂直(すいちょく)な直線EC(イー)などの長さを、**高さ**(たか)という。

また、辺ABを底辺としたときの高さは、右下の図のようになる。

どの辺を底辺とするかによって、高さが決まる。

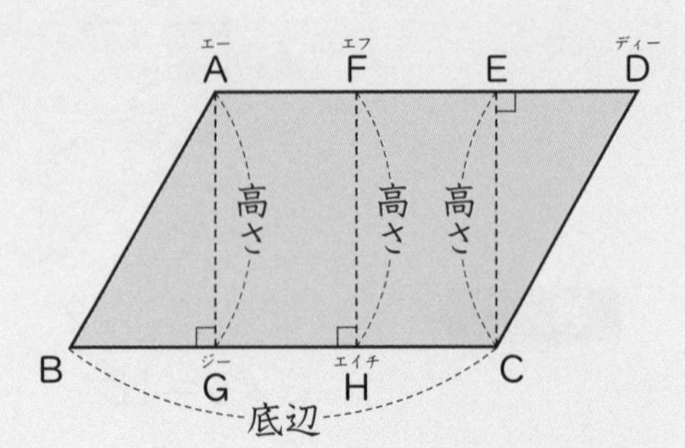

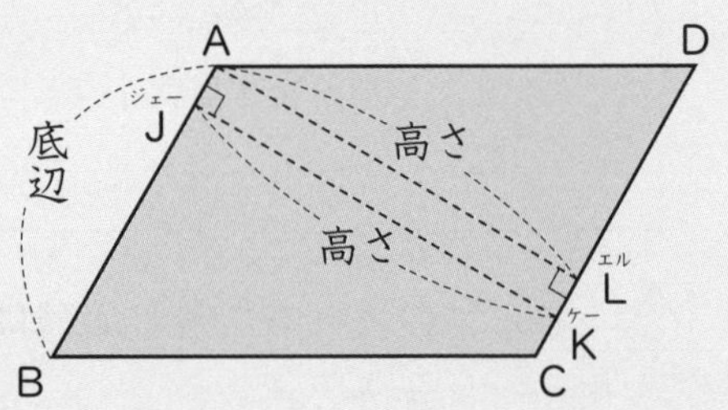

□ ❸ 平行四辺形の面積を求める公式

平行四辺形の面積は、下の公式で求められる。

平行四辺形の面積＝底辺×高さ

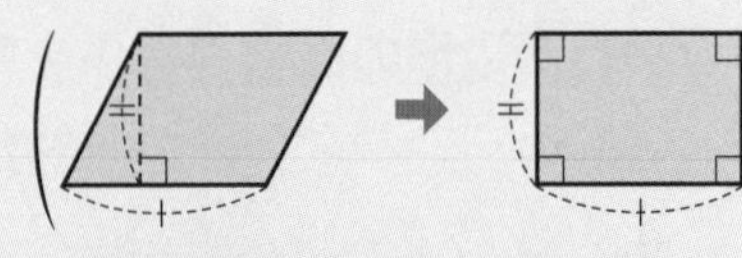

平行四辺形の底辺＝長方形の横
平行四辺形の高さ＝長方形のたて

□ ❹ 平行四辺形の高さの考え方

平行四辺形の高さは、底辺をのばした直線と、底辺と向かい合った辺をのばした直線のはばと考えることができる。

（高さが図形の中にあるときも、中にないときも、同じように高さを考えることができる。）

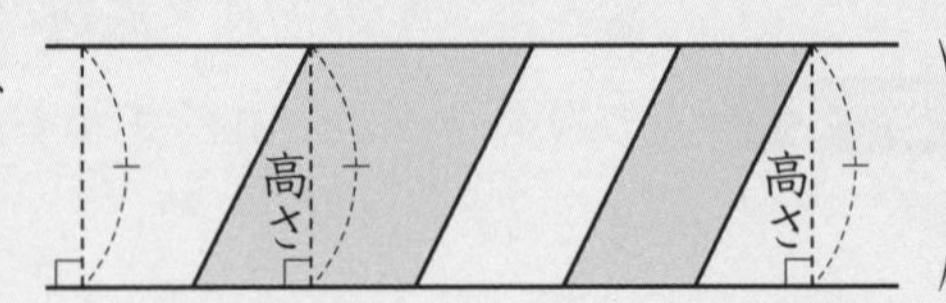

2 三角形の面積の求め方

教 下 p.49～50

1 下の三角形ABCの面積は何cm^2ですか。

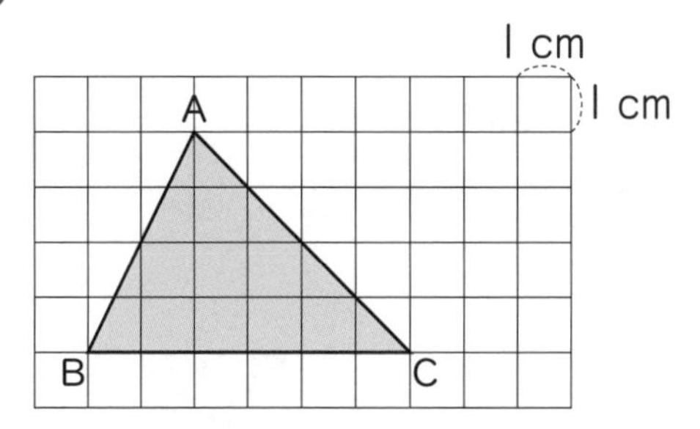

1 3人の考えを、図や式を使って説明しましょう。

はると

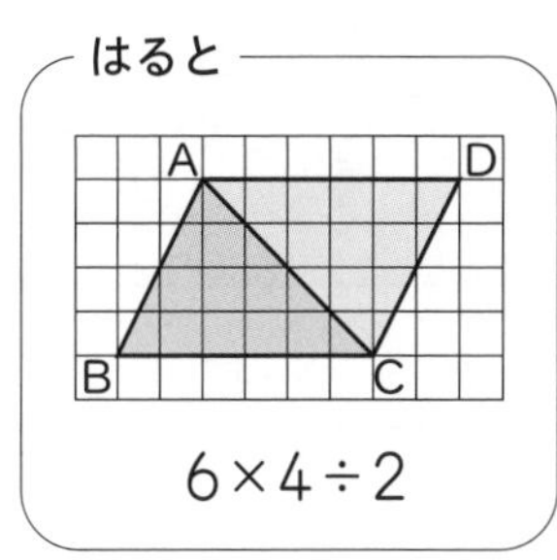

6×4÷2

あみ

E　A　G
B　F　C

4×6÷2

りく

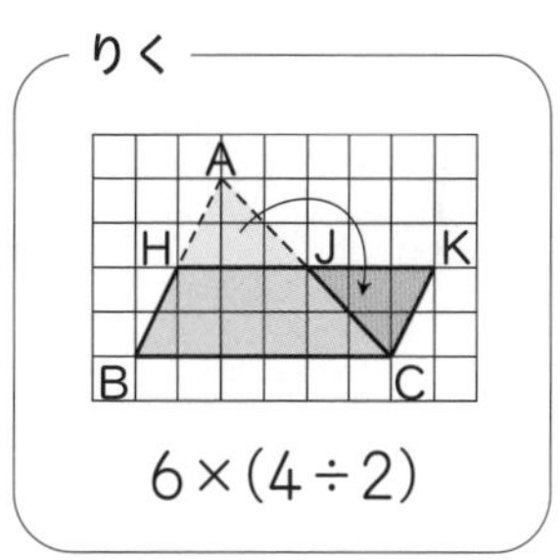

6×(4÷2)

2 3人の考えや式で、共通していることはどんなことですか。

ねらい **三角形の面積の求め方を考えます。**

考え方 三角形を組み合わせたり、形を変えたりして、面積の求め方がわかっている長方形や平行四辺形をつくります。

答え **1** 12cm^2

1 **はると**…三角形ABCを2つ合わせて平行四辺形をつくると、三角形ABCの面積は、平行四辺形ABCDの面積の半分になるから、

6×4÷2＝12

あ　み…まず、三角形ABCを2つの直角三角形に分けて、それぞれを2つ合わせて長方形をつくると、三角形ABCの面積は、長方形EBCGの面積の半分になるから、

4×6÷2＝12

りく…三角形ABCの頂点Aから辺BCに垂直にひいた直線を半分にするように、辺BCに平行な直線HKをひき、三角形AHJを三角形CKJに動かすと、三角形ABCの面積は、平行四辺形HBCKの面積と等しくなるから、

$6\times(4\div2)=12$

三角形ABCの面積は 12 cm^2

2 (例)3人が考えた平行四辺形の底辺や長方形の横はいずれも辺BCとしていて、共通している。

教 下p.51

2 右の三角形ABCの面積を、計算で求めましょう。

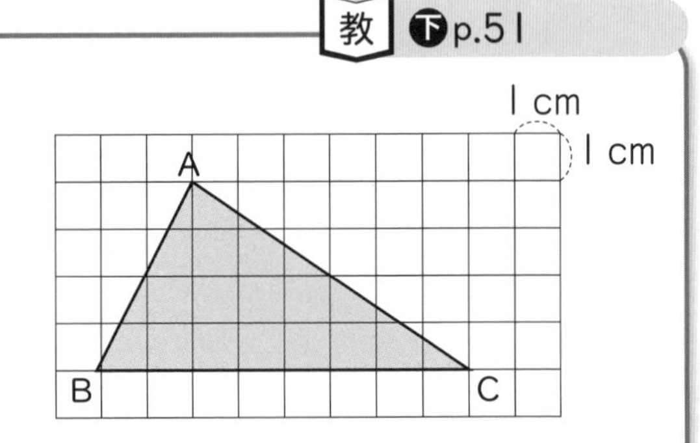

1 教科書50ページのはるとさんの考えをもとに考えます。

上の三角形の面積は、底辺の長さと高さがそれぞれ何cmの平行四辺形の面積を半分にしたものでしょうか。

また、その平行四辺形の底辺の長さと高さは、それぞれ上の三角形のどこの部分の長さと等しいですか。

2 上の三角形ABCの面積を、底辺を辺BCとして計算で求めましょう。

ねらい 三角形の面積を求める公式を考えます。

答え 2 16cm^2

1 右のように、三角形ABCの面積は、**底辺の長さが8cm、高さが4cm**の平行四辺形の面積を半分にしたものになる。

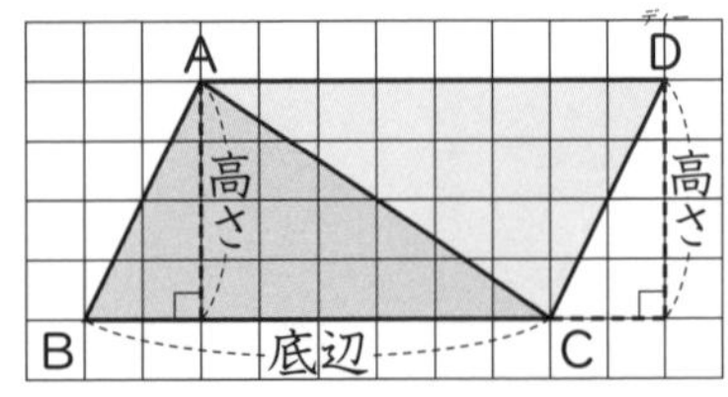

平行四辺形の底辺の長さは、**三角形の辺BCの長さに等しい。**

平行四辺形の高さは、**三角形の頂点Aから辺BCに垂直にひいた直線の長さに等しい。**

2 $8\times4\div2=16$ 16cm^2

練習

教 下 p.52

下の三角形の面積を求めましょう。

①
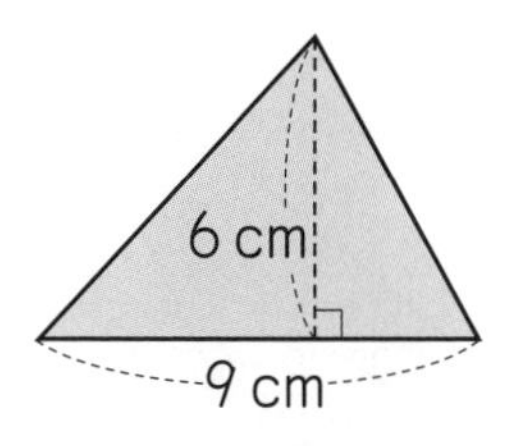

②
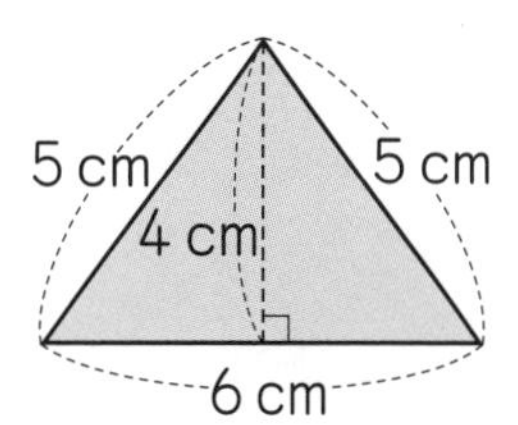

③
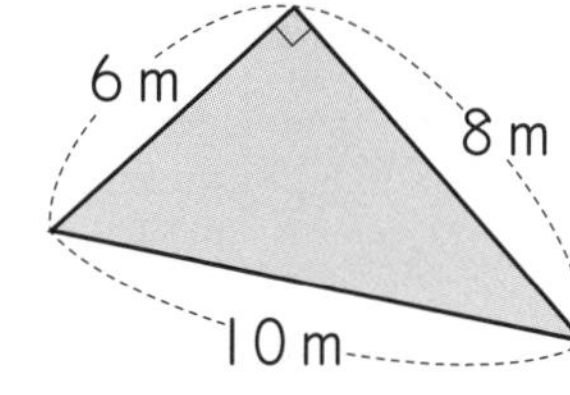

④
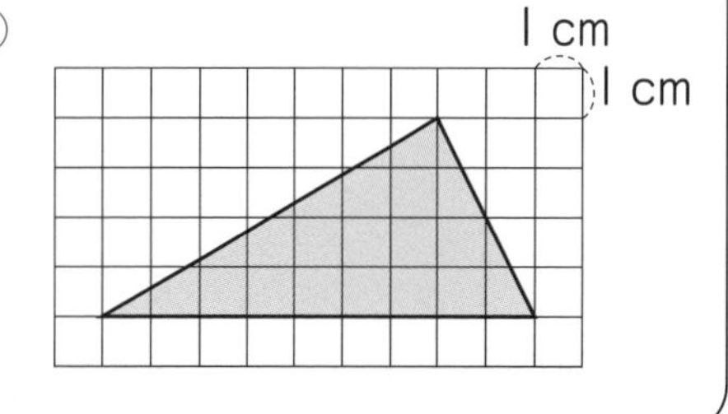

ねらい **三角形の面積を、公式を利用して求めます。**

考え方 三角形の面積は、

三角形の面積＝底辺×高さ÷2

で求めることができます。

③ 6mの辺を底辺とすると高さは8m、8mの辺を底辺とすると高さは6mになります。単位に注意します。

④ 底辺の長さは9cm、高さは4cmです。

答え

① 9×6÷2＝27　　**27cm²**

② 6×4÷2＝12　　**12cm²**

③ 6×8÷2＝24　　**24m²**

（8×6÷2＝24　　24m²）

④ 9×4÷2＝18　　**18cm²**

教 下 p.52～54

3 右の三角形ABCで、辺BCを底辺としたときの、面積の求め方を考えましょう。

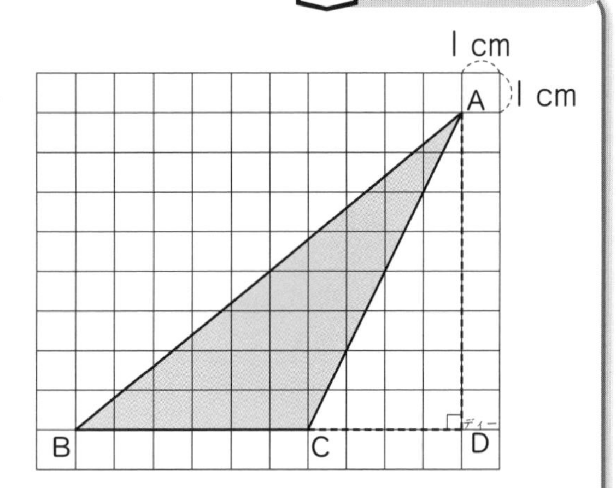

1 あみさんとこうたさんは、平行四辺形を使って、三角形ABCの面積を求めています。2人の考えを説明しましょう。

あみ

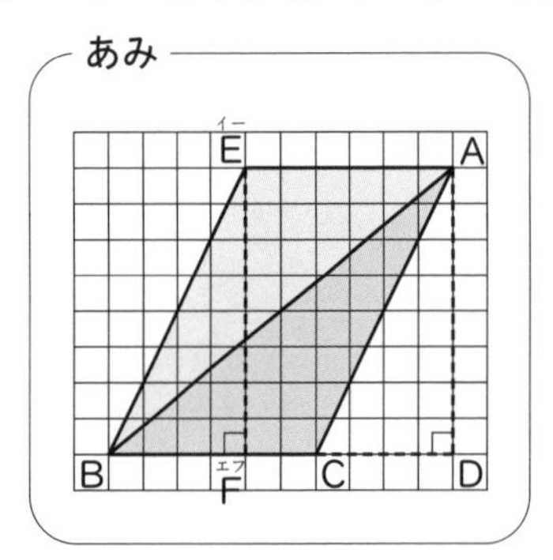

こうた

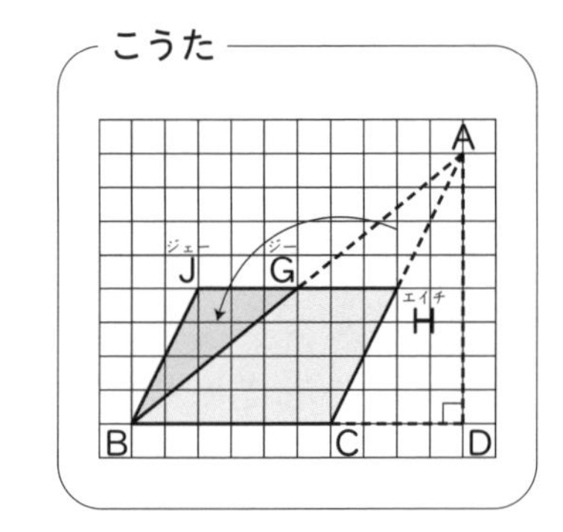

2 辺BCを底辺としたとき、三角形ABCの高さはどこといえますか。

3 下の三角形㋕、㋖、㋗の面積は等しくなっています。その理由を説明しましょう。

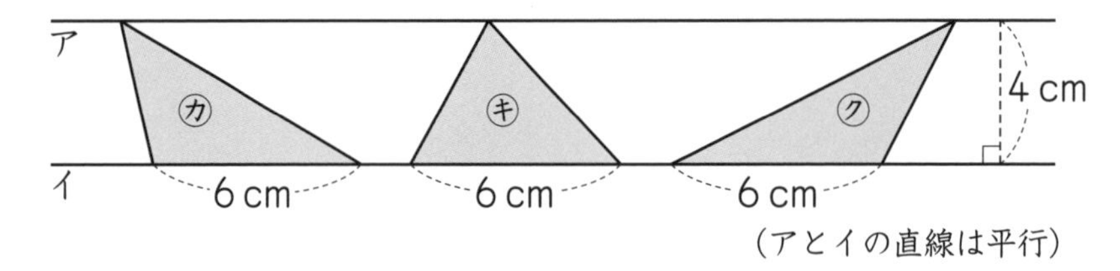

（アとイの直線は平行）

4 平行四辺形や三角形の面積の学習をふり返って、あなたが大切だと思った考えを書きましょう。

ねらい 高さが三角形の中にない場合、高さはどこになるのか考えます。

考え方 りく…高さは 直線AD の長さになりそうだ。

1 2人とも、高さが図形の中にある形をつくって考えています。

答え 1 **あ　み**…三角形ABCと、形も大きさも同じ三角形BAEを合わせ、高さが直線EFの平行四辺形をつくる。三角形ABCの面積は、平行四辺形EBCAの面積を求めて、面積を半分にする。

こうた…三角形AGHを三角形BGJの位置に動かし、三角形ABCを平行四辺形JBCHに形を変えれば、三角形ABCの面積は平行四辺形JBCHの面積として求めることができる。

三角形ABCの面積は 24 cm^2

2 辺BCを底辺としたときの高さは、右の図の直線ADの長さと考えることができます。

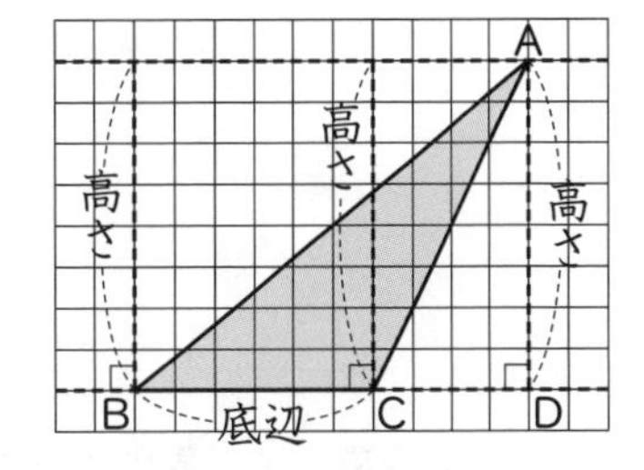

3 三角形㋕、㋖、㋗の底辺を6cmの辺とすると、高さは、平行な2つの直線のはばになります。平行な2つの直線のはばはどこも等しいから、高さはどれも4cmになります。したがって

㋕、㋖、㋗は、底辺の長さが6cmで等しく、高さも4cmで等しいから、面積は等しくなる。

4 (例)三角形ABCの底辺の長さ6cm、高さ8cmを、

三角形の面積＝底辺×高さ÷2

の公式にあてはめることができるので、面積は

$6\times8\div2=24$　　24 cm^2

となり、高さが図形の外にある三角形でも、公式を使って面積を求めることができます。

平行四辺形の面積を求めるときに考えたように、**三角形の面積を求めるときも、底辺と高さがどこかを考えることが大切である。**

高さが三角形の外にあっても、
面積の求め方は同じだね。

練習

教 下p.54

2 下の三角形の面積を求めましょう。

① 6 cm　5 cm

②

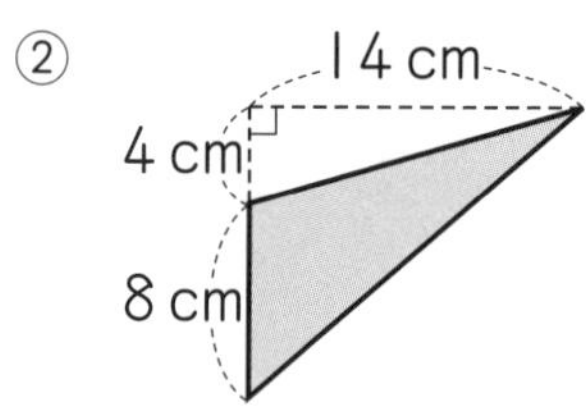

③

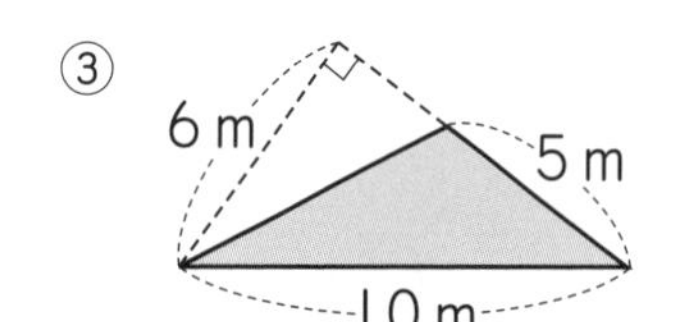

④

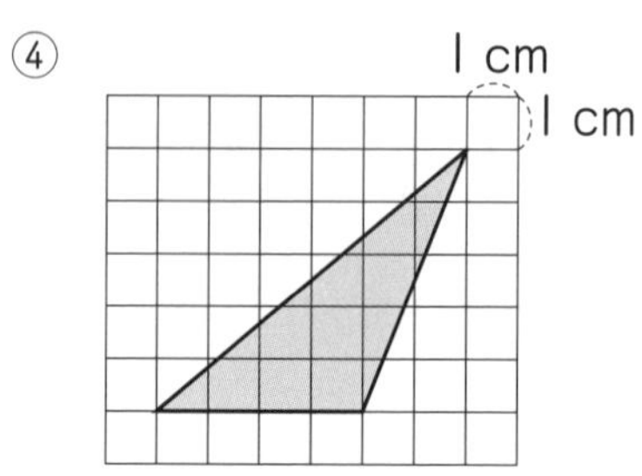

ねらい 高さが三角形の外にある三角形の面積を求めます。

考え方 底辺と高さがどの部分になるかを考えます。

①

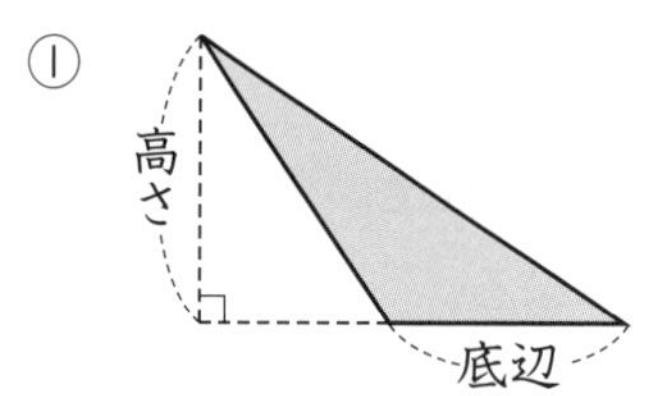

②

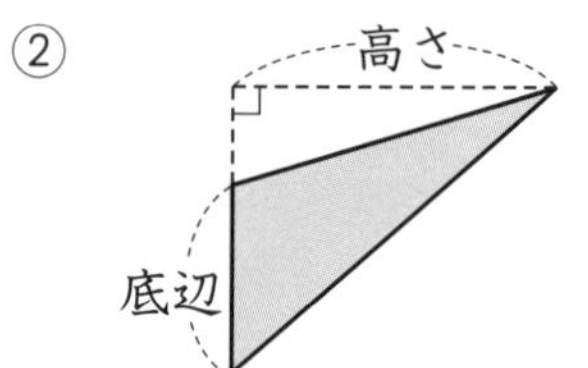

③ 高さ　底辺

④ 高さ　底辺

答え

① 5×6÷2＝15　　15cm²

② 8×14÷2＝56　　56cm²

③ 5×6÷2＝15　　15m²

④ 4×5÷2＝10　　10cm²

教 下p.54

3 右の㋙の三角形の面積は何cm^2ですか。

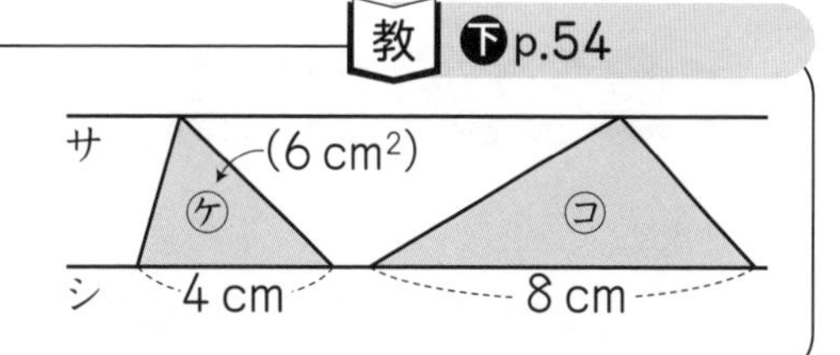

ねらい **平行な2つの直線の間にある三角形の面積の関係を考えます。**

考え方 三角形㋘、㋙の4cm、8cmの辺をそれぞれ底辺とすると、サとシの直線は平行だから、㋘と㋙の高さは等しくなります。

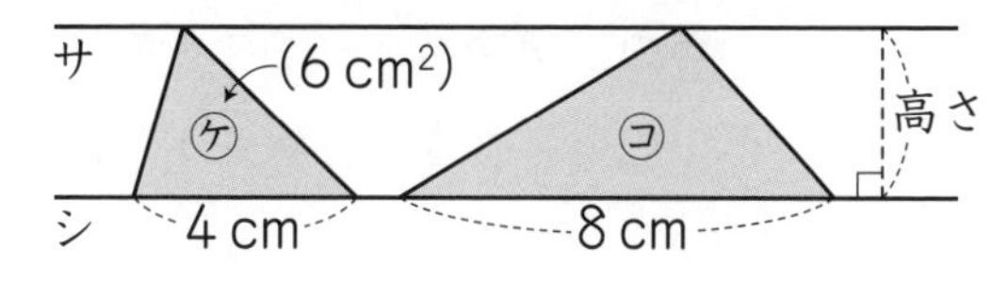

高さは、㋘の面積と底辺の長さから求めることができます。

答え ㋘の高さを□cmとすると、

$4 \times \square \div 2 = 6$

$4 \times \square = 12$

$\square = 12 \div 4$

$= 3$

㋘の高さが3cmだから、㋙の高さも3cmとなります。

㋙の面積は

$8 \times 3 \div 2 = 12$ 　　$12cm^2$

高さが同じ三角形では、底辺の長さが2倍になると面積も2倍になるんだね。

教科書のまとめ

テスト前にチェックしよう！

教 下 p.49～54

□ 1 三角形の面積の求め方

三角形の面積は、**形の特ちょうを生かして、面積の求め方がわかっている長方形や平行四辺形に形を変えれば**求めることができる。

□ 2 三角形の底辺と高さ

右の三角形で、辺BC(ビーシー)を**底辺**(ていへん)としたとき、その底辺に垂直(すいちょく)な直線AD(エーディー)の長さを、**高さ**(たか)という。

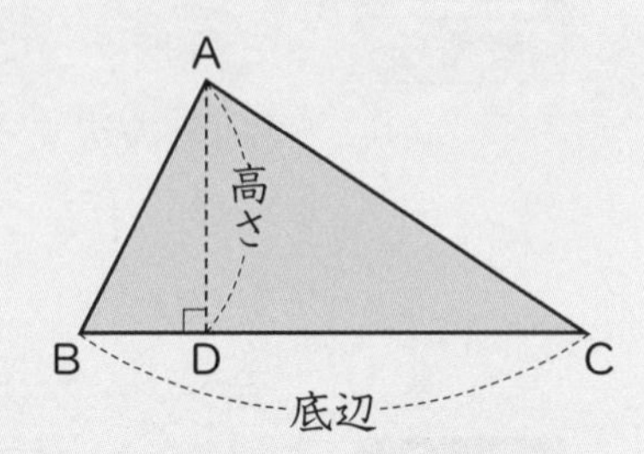

また、辺ABを底辺としたときの高さは、右下の図のようになる。

どの辺を底辺とするかによって、高さが決まる。

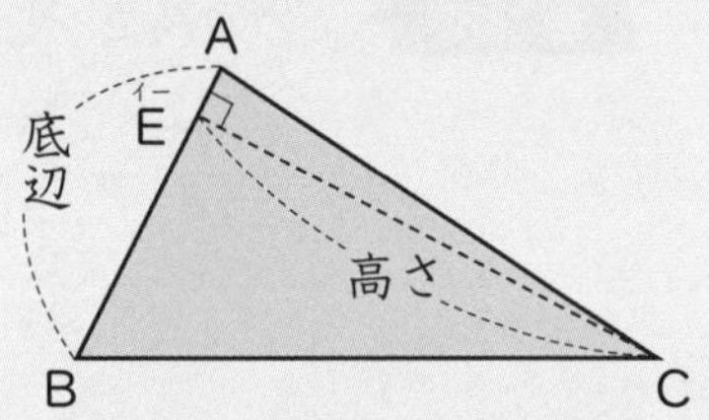

□ 3 三角形の面積を求める公式

三角形の面積は、下の公式で求められる。

三角形の面積＝底辺×高さ÷2

（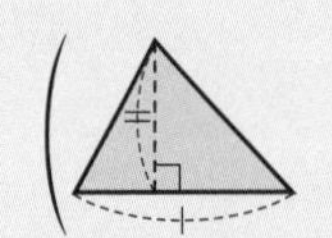 → 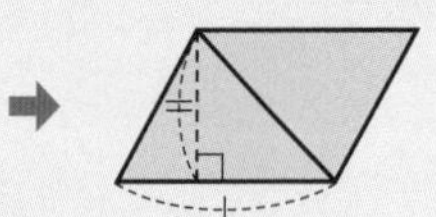 三角形の面積＝平行四辺形の面積÷2）

□ 4 三角形の高さの考え方

三角形の高さは、底辺をのばした直線と、底辺と向かい合った頂点(ちょうてん)を通り、底辺に平行な直線のはばと考えることができる。

（平行四辺形のときと同じように高さを考えることができる。）

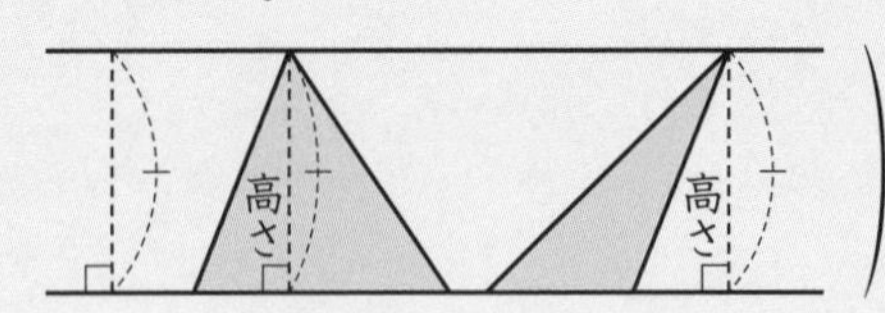

教 下 p.55～57

1 台形の面積の求め方を考え、公式をつくりましょう。

1 下の2人の考えは、それぞれ教科書50ページのはるとさん、あみさん、りくさんの考えのどれを生かしていますか。

みさき

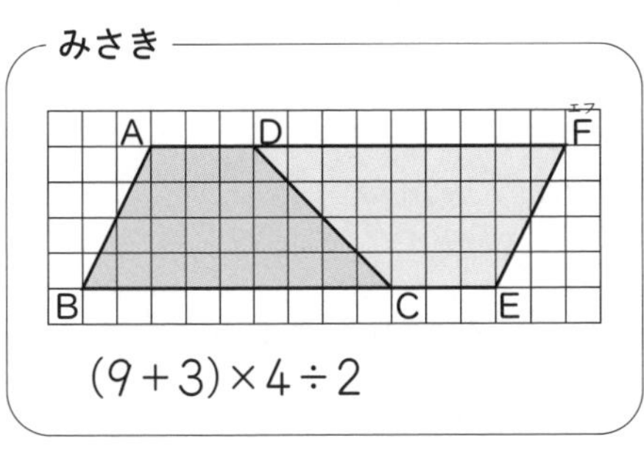

$(9+3)\times4\div2$

はると

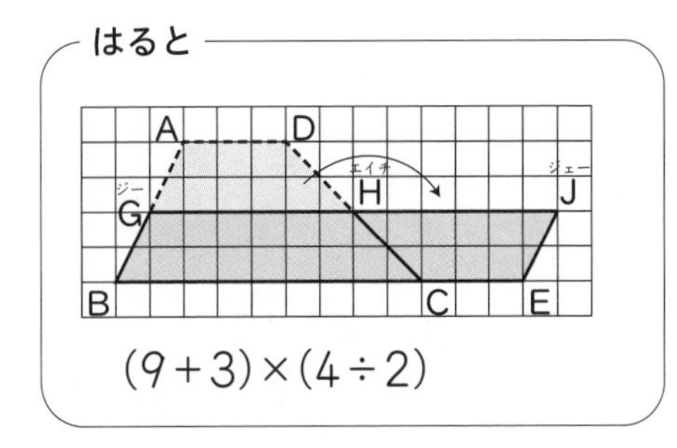

$(9+3)\times(4\div2)$

2 友だちや自分の考えの式や図を見て、面積を求めるために、図形のどこの長さを使ったか考えましょう。

3 「上底（じょうてい）」、「下底（かてい）」、「高（たか）さ」を使って、台形の面積を求める公式をつくりましょう。

ねらい **台形の面積の求め方を考え、公式をつくります。**

考え方 1 台形の面積は、面積の求め方がわかっている平行四辺形をつくったり、平行四辺形に形を変えたりして、求め方を考えます。

答え 1 **みさきの考え**

台形ABCDを2つ合わせて、平行四辺形ABEFをつくる。この平行四辺形の面積を求め、半分にしているので、教科書50ページの**はるとさん**の考えを生かしている。

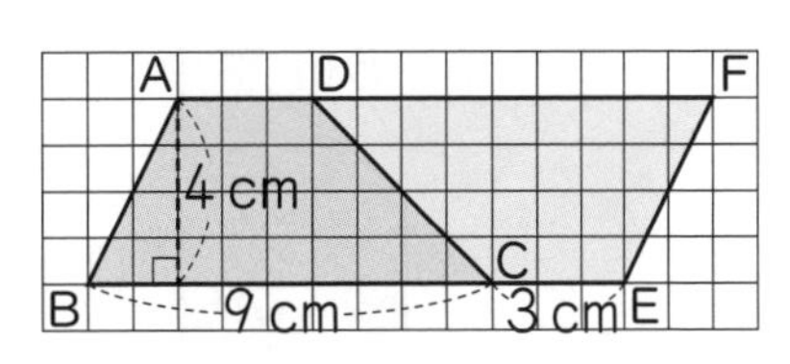

13 四角形と三角形の面積

はるとの考え

台形AGHDを動かして、高さが半分の平行四辺形GBEJをつくる。

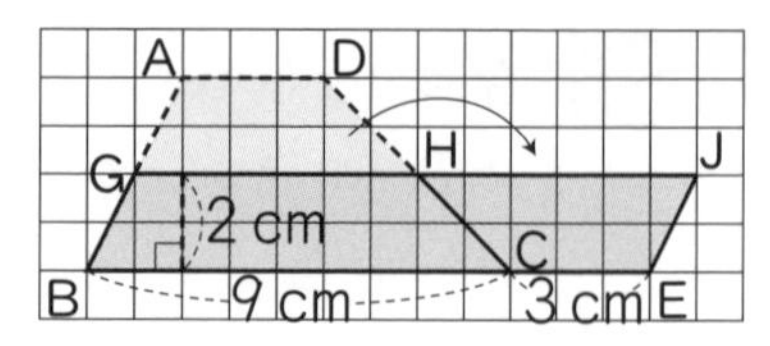

この平行四辺形の面積を求めているので、教科書50ページの**りくさん**の考えを生かしている。

台形ABCDの面積は 24 cm^2

2 **みさき**…(9 + 3)× 4 ÷2

- 9：辺BCの長さ
- 3：辺 AD の長さ
- 4：平行四辺形ABEFの高さ

はると…(9 + 3)×(4 ÷2)

- 9：辺BCの長さ
- 3：辺CEの長さ
- 4：辺ADと辺 BC のはば

3 みさきの考えをもとにすると、台形の面積を求める公式は

台形の面積＝(上底＋下底)×高さ÷2

練習

教 下p.57

1 下の台形の面積を求めましょう。

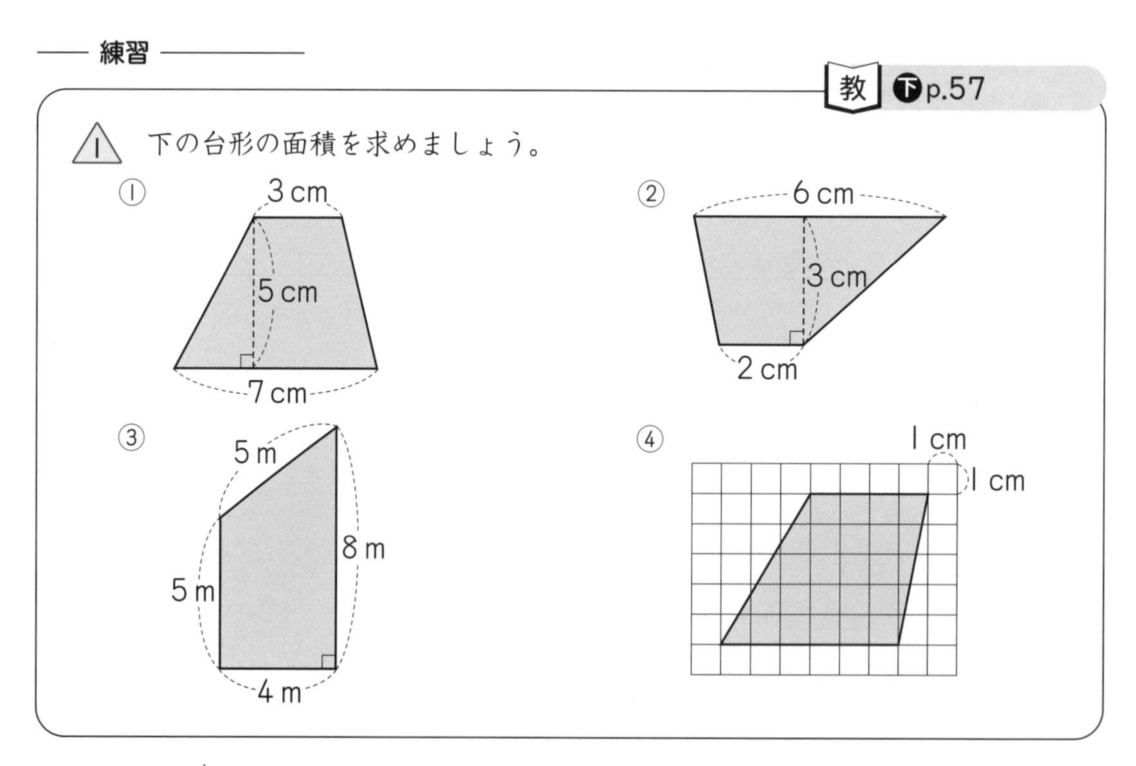

ねらい 台形の面積を、公式を利用して求めます。

考え方 台形の面積は、

台形の面積＝(上底＋下底)×高さ÷2

で求めることができます。

どの部分が上底、下底、高さにあたるかを考えます。

③

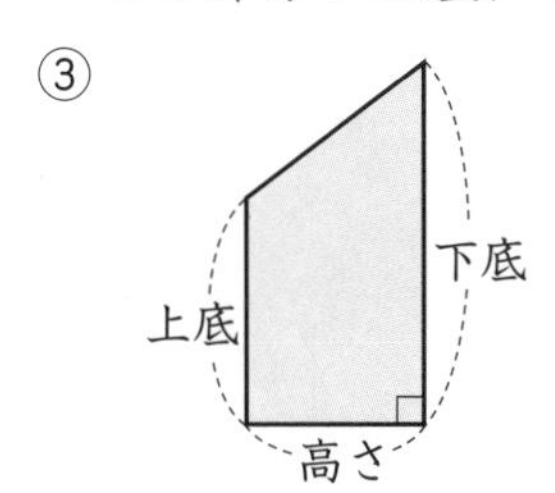

④

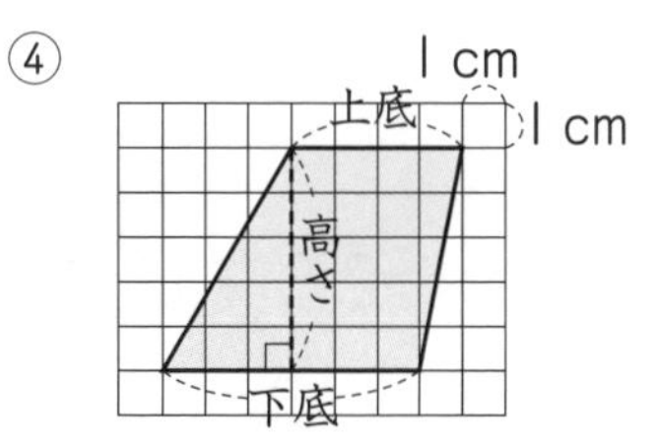

答え
① (3＋7)×5÷2＝25 **25 cm^2**
② (6＋2)×3÷2＝12 **12 cm^2**
③ (5＋8)×4÷2＝26 **26 m^2**
④ (4＋6)×5÷2＝25 **25 cm^2**

ますりん通信 さらに考えてみよう～公式をつくる～

あみの考え

台形ABCDを、対角線ACで三角形ACDと三角形ABCに分けて、この2つの面積の和として求めることができる。

(3×4÷2)＋(9×4÷2)＝(3＋9)×4÷2

だから、(上底＋下底)×高さ÷2が導(みちび)かれる。

したがって、**教科書57ページの③の公式はつくれる。**

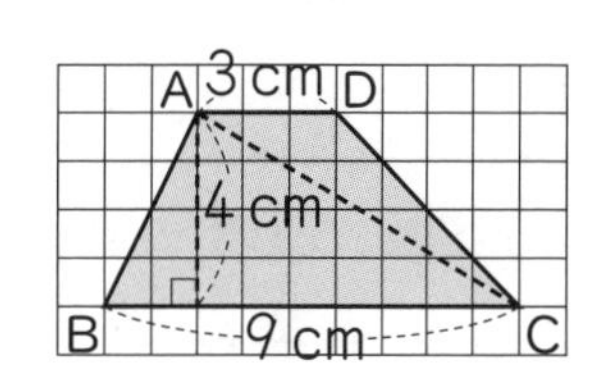

上の式の4÷2は(4÷2)とひとくくりにしてみるとわかりやすいね。

教 下 p.58～59

2 ひし形の面積の求め方を考え、公式をつくりましょう。

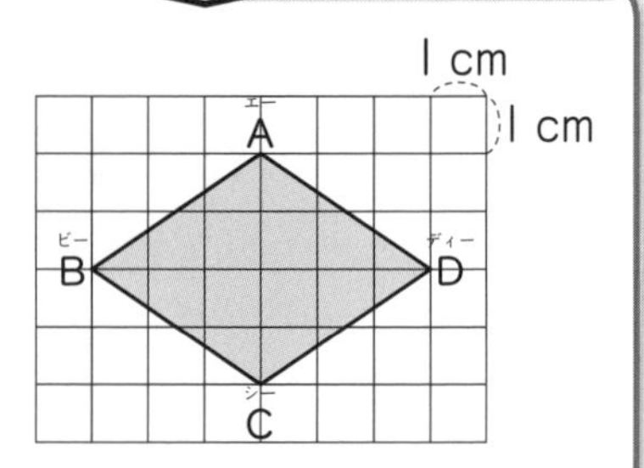

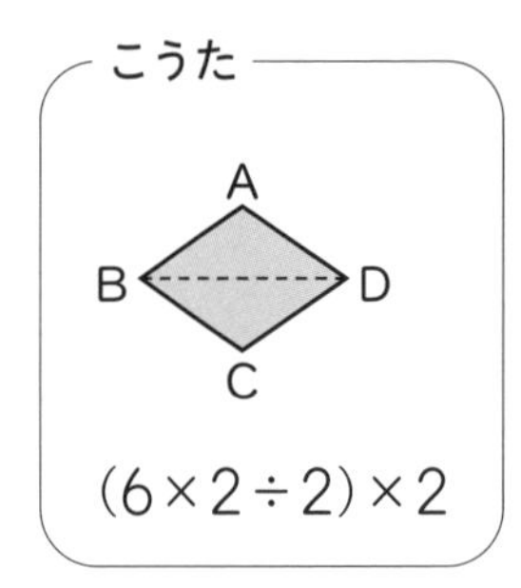

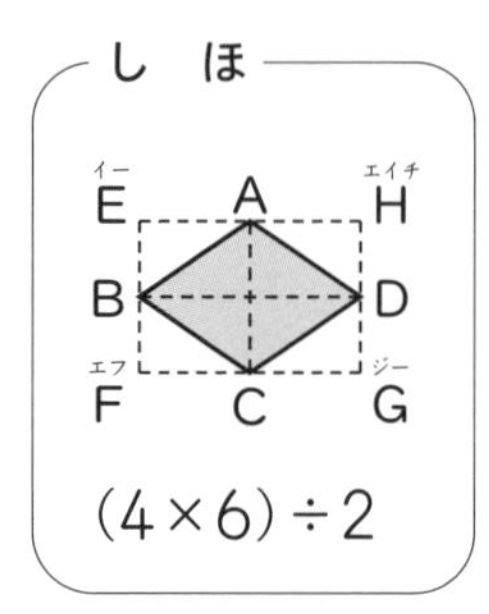

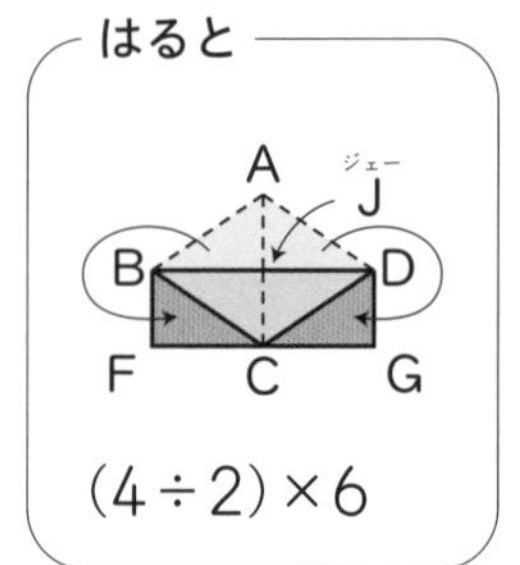

1 ひし形の面積を求める公式をつくりましょう。

2 ひし形ABCDの頂点(ちょうてん)Aと頂点Cを左に1ます分ずつずらして、四角形KBLDをつくりました。
四角形KBLDの面積の求め方を考えましょう。

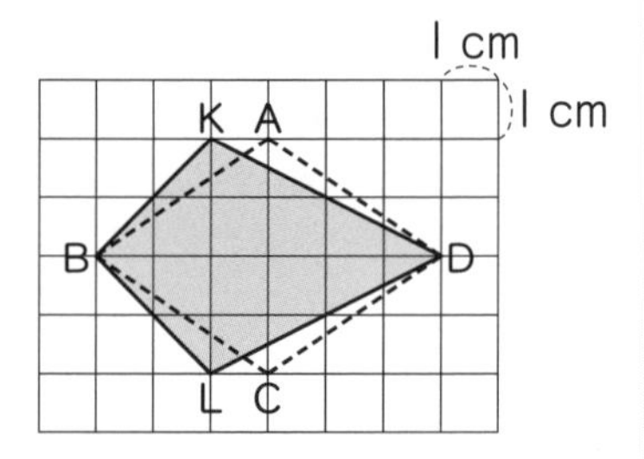

3 ひし形の面積を求めたときの考えの、どんなところが役に立ちましたか。

ねらい **ひし形の面積を求める方法と、その公式を考えます。**

考え方 ひし形の面積も、面積の求め方がわかっている三角形に分けたり、長方形に形を変えたりして、求めることができます。

2 上の3人の考えを使って考えてみます。

答え **2** **こうたの考え**

対角線BDで2つの同じ形の三角形に分け、三角形ABDの面積を求めて2倍する。
三角形ABDの底辺の長さは6cm、高さは2cmだから、ひし形ABCDの面積は

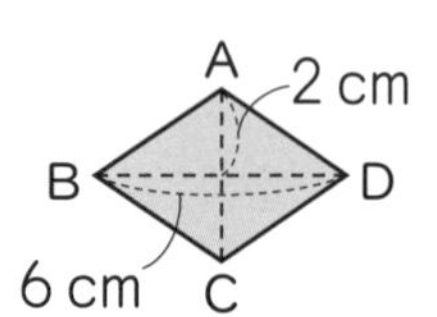

$(6\times2\div2)\times2=12$　　12cm^2

しほの考え

同じ形の三角形を8つ合わせて長方形EFGHをつくり、長方形の面積を求めて半分にする。

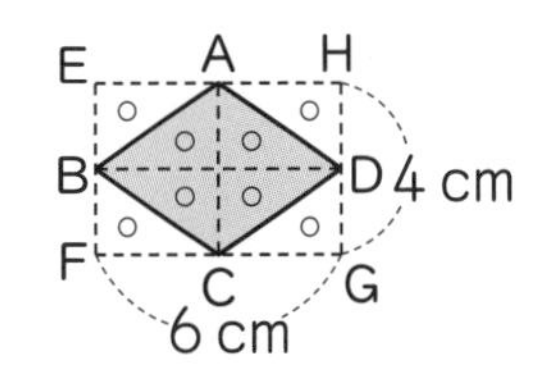

長方形のたての長さは4cm、横の長さは6cmだから、ひし形ABCDの面積は

$(4\times6)\div2=12$　　12cm^2

はるとの考え

対角線ACとBDで4つの同じ形の三角形に分ける。三角形ABJを三角形BCFに、三角形ADJを三角形DCGに動かして、長方形BFGDをつくり、その面積を求める。

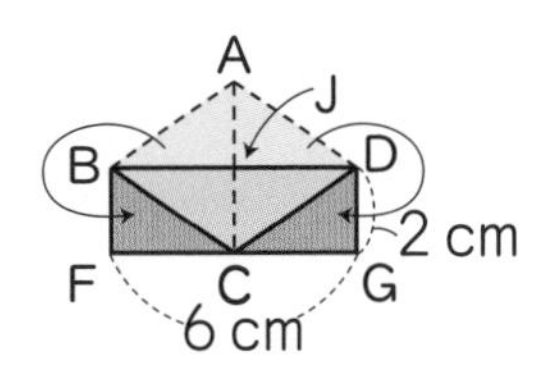

長方形BFGDのたての長さは2cm、横の長さは6cmだから、ひし形ABCDの面積は

$(4\div2)\times6=12$　　12cm^2

3人の考えをもとにすると、

ひし形ABCDの面積は 12 cm^2

あみの考え

3人とも、ひし形の辺の長さではなく、対角線の長さを使っている。

1 しほの考えの長方形EFGHのたて、横の長さは、ひし形ABCDの対角線AC、BDの長さに等しくなります。

したがって、ひし形の面積は、下の公式で求められます。

ひし形の面積＝一方の対角線×もう一方の対角線÷2

2 **こうたの考え**

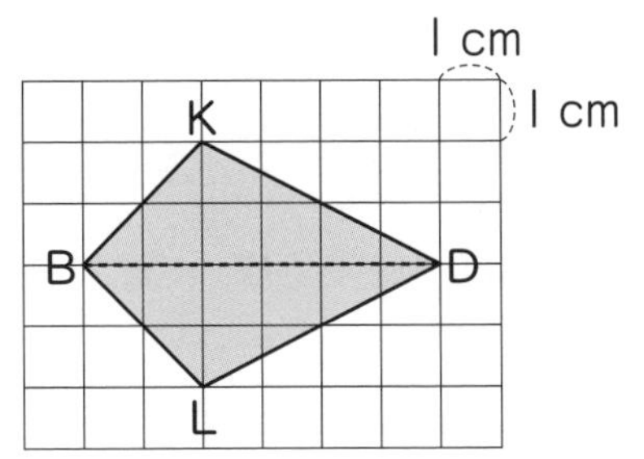

2つの三角形に分けて

$(6\times2\div2)\times2=12$

しほの考え

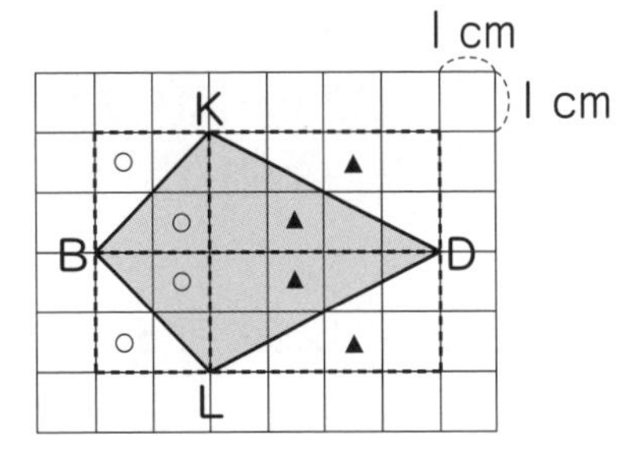

長方形の半分とみて

$(4\times6)\div2=12$

はるとの考え

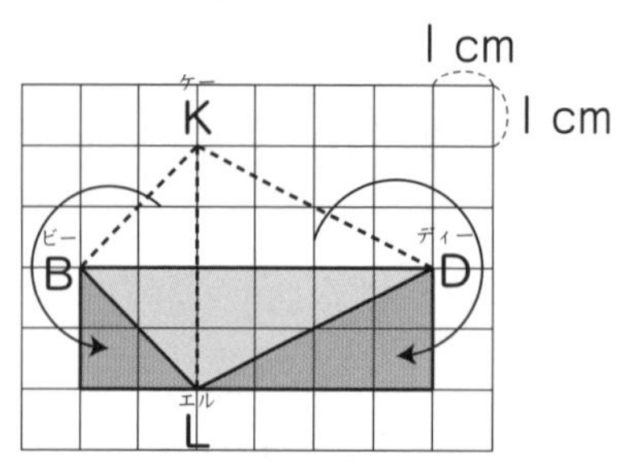

長方形に形を変えて

(4÷2)×6＝12

③ りくの考え

対角線の長さを使う考えが役に立ちました。

教科書のまとめ

テスト前にチェックしよう！

教 下 p.55~59

□ ① **台形の上底、下底と高さ**

右の台形で、平行な2つの辺AD、辺BCを、**上底**、**下底**という。

上底と下底に垂直な直線AMの長さを**高さ**という。

直線KL、NP、QCなどの長さも高さである。

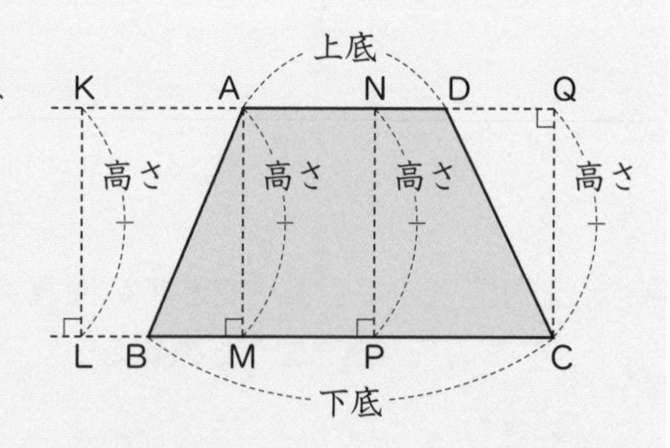

□ ② **台形の面積を求める公式**

台形の面積は、下の公式で求められる。

台形の面積＝(上底＋下底)×高さ÷2

□ ③ **ひし形の面積を求める公式**

ひし形の面積は、**2本の対角線の長さを使って**、下の公式で求められる。

対角線
対角線

ひし形の面積＝一方の対角線×もう一方の対角線÷2

3 三角形の高さと面積の関係

教 下p.60

1 三角形の底辺の長さを4cmと決めて、高さを1cm、2cm、3cm、…と変えていきます。それにともなって、面積はどのように変わりますか。

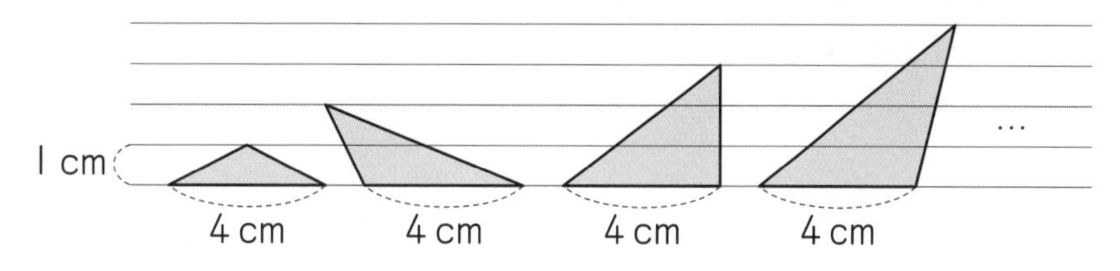

1 高さを□cm、面積を○cm^{2}として、三角形の面積を求める式を書きましょう。

2 □(高さ)が1、2、3、…と変わると、○(面積)はそれぞれいくつになりますか。表に書きましょう。

3 三角形の面積は、高さに比例(ひれい)していますか。

4 高さが45cmのときの三角形の面積は、高さが5cmのときの三角形の面積の何倍ですか。

ねらい **底辺の長さが決まっている三角形の、高さと面積の関係を考えます。**

考え方

1 三角形の面積は、底辺×高さ÷2　で求めることができます。

2 1の式の□に数をあてはめて求めます。

3 2でまとめた表を使って考えます。高さが2倍、3倍、…になると、それにともなって面積がどのように変わるかを調べます。

答え

1 4×□÷2=○

2

高さ □(cm)	1	2	3	4	5	6	7	8	
面積○(cm^2)	2	4	6	8	10	12	14	16	

3 □(高さ)が2倍、3倍、…になると、それにともなって○(面積)も2倍、3倍、…になるので、面積は高さに**比例している。**

4 面積は高さに比例しているから、高さが45÷5=9で、9倍になると、面積も**9倍**になる。

教科書のまとめ

テスト前にチェックしよう！

教 下 p.60

□ ① 三角形の高さと面積の関係

底辺の長さが決まっているとき、□(高さ)が2倍、3倍、…になると、**それにともなって○(面積)も2倍、3倍、…になる**ので、○(面積)は□(高さ)に比例(ひれい)する。

たしかめよう

教 下 p.61

⚠1 下の図形の面積を求めましょう。

① 平行四辺形

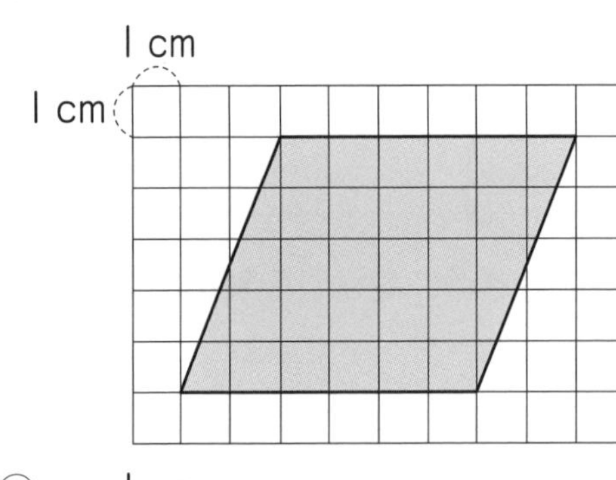

② 平行四辺形

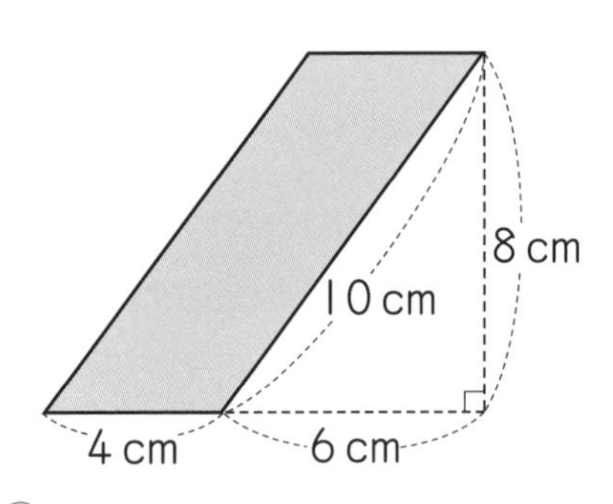

③

1 cm
1 cm

④

12 cm
13 cm
9 cm

考え方 ②、④では、どの部分が底辺で、そのときの高さはどこの部分になるかを考えます。

答え
① $6\times5=30$　　30cm^2
② $4\times8=32$　　32cm^2
③ $8\times5\div2=20$　　20cm^2
④ $9\times12\div2=54$　　54cm^2

△2 下の台形㋑の面積は、台形㋐の面積の何倍ですか。
面積を求めないで答えましょう。

㋐

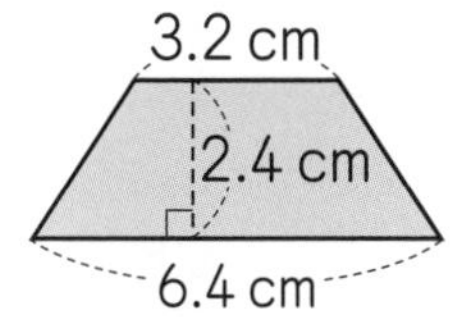

㋑

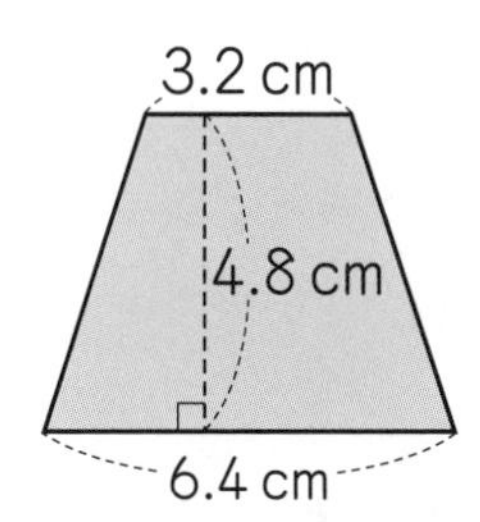

考え方 2つの台形の上底、下底、高さの関係がそれぞれどうなっているか調べてみます。

答え ㋐と㋑の上底と下底の長さは同じで、㋑の高さは㋐の高さの2倍になっているから、㋑の面積は㋐の面積の**2倍**になります。

下の図形の面積を求めましょう。

①

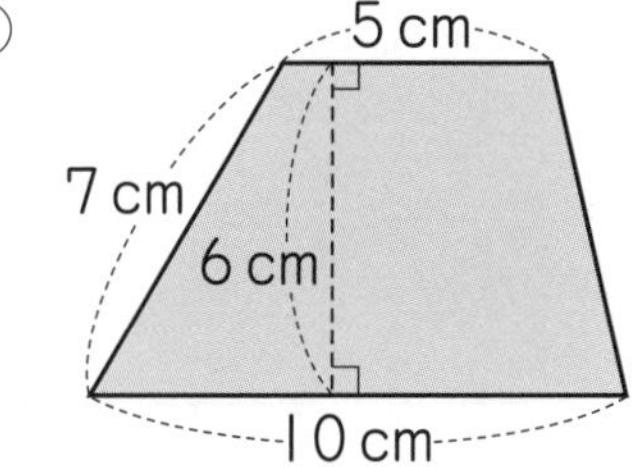

② ひし形

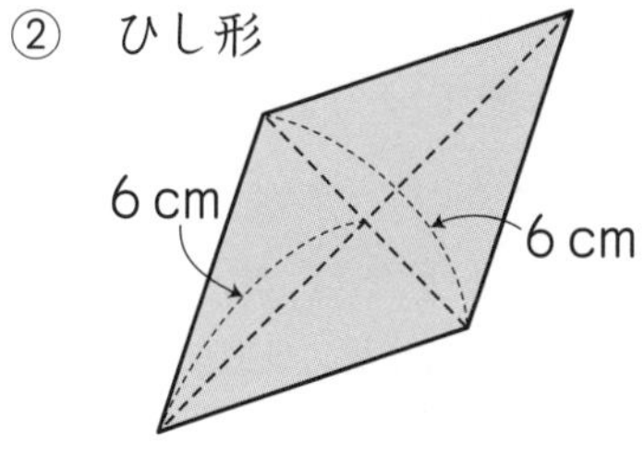

考え方 ② 長いほうの対角線の長さは $6\times2=12$ (cm) です。

答え
① $(5+10)\times6\div2=45$ **45 cm²**
② $6\times(6\times2)\div2=36$ **36 cm²**

つないでいこう 算数の目 〜大切な見方・考え方

教 下 p.62

① 図形の面積を、面積の求め方がわかっている形に変えて考える

あ　み…どの図形の面積を求めるときも、**面積の求め方**がわかっている図形に形を変えられないか考えた。

② つくった公式に注目し、図形の面積を決める長さについて考える

はると…「三角形の面積＝底辺×高さ÷2」
形はちがうけど、底辺の長さも高さも等しいから、面積も等しい。

おぼえているかな？

教 下 p.63

1 計算をしましょう。わり算は、わりきれるまでしましょう。

① 6.92×4.3　② 6.05×3.8　③ 3.46×5.2　④ 0.25×0.6
⑤ 37.8÷4.2　⑥ 36÷7.5　⑦ 6.9÷0.6　⑧ 2.34÷3.6

答え

①
```
    6.92
 ×   4.3
   2076
  2768
  29.756
```

②
```
    6.05
 ×   3.8
   4840
  1815
  22.990
```

③
```
    3.46
 ×   5.2
    692
  1730
  17.992
```

④
```
   0.25
 ×  0.6
  0.150
```

⑤
```
          9
4.2)37.8
     378
       0
```

⑥
```
        4.8
7.5)36.0
     300
      600
      600
        0
```

⑦
```
        11.5
0.6)6.9
      6
       9
       6
       30
       30
        0
```

⑧
```
        0.65
3.6)2.3.4
      216
       180
       180
         0
```

2 くふうして計算しましょう。

① 3.6×2.5×4　　② 7.2×1.9+2.8×1.9

考え方 計算のきまりを使って、計算がかん単になるようにくふうします。

答え ① $3.6\times2.5\times4=3.6\times(2.5\times4)=3.6\times10$

$=36$

② $7.2\times1.9+2.8\times1.9=(7.2+2.8)\times1.9$

$=10\times1.9$

$=19$

3 24分は何時間ですか。分数で表しましょう。

答え 1時間＝60分だから、

24分＝$\frac{\overset{2}{\cancel{24}}}{\underset{5}{\cancel{60}}}$時間

答え **$\frac{2}{5}$時間**

4 8さつで1000円のノートと、6さつで780円のノートがあります。
1さつあたりのねだんはどちらが高いですか。

答え 1000÷8＝125（円）

780÷6＝130（円）

答え **6さつで780円のノート**のほうが高い。

5 右の図のような三角形があります。

① ㋐の角度は何度ですか。

② この三角形と合同な三角形をかきましょう。

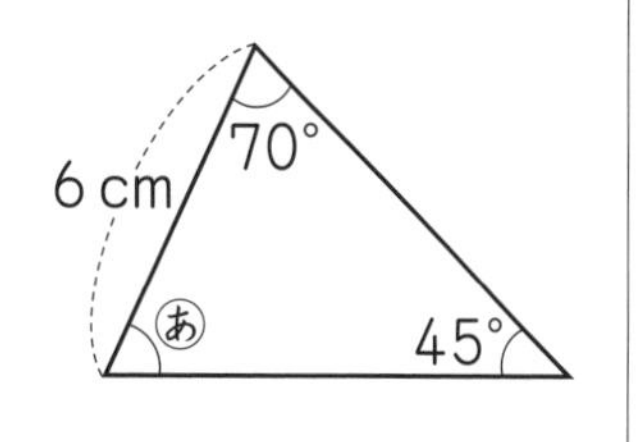

考え方 ① 三角形の3つの角の大きさの和は180°です。

② 1つの辺の長さとその両はしの角の大きさから三角形をかきます。

答え ① $180-(70+45)=65$ **65°**

② (例)

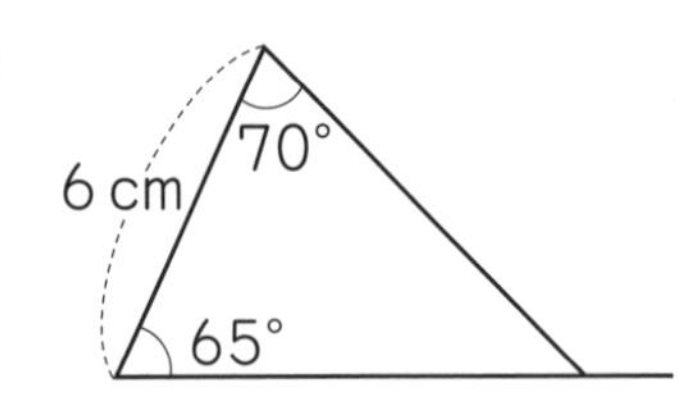

6 赤、青、白、黄のひもがあります。赤のひもは3m、黄のひもは4.6mです。

① 黄のひもは青のひもの2.3倍の長さです。青のひもは何mですか。

② 赤のひもの長さは、青のひもの長さの何倍ですか。

③ 白のひもは青のひもの0.6倍の長さです。白のひもは何mですか。

答え ① $\square\times2.3=4.6$

$\square=4.6\div2.3$

$=2$ 答え **2m**

② $3\div2=1.5$ 答え **1.5倍**

③ $2\times0.6=1.2$ 答え **1.2m**

数と計算であそぼう ふしぎなかけ算やわり算

教 下 p.63

答え **①、②とも、最初に決めた整数か小数と同じ数になる。**

(例) 52の場合

①㋐ 52
　㋑ $52\times1.6=83.2$
　㋒ $83.2\times2.5=208$
　㋓ $208\times0.25=52$

②㋐ 52
　㋑ $52\div1.6=32.5$
　㋒ $32.5\div2.5=13$
　㋓ $13\div0.25=52$

①の理由

$\square\times1.6\times2.5\times0.25=\square\times(4\times0.4)\times2.5\times0.25$

$=\square\times(4\times0.25)\times(0.4\times2.5)$

$=\square\times1\times1$

$=\square$

割合

14 比べ方を考えよう(2)

いちばんよく成功したのは？

教 下 p.64～65

A(エー)さんとB(ビー)さんとC(シー)さんのシュート練習の記録を比(くら)べます。

	入った回数(回)	シュートした回数(回)
Aさん	6	15
Bさん	6	12
Cさん	9	15

はると…AさんとBさんでは、入った回数が同じだから、シュートした回数が少ないBさんのほうがよく成功したといえます。
AさんとCさんでは、**シュートした**回数が同じだから、入った回数で比べられます。入った回数の多いCさんのほうがよく成功したといえます。

あ　み…BさんとCさんでは、入らなかった回数を考えると

Bさん　12－6＝6(回)
Cさん　15－9＝6(回)

入らなかった回数がBさんとCさんでは同じだから、どちらも同じだけよく成功したといえると思います。

1 割合

教 下 p.66~68

シュートの練習の記録

	○：入った　●：入らなかった																				入った回数(回)	シュートした回数(回)
Aさん	●	○	●	●	○	○	●	○	●	●	○	●	●	○	●							
Bさん	●	●	○	●	○	○	○	●	○	●	●	○										
Cさん	○	○	●	●	●	●	○	○	○	●	○	○	●	○	○							
Dさん	○	●	○	○	○	●	●	○	○	●	●	○	●	○	●	○	○	●	●	○		

1 上のAさん、Bさん、Cさん、Dさんの4人のうち、シュートがいちばんよく成功したといえるのはだれですか。

1 「半分入っている」ことの意味を考えます。シュートした回数を1とみたとき、入った回数はどれだけにあたりますか。

2 Cさん、Dさんの入った回数は、それぞれシュートした回数を1とみたとき、どれだけにあたりますか。

3 CさんとDさんでは、どちらがシュートがよく成功したといえますか。

4 Aさんについて、シュートした回数をもとにしたときの、入った回数の割合を求めましょう。

ねらい **もとにする量も比べられる量もちがっているとき、どのように比べればよいかを考えます。**

考え方 4人の入った回数、シュートした回数は右の表のようになります。

	入った回数(回)	シュートした回数(回)
Aさん	6	15
Bさん	6	12
Cさん	9	15
Dさん	11	20

1、2 入った回数がシュートした回数の何倍かを求めて比べます。何倍になっているかは、

入った回数÷シュートした回数

で求められます。

4 **割合＝比べられる量÷もとにする量** で求められます。

比べられる量は「入った回数」、もとにする量は「シュートした回数」です。

答え 1 Cさん

1 6÷12=0.5

りく…入った回数は、シュートした回数の 0.5 倍ということだね。

2 入った回数がシュートした回数の何倍かを求めて比べる。

Cさん…9÷15=0.6

Dさん…11÷20=0.55

3 2で求めた数を比べて、**Cさん**

4 入った回数の割合を求めると　6÷15=0.4　答え 0.4

── 練習 ──

教 下p.68

⚠1 つよしさんの学校では、希望する委員会活動について調べました。
右の表は、結果の一部です。
それぞれの委員会の定員をもとにした、希望者数の割合を求めましょう。

① 図書委員会

② 放送委員会

委員会活動の希望調べ

委員会	定員(人)	希望者数(人)
図書委員会	30	24
放送委員会	20	35

ねらい 割合を求めます。

考え方 **割合=比べられる量÷もとにする量**で求めることができます。
比べられる量は「希望者数」、もとにする量は「定員」です。

答え

① 24÷30=0.8　答え 0.8

② 35÷20=1.75　答え 1.75

ますりん通信　0.5の割合で入るシュートのうまさ

シュートした回数をもとにしたときの、入った回数の割合は

E(イー)さん…8÷16=0.5

F(エフ)さん…4÷10=0.4

G(ジー)さん…2÷4=0.5

だから、Bさんと同じ0.5の割合でシュートが成功したのは**EさんとGさん。**

教 下p.70

2 あおいさんの学校の5年生の人数は80人で、サッカークラブに入っている人は12人です。

5年生の人数をもとにした、サッカークラブの人数の割合を求めましょう。

1. 式を書きましょう。
2. サッカークラブの人数の割合を求めましょう。
3. サッカークラブの人数の割合を、百分率で表しましょう。
4. 割合の1は、百分率で表すと何%ですか。

ねらい **割合を、百分率を使って表します。**

考え方 1 割合＝比べられる量÷もとにする量　で求めることができます。

3 割合を表す0.01を1**パーセント**といい、1%と書きます。
パーセントで表した割合を、**百分率**といいます。

答え **1** **0.15**

1 **式　12÷80**

2 **12÷80＝0.15**

3 0.01が1%で、0.15は0.01の15こ分だから、**15%**です。

4 百分率は、もとにする量を100とみた割合の表し方で、
割合の1は、百分率で表すと**100%**です。

―― **練習** ――

△2 あおいさんの学校の体育館の面積は1200 m^2 で、バスケットボールのコートの面積は420 m^2 です。

体育館の面積をもとにした、バスケットボールのコートの面積の割合を求め、百分率で表しましょう。

ねらい **割合を求めて百分率で表します。**

考え方 小数で表した割合を百分率で表すには、小数に100をかけた数に「%」をつけます。
小数に100をかけると、小数点の位置が右に2けたうつります。

答え 420÷1200＝0.35　　　　答え　**35%**

教 下p.71

 小数や整数で表した割合を、百分率で表しましょう。

① 0.07　② 0.54　③ 1.48　④ 0.604　⑤ 2

ねらい **小数や整数で表した割合を、百分率で表します。**

考え方 小数で表した割合を百分率で表すには、小数に100をかけた数に「%」をつけます。

小数に100をかけると、小数点の位置が右に2けたうつります。

① 0.07×100 ⇒ 0.07.

答え

① 0.07×100=7　**7%**

② 0.54×100=54　**54%**

③ 1.48×100=148　**148%**

④ 0.604×100=60.4　**60.4%**

⑤ 2×100=200　**200%**

教 下p.71

4 百分率で表した割合を、小数で表しましょう。

① 8%　② 90%　③ 37.6%　④ 120%　⑤ 0.6%

ねらい **百分率で表した割合を、小数で表します。**

考え方 百分率で表した割合を小数で表すには、百分率で表した数を100でわります。

数を100でわると、小数点の位置が左に2けたうつります。

① 8÷100 ⇒ 0.08

答え

① 8÷100=**0.08**　② 90÷100=**0.9**

③ 37.6÷100=**0.376**　④ 120÷100=**1.2**

⑤ 0.6÷100=**0.006**

教科書のまとめ

テスト前にチェックしよう！

教 下 p.66～71

□ ❶ **割合**

もとにする量(シュートした回数)を1とみたとき、比べられる量(入った回数)がどれだけにあたるかを表した数を、**割合**という。

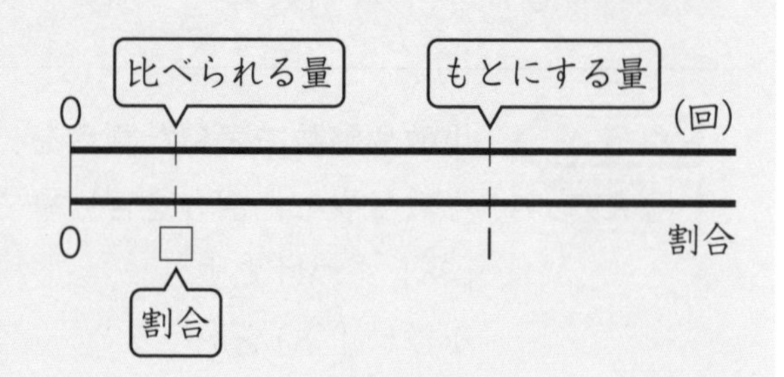

□ ❷ **割合の求め方**

もとにする大きさがちがうときには、**割合を使って比べることがある。**

割合＝比べられる量÷もとにする量

□ ❸ **百分率**

割合を表す0.01を**1パーセント**といい、**1％**と書く。

パーセントで表した割合を、**百分率**という。

百分率は、**もとにする量を100とみたとき、比べられる量がどれだけにあたるか**を考えている。

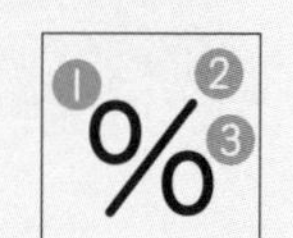

2 百分率の問題

教 下 p.72

1 ある飲み物は、全部で280mLあります。このうち、果じゅうが20％ふくまれています。この飲み物に入っている果じゅうは何mLですか。

① もとにする量は何ですか。
また、比べられる量は何ですか。
② 20％を小数で表しましょう。
③ 比べられる量を求める式を書きましょう。

ねらい もとにする量と割合から、比べられる量を求める方法を考えます。

答え **1** 56mL

① もとにする量…**飲み物全部の量**
比べられる量…**飲み物に入っている果じゅうの量**

② 0.2

3 比べられる量は、もとにする量280mLの0.2倍だから、
280×0.2＝56　　答え 56 mL

―― 練習 ――

教 下 p.73

△1 1の問題と同じ飲み物が、全部で470mLあります。
この飲み物に入っている果じゅうは何mLですか。

ねらい **もとにする量と割合から、比べられる量を求めます。**

考え方 飲み物全部の量470mLがもとにする量で、この飲み物に入っている果じゅうの量が比べられる量です。

答え **比べられる量＝もとにする量×割合** だから
470×0.2＝94　　答え 94mL

教 下 p.73

△2 定員が140人の電車の車両に、定員の120％の人が乗っています。
この車両に乗っている人は何人ですか。

ねらい **もとにする量と割合から、比べられる量を求めます。**

考え方 この車両の定員140人がもとにする量です。
120％＝1.2だから、140人の1.2倍の人が乗っています。

答え 140×1.2＝168　　答え 168人

教 下 p.73～74

2 ペットボトルに入ったお茶が、増量（ぞうりょう）して売られています。増量後のお茶の量は600mLです。600mLは、増量前の量の120％にあたります。
増量前のお茶の量は何mLですか。

1 もとにする量は何ですか。
また、比べられる量は何ですか。
2 120％を小数で表しましょう。
3 もとにする量を□mLとして、かけ算の式に表しましょう。
また、□にあてはまる数を求めましょう。

ねらい **比べられる量と割合から、もとにする量を求める方法を考えます。**

答え **2** 500mL

1 もとにする量…**増量**（ぞうりょう）**前のお茶の量**
比（くら）べられる量…**増量後のお茶の量**

2 1.2

3 □×1.2＝600　という式で表せるから
□＝600÷1.2
＝500

答え　500mL

―― 練習 ――

教 下p.74

△3 ある店では、今日、牛にゅうが180円で売られています。このねだんは、昨日のねだんの90％にあたります。
昨日の牛にゅうのねだんはいくらでしたか。

ねらい **比べられる量と割合（わりあい）から、もとにする量を求めます。**

考え方 もとにする量は「昨日のねだん」、比べられる量は「今日のねだん」です。もとにする量を□として、比べられる量＝もとにする量×割合の式にあてはめて考えます。

答え 昨日のねだんを□円として、□円の90％が180円ということを式に表すと、
□×0.9＝180
□＝180÷0.9
＝200

答え　200円

教 下p.74

△4 白神山地（しらかみ）は、青森県と秋田県にまたがる山地で、世界自然い産に登録されています。
登録されている地いきの約26％が秋田県にあり、その面積は4344haです。
登録されている地いき全体の面積は、およそ何haですか。
四捨五入（ししゃごにゅう）して、上から2けたのがい数で求めましょう。

ねらい **比べられる量と割合から、もとにする量を求めます。**

考え方 もとにする量は「登録されている地いき全体の面積」、比べられる量は「秋田県にある面積」です。上から2けたのがい数で表すときは、上から3けための数を四捨五入します。

答え 登録されている地いき全体の面積を□haとして、

□×0.26＝4344

□＝4344÷0.26

＝16707.…（7）

答え　約17000ha

教科書のまとめ

テスト前にチェックしよう！

教 下 p.72〜74

□ ❶ **比べられる量を求める式**

比べられる量は、下の式で求められる。

比べられる量＝もとにする量×割合

この式が表している関係は「割合＝比べられる量÷もとにする量」と同じである。

□ ❷ **もとにする量の求め方**

もとにする量を求めるときは、□を使って、比べられる量を求めるかけ算の式に表して考えると、求めやすくなる。

比べられる量＝もとにする量×割合　の関係を使って求める。

3 練習

教 下 p.75

⚠1 下の問題に答えましょう。

① 12.5gをもとにした、8gの割合はどれだけですか。

② 9mは、12mの何％ですか。

③ 250Lの62％は何Lですか。

④ 150人の120％は何人ですか。

⑤ 8.4m^2は、3.5m^2の何％ですか。

⑥ 9m^2が30％にあたる花だんの面積は、何m^2ですか。

考え方 もとにする量、比べられる量がどの量であるかを考えます。

①、②、⑤　割合＝比べられる量÷もとにする量

③、④　比べられる量＝もとにする量×割合

⑥　もとにする量を求めるには、□を使って、比べられる量を求める式にあてはめます。

答え
① $8\div12.5=0.64$ 答え 0.64
② $9\div12=0.75$ 答え 75%
③ $250\times0.62=155$ 答え 155L
④ $150\times1.2=180$ 答え 180人
⑤ $8.4\div3.5=2.4$ 答え 240%
⑥ 求める花だんの面積を□m^2として、

$\square\times0.3=9$

$\square=9\div0.3$

$=30$

答え $30m^2$

教 下p.75

△2 日本の陸地面積は約38万km^2で、そのうち森林面積は約25万km^2です。
陸地面積をもとにすると、森林面積はおよそ何%ですか。
四捨五入(ししゃごにゅう)して、上から2けたのがい数で求めましょう。

考え方 日本の陸地面積がもとにする量、森林面積が比(くら)べられる量です。
上から2けたのがい数で表すときは、上から3けための数を四捨五入します。

答え $25\div38=0.657\cdots$ (5を消して6、7を消す)

答え およそ66%

教 下p.75

△3 ゆうとさんは、3000円のセーターを、もとのねだんの90%のねだんで買いました。
代金はいくらでしたか。
また、もとのねだんよりいくら安く買いましたか。

ねらい **もとにする量と割合(わりあい)から、比べられる量を求めます。**

考え方 3000円がもとにする量で、代金が比べられる量にあたります。
90%=0.9だから、代金は3000円の0.9倍です。

答え $3000\times0.9=2700$

$3000-2700=300$

答え 代金は2700円、もとのねだんより300円安く買った。

教 下p.75

4 ビニールハウスでカーネーションを育てています。カーネーションを育てている面積は132 m^2 で、ビニールハウス全体の面積の48％にあたります。
ビニールハウス全体の面積は何 m^2 ですか。

考え方 「ビニールハウス全体の面積」がもとにする量です。
もとにする量を□として、下の式にあてはめて考えます。
比べられる量＝もとにする量×割合

答え ビニールハウス全体の面積を□ m^2 として、
□×0.48＝132
□＝132÷0.48
＝275

答え　275 m^2

4 わりびき、わりましの問題

教 下p.76

1 みかさんは、2000円のマフラーを、30％びきのねだんで買いました。代金はいくらでしたか。

1 2人の考えを説明しましょう。

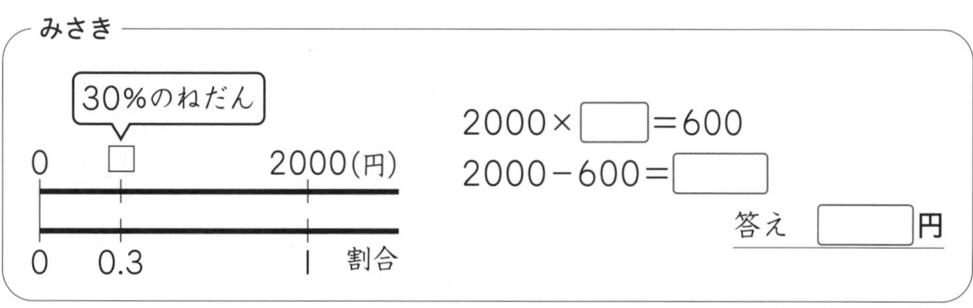

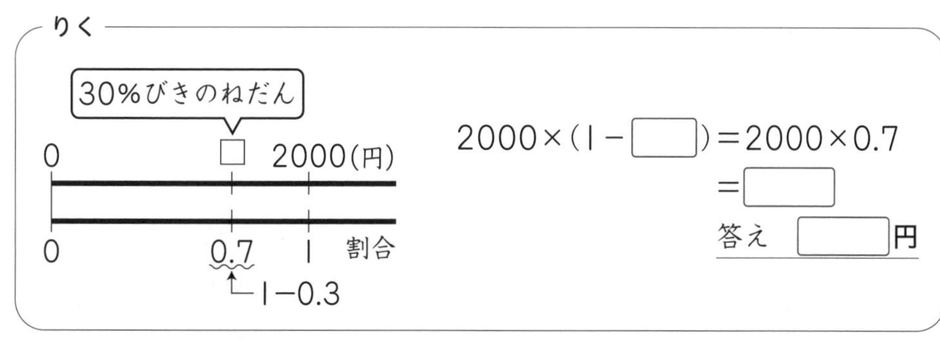

ねらい 割合(わりあい)を利用して、わりびきのときのねだんを求めます。

答え **1** 1400円

1 **みさき**…30%のねだんを求めて、もとのねだんからひいて代金を求めている。

2000×[0.3]=600

2000−600=[1400]　　答え [1400]円

り　く…もとのねだんを1としたとき、30%びきのねだんは、(1−0.3)にあたることから、代金を求めている。

2000×(1−[0.3])=2000×0.7

=[1400]　　答え [1400]円

練習

教 下 p.76

けんさんは、3500円のゲームソフトを20%びきのねだんで買いました。代金はいくらでしたか。

ねらい わりびきのときの代金を求めます。

考え方 教科書76ページのみさきの考え、りくの考えにならって求めます。

答え **みさきの考え**

3500×0.2=700

3500−700=2800　　答え **2800円**

りくの考え

3500×(1−0.2)=3500×0.8

=2800　　答え **2800円**

2 ある店では、仕入れのねだんが500円の筆箱に、30%の利益(りえき)を加えて売ります。売るねだんはいくらですか。

ねらい 割合を利用して、わりましのときのねだんを求めます。

考え方 **みさき**…30%の利益を求めて、仕入れのねだんに加えて売るねだんを求めている。

り　く…仕入れのねだんを1としたとき、30%加えたねだんは、(1+0.3)にあたることから、売るねだんを求めている。

答え　みさき…$500 \times 0.3 = \boxed{150}$

$500 + \boxed{150} = \boxed{650}$　　答え $\boxed{650}$ 円

り　く…$500 \times (1 + \boxed{0.3}) = 500 \times \boxed{1.3}$

$= \boxed{650}$　　答え $\boxed{650}$ 円

―― 練習 ――

教 下 p.77

2　あるくつの仕入れのねだんは3000円です。
A（エー）店では、20％の利益を加えて売っています。
B（ビー）店では、利益を加えて3500円で売っています。
どちらのお店のほうが安いねだんで売っていますか。

ねらい　わりましのときの代金を求めます。

考え方　A店では、仕入れのねだんを1としたとき、売るねだんは(1＋0.2)にあたります。

答え　A店での売るねだんを求めて、B店での売るねだんの3500円と比（くら）べる。

$$3000 \times (1 + 0.2) = 3000 \times 1.2$$
$$= 3600$$

3600＞3500だから、B店のほうが安い。

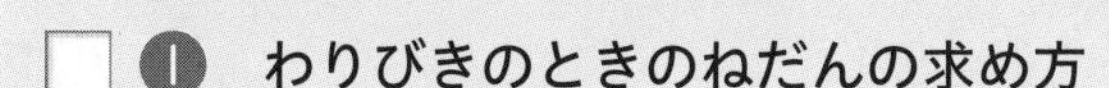
教科書のまとめ　テスト前にチェックしよう！

教 下 p.76～77

□ ❶ **わりびきのときのねだんの求め方**

30％びきのねだんは、下の2つの方法で求めることができる。

- 30％のねだんを求めて、もとのねだんからひく。
- 100％から30％をひいた、70％のねだんを求める。

□ ❷ **わりましのときのねだんの求め方**

30％加えたねだんは、下の2つの方法で求めることができる。

- 30％のねだんを求めて、もとのねだんにたす。
- 100％に30％をたした、130％のねだんを求める。

いかしてみよう

教 下p.78

ますりんベーカリーは、本店と駅前店の2つのお店があり、いつもは同じパンを、同じねだんで売っています。

今日は特売日です。それぞれのお店では、下のように特売しています。

- 本店では、どのパンも2わりびきで売っています。
- 駅前店では、どのパンも30円びきで売っています。

いつものねだん
A（エー）のパン…100円
B（ビー）のパン…160円
C（シー）のパン…200円
D（ディー）のパン…140円
E（イー）のパン…150円

① 2わりびきは何%びきのことですか。

② 本店では、A、B、Cのパンのわりびき後のねだんは、それぞれいくらになりますか。

③ A、B、Cのパンを特売日に買うとき、それぞれ本店と駅前店のどちらのお店のほうが安く買うことができますか。

④ 2つのお店には、そのほかにD、Eのパンも売っています。
特売日に買うとき、それぞれ本店と駅前店のどちらのお店のほうが安く買うことができますか。

答え

① 1わりは10%だから、2わりびきは**20%びき**のことです。

② 本店での20%びき後のねだんは、(1－0.2)にあたるから
Aのパン…$100\times(1-0.2)=100\times0.8=80$ **80円**
Bのパン…$160\times(1-0.2)=160\times0.8=128$ **128円**
Cのパン…$200\times(1-0.2)=200\times0.8=160$ **160円**

③ 駅前店では
Aのパン…$100-30=70$ 70円
Bのパン…$160-30=130$ 130円
Cのパン…$200-30=170$ 170円
Aのパン…**駅前店のほうが安い。**
Bのパン…**本店のほうが安い。**
Cのパン…**本店のほうが安い。**

④ Dのパン…本店112円、駅前店110円で、**駅前店のほうが安い。**
Eのパン…本店も駅前店も120円だから、**どちらのお店で買っても同じ。**

あみ…いつものねだんが 150 円のとき、特売日のねだんは、本店と駅前店で同じになるね。

たしかめよう

教 下 p.79

△1 下の表のあいているところに、あてはまる数を書きましょう。

割合(わりあい)を表す小数や整数	㋐	0.35	1	㋑
百分率(ひゃくぶんりつ)	20%	㋒	㋓	143%

考え方 小数や整数で表した割合を百分率で表すには、小数や整数に100をかけた数に「%」をつけます。
百分率で表した割合を小数で表すには、百分率で表した数を100でわります。

答え ㋐ 0.2　㋑ 1.43　㋒ 35%　㋓ 100%

△2 A市では、海がめのたまごを保護(ほご)しています。今年は、680個(こ)のたまごから、646ぴきのかめがかえりました。
たまごからかえった割合は何%ですか。

考え方 1個のたまごから1ぴきのかめがかえると考えて、680個がもとにする量、かえったたまご646個が比(くら)べられる量です。

答え 646÷680=0.95　　答え 95%

△3 □にあてはまることばや数を書きましょう。

① 比べられる量=□×割合
② 20Lの30%は□Lです。
③ 6Lは、20Lの□%です。
④ 6Lが30%にあたる水の体積は、□Lです。

考え方 ②〜④ それぞれについて、比べられる量、もとにする量がどれであるかを考えます。

答え ① もとにする量
② 20×0.3=6(L)　6
③ 6÷20=0.3　30

④ □×0.3＝6
□＝6÷0.3
＝20(L)　**20**

△4 みさきさんは、右の問題について、下のように答えの求め方を説明しています。
□にあてはまる数を書いて、みさきさんの考えを完成させましょう。

（問題）
5000円の服を、40%びきのねだんで買いました。
代金はいくらですか。

〈みさき〉

40%びきのねだんは、
1－[カ]＝[キ]で、5000円の
[キ]にあたるから、
5000×[キ]＝[ク]で、
代金は[ク]円になります。

考え方 40%びきなので、もとのねだんの60%のねだんで買ったことになります。

答え
カ [0.4]
キ [0.6]
ク 5000×0.6＝3000で、代金は[3000]円

つないでいこう 算数の目 ～大切な見方・考え方　教 下 p.80

1 2つの量の関係に注目し、もとにする量を1にそろえて比べる

❶ こうたさん

❷ 割合(わりあい)を使って、4人のシュートのうまさを比(くら)べると

A(エー)さん…4÷8＝0.5　B(ビー)さん…9÷15＝0.6
C(シー)さん…12÷18＝0.66…　D(ディー)さん…18÷30＝0.6

Bさんとシュートのうまさが同じといえる人は**Dさん。**

おぼえているかな？

教 下p.81

1 計算をしましょう。

① $15-(6.8+3.2)$　② $(10-8.75)\times 8$

③ $12-4.5\div 0.5$　④ $3.9+(2-1.1)\div 9$

⑤ $7.2\times 8-6.4\div 0.2$　⑥ $5.4\times 0.7+5.4\times 1.3$

考え方 ①〜⑤　計算の順序に注意します。

- （　）の中を先に計算する。
- ×や÷は、＋や－より先に計算する。

⑥　計算のきまり■×▲＋●×▲＝(■＋●)×▲を利用します。

答え

① $15-(6.8+3.2)=15-10=$**5**

② $(10-8.75)\times 8=1.25\times 8=$**10**

③ $12-4.5\div 0.5=12-9=$**3**

④ $3.9+(2-1.1)\div 9=3.9+0.9\div 9=3.9+0.1=$**4**

⑤ $7.2\times 8-6.4\div 0.2=57.6-32=$**25.6**

⑥ $5.4\times 0.7+5.4\times 1.3=5.4\times(0.7+1.3)=5.4\times 2=$**10.8**

2 下の数は、しんさんの野球チームの最近5試合の得点(とくてん)を表したものです。

4、6、0、2、1

6試合めに何点とれば、1試合の平均(へいきん)の得点が3点になりますか。

答え 1試合の平均が3点になるためには、6試合で3×6＝18（点）得点しなければならないから、6試合めには

$18-(4+6+0+2+1)=5$　　答え　**5点**

3 あ〜うの角度は何度ですか。計算で求めましょう。

①

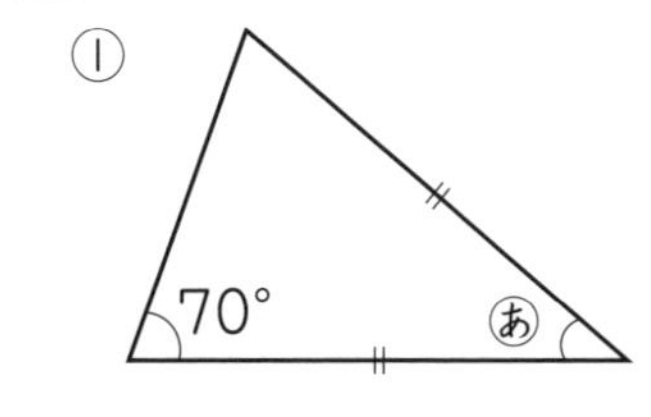

②

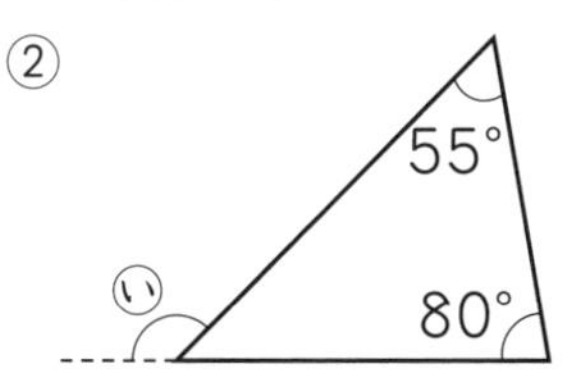

③

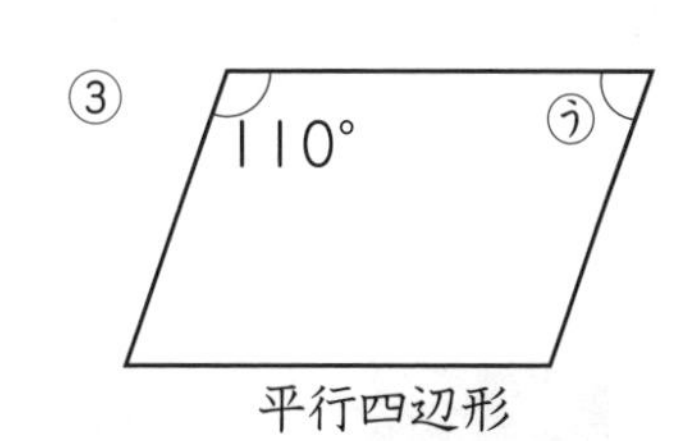

考え方 ① 三角形の3つの角の大きさの和は180°になります。
この三角形は2つの辺の長さが等しいから、二等辺三角形です。
③ 平行四辺形の向かい合った角の大きさは等しいです。

答え ① 180−70×2=40　あ…**40°**
② 180−(80+55)=45　180−45=135　い…**135°**
③ (360−110×2)÷2=70　う…**70°**

②

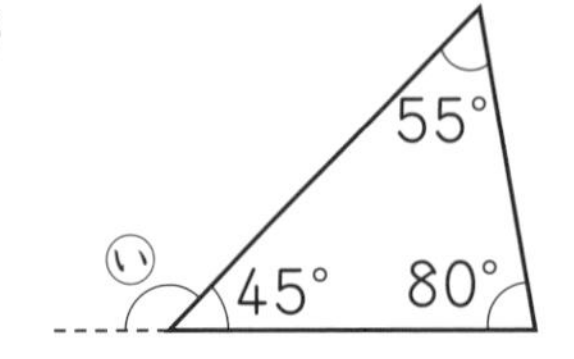

③

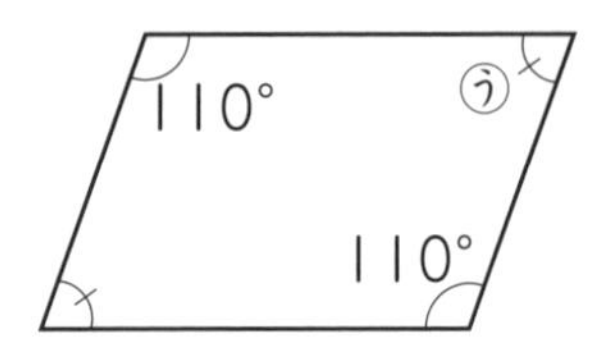

4 下の表を見て答えましょう。

野菜の好ききらい調べ　（人）

		ピーマン 好き	ピーマン きらい	合計
にんじん	好き	8	あ	18
にんじん	きらい	い	6	15
合計		う	16	33

① ピーマンとにんじんのどちらも好きな人は何人ですか。
② 表のあは、どのような人を表していますか。
③ あ〜うにあてはまる数を書きましょう。

答え ① **8人**
② (例)**にんじんは好きだけれどピーマンはきらいな人。**
③ あ　16−6=10　**10**
い　15−6=9　**9**
う　33−16=17　**17**

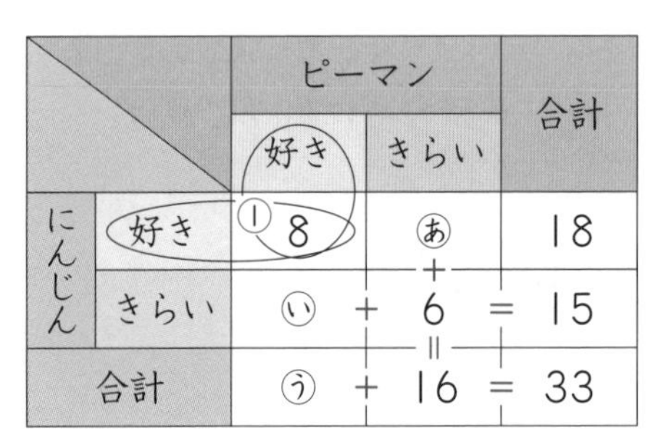

5 下のことを表すのに、何というグラフを使うとよいですか。
① クラスの人の好きなスポーツ調べ
② 毎年4月にはかった自分の身長

答え ① **ぼうグラフ**
② **折れ線グラフ**

15 帯グラフと円グラフ 割合をグラフに表して調べよう

教 下 p.83～84

1 右の表は、好きな給食のメニューについて、学校全体で行ったアンケートの結果を整理したものです。
割合(わりあい)を表すグラフについて調べましょう。

好きな給食のメニュー
（学校全体）

メニュー	人数(人)	百分率(ひゃくぶんりつ)(%)
カレーライス	240	40
ラーメン	126	21
あげパン	90	15
まぜごはん	90	15
ハンバーグ	30	5
その他	24	4
合計	600	100

1　全体の人数に対する、メニュー別の人数の割合を見やすく表すには、どんなグラフがよいですか。

2　教科書84ページの㋐の帯グラフ、㋑の円グラフを見て、下のことを調べましょう。

(1)　カレーライスは、半分より多いですか、少ないですか。

(2)　カレーライスとラーメンとあげパンをあわせると、全体のおよそどれだけになりますか。分数で答えましょう。

(3)　カレーライスは、ラーメンのおよそ何倍ですか。

ねらい　**帯グラフと円グラフから割合を読み取ります。**

考え方　2　グラフからそれぞれのメニューの割合を読み取って考えてみます。

答え　1　**割合を表したグラフがよい。**（帯グラフ、円グラフ）

2　(1)　カレーライスの割合は40％だから、**半分より少ない。**

(2)　カレーライスとラーメンとあげパンをあわせると76％だから、全体のおよそ$\frac{3}{4}$になります。

(3)　カレーライスは40％、ラーメンは21％だから、カレーライスは、ラーメンのおよそ**2倍**です。

教 下 p.85〜87

2 教科書85ページの２つの表は、低学年(１年生〜３年生)と、高学年(４年生〜６年生)のアンケートの結果です。

低学年と高学年の結果について、くわしく調べましょう。

1 それぞれの人数が全体の何％になるかを求めて、表に書きましょう。

2 それぞれの表の割合(わりあい)を、帯グラフや円グラフに表しましょう。

3 低学年、高学年それぞれの結果を見て、気づいたことを説明しましょう。

4 低学年、高学年それぞれの結果から、自分なら３つめのメニューにあげパンとまぜごはんのどちらを選ぶかいいましょう。

また、その理由も説明し合いましょう。

ねらい **帯グラフや円グラフのかき方をまとめます。**

答え 1

好きな給食のメニュー(低学年)

メニュー	人数(人)	百分率(ひゃくぶんりつ)(％)
カレーライス	158	43
ラーメン	75	**20**
あげパン	55	**15**
まぜごはん	45	**12**
ハンバーグ	23	**6**
その他	14	**4**
合計	370	**100**

好きな給食のメニュー(高学年)

メニュー	人数(人)	百分率(％)
カレーライス	82	**36**
ラーメン	51	**22**
まぜごはん	45	**20**
あげパン	35	**15**
ハンバーグ	7	**3**
その他	10	**4**
合計	230	**100**

2

好きな給食のメニュー(低学年)

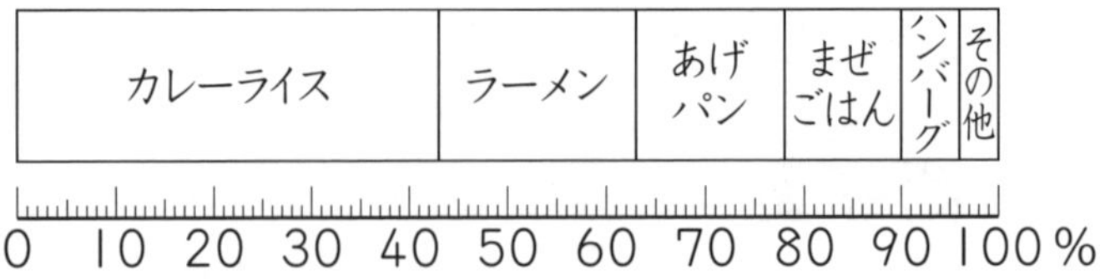

好きな給食のメニュー(高学年)

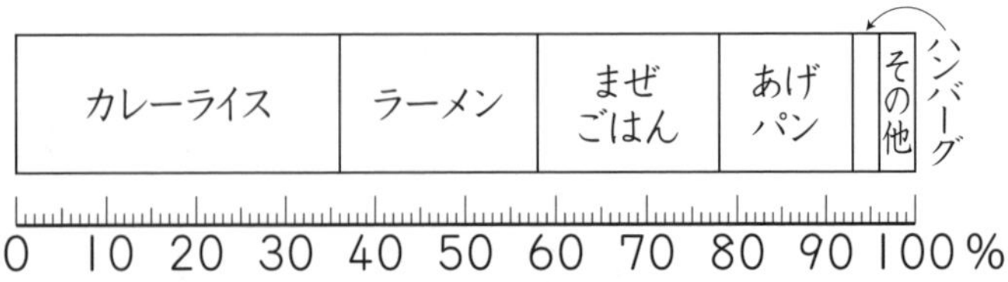

好きな給食のメニュー(低学年)

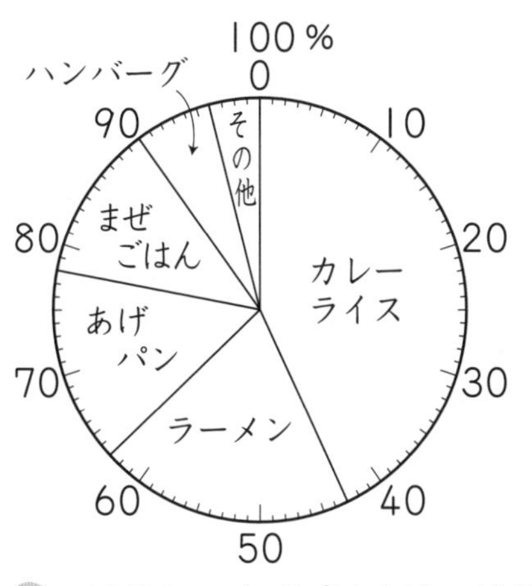

好きな給食のメニュー(高学年)

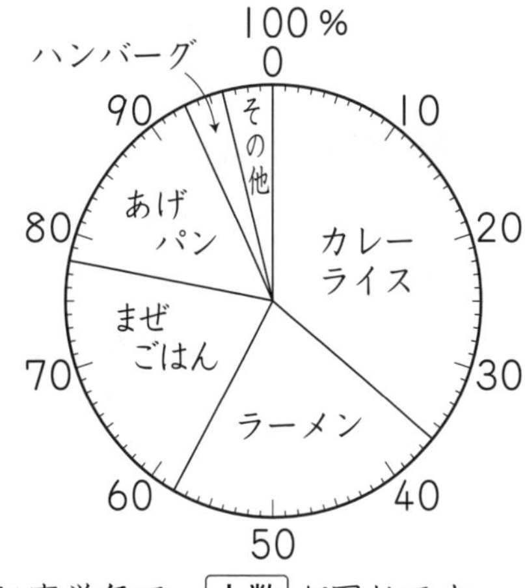

③ **はると**…まぜごはんは、低学年と高学年で、**人数**が同じです。
みさき…あげパンは、低学年と高学年で、**百分率**が同じです。

④ 省略

教 下p.89

3 教科書89ページの帯グラフは、30年前と今の、好きな給食のメニューについて学校全体で行ったアンケートの結果を表したものです。
この帯グラフについて調べましょう。

① 30年前と今を比べて、カレーライス、ラーメン、あげパンの割合はそれぞれどうなっていますか。

② 30年前のスパゲッティの人数は、やきそばの人数の何倍ですか。

③ 30年前と今の、あげパンの人数について、はるとさんは、右のようにいっています。
はるとさんの考えは正しいですか、正しくないですか。ことばや式を使って、その理由も説明しましょう。

はると
割合は今のほうが多いから、人数も今のほうが多い。

ねらい **2つの帯グラフを比べて、ちがいを読み取ります。**

考え方 割合どうしで比べてよい場合、割合だけで比べてはいけない場合があります。

② 30年前どうしで人数を比べるときは、それぞれの人数を求めて比べる必要はありません。割合どうしを比べます。

15 帯グラフと円グラフ

③ 30年前と今では、全体の人数がちがうので、割合(わりあい)だけで人数が多いか少ないかはわかりません。全体の人数と割合から、それぞれの人数を求めて比(くら)べます。

答え ① カレーライスは、30年前は48％、今は40％だから、割合は**少なくなっている。**

ラーメンは、30年前は20％、今は21％だから、割合は**ほとんど変わらない。**

あげパンは、30年前は10％、今は15％だから、割合は**多くなっている。**

② 30年前のスパゲッティの割合は12％、やきそばの割合は6％で、割合は2倍になっているから、人数も**2倍**である。

③ **正しくない。**

理由…(例)30年前の全体の人数は950人で、あげパンの割合は10％だから、あげパンの人数は、

$950 \times 0.1 = 95$（人）

今の全体の人数は600人で、あげパンの割合は15％だから、あげパンの人数は、

$600 \times 0.15 = 90$（人）

だから、あげパンの人数は30年前のほうが多い。

教科書のまとめ

テスト前にチェックしよう！

教 下p.83～89

□ ① **帯グラフと円グラフ**

帯(おび)グラフは全体を長方形で表し、各部分の割合を直線で区切って表す。

円グラフは全体を円で表し、各部分の割合を半径で区切って表す。

帯グラフや円グラフは、全体をもとにしたときの各部分の割合を見たり、部分どうしの割合を比べたりするのに便利である。

□ ② **帯グラフや円グラフのかき方**

- 各部分の割合を百分率(ひゃくぶんりつ)で求める。
  合計が100％にならないときは、割合のいちばん大きい部分か「その他」を増(ふ)やしたり減(へ)らしたりして、合計を100％にする。
- ふつう、割合の大きい順に、各部分をそれぞれの百分率にしたがって区切る。

いかしてみよう

教下p.90

② 計画を立てましょう。どんなデータを集めればよいですか。

考え方 こうた…学年やけがの原因(げんいん)、けがをした場所、日時などのうち、学年に注目してデータを集めればよい。

たしかめよう

教下p.91

1 たいちさんの学校では、図書室の利用の様子を調べることになりました。
教科書91ページの表は、たいちさんの学校の図書室で、1月に貸(か)し出した本の数と割合を、種類別に表したものです。
　下の問題に答えましょう。

① 表のあいているところに、あてはまる数を書きましょう。
② 本の種類別の割合を、円グラフに表しましょう。
③ 伝記は、全体の何分の一ですか。
④ 12月に貸し出した本の数の合計は320さつで、伝記の割合は25％でした。
　12月と1月の伝記の数について、正しいものを㋕～㋗から選びましょう。
　また、理由も説明しましょう。
　㋕ 同じ　　㋖ 12月が多い　　㋗ 1月が多い

考え方 ① ㋒ 本の数の合計が300さつであることから、㋒に入る数を考えます。

答え ① ㋐ $120 \div 300 = 0.4$　**40%**
㋑ $300 \times 0.25 = $ **75**
㋒ $300 - (120 + 75 + 54 + 30) = $ **21**
㋓ $21 \div 300 = 0.07$　**7%**
㋔ $30 \div 300 = 0.1$　**10%**

百分率の合計が100％になっているかな。

②

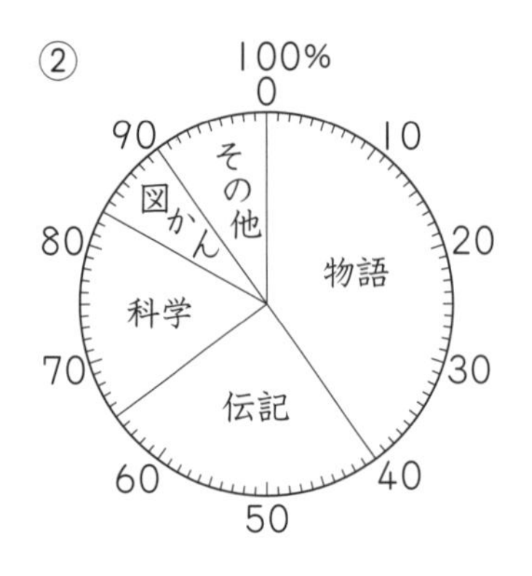

③ 伝記の割合が25%だから、全体の$\frac{1}{4}$

④ ㋖

理由　12月の伝記の数は、

320×0.25＝80（さつ）

1月は75さつだったので、

貸し出した伝記の数は、12月が多い。

④　伝記は、12月も1月も同じ25%だけど、合計のさつ数が多い12月のほうが貸し出した数は多いね。

つないでいこう 算数の目 ～大切な見方・考え方

データを表す目的を考え、目的に合ったグラフを選ぶ

❶ みさき

〈目的の確にん〉

天気別に、1時間ごとの気温の変わり方を調べる。

〈選んだグラフとその理由〉

1時間ごとの変わり方を表すには、**折れ線**グラフを使う。

なぜなら、**折れ線**グラフの特ちょうは、変化の様子を読み取ることができるからです。

❷ あみ

〈目的の確にん〉

（例）1時間に学校の前の道を通る乗り物の種類とその割合を調べる。

〈選んだグラフとその理由〉

（例）乗り物の種類とその割合を表すには、帯グラフや円グラフを使う。

なぜなら、帯グラフや円グラフの特ちょうは、全体をもとにしたときのそれぞれの部分の割合を見たり、部分どうしの割合を比べたりできるからです。

変わり方調べ

16 変わり方を調べよう(2)

教 下 p.93～95

1 長さの等しいぼうで、右のように正方形を作り、横にならべていきます。

正方形を30こ作るとき、ぼうは何本いりますか。

1 どのように考えれば、解決できるでしょうか。

2 自分の考えを、図や表、式を使ってかきましょう。

3 教科書94、95ページの2人の考えの中で、自分の考えと似ているものはありますか。

似ているところを説明しましょう。

4 この2人の考えの中で、自分の考えとはちがう考えを読み取って、説明しましょう。

5 はるとさんの考えを使って、正方形の数が50このときのぼうの数を求めましょう。

6 はるとさんの考えをもとにして、正方形の数□ことぼうの数○本の関係を式に表しましょう。

7 しほさんの考えをもとにして、正方形の数□ことぼうの数○本の関係を式に表しましょう。

8 ぼうの数を求めるとき、大切なのはどのような考えですか。

正方形の数とぼうの数には
どんな関係があるのかな。
図や表や式を使って考えてみよう。

ねらい ともなって変わる2つの量の関係を見つけ、それを利用して問題を考えます。

答え **1** 91本

1、2 省略（しょうりゃく）

3 **はるとの考え**

はじめの｜のぼう1本と、コの3本のぼうが正方形の数だけならんでいる。

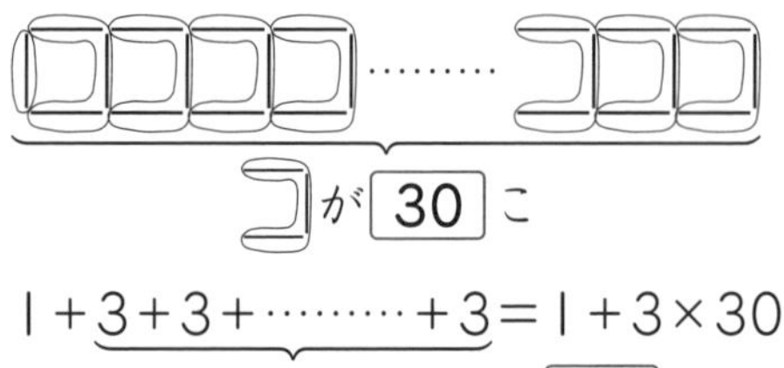

1＋3＋3＋………＋3＝1＋3×30
（3が30こ）＝91　　　　答え 91本

しほの考え

正方形の数が1このときのぼうの数は4本で、正方形の数が1こ増（ふ）えるごとに、ぼうの数は3本ずつ増えていく。

4＋3＋3＋………＋3＝4＋3×(30－1)
（3が(30－1)こ）＝91　　　　答え 91本

自分の考えと似（に）ているところ

(例)3…コの3本のぼう
30…正方形の数

4 省略

5 式 1＋3×50＝151　　　　答え 151本

6 ○＝1＋3×□

7 ○＝4＋3×(□－1)

8 (例)ともなって変わる正方形の数とぼうの数の関係を見つけて式に表すことが大切である。

教科書のまとめ

テスト前にチェックしよう！

教 下 p.93〜95

□ **1** 変わり方の調べ方

図や表を使って、**ともなって変わる2つの量の関係を見つけて式に表す**と、数が大きくなっても計算で答えを求めることができる。

17 正多角形と円周の長さ
多角形と円をくわしく調べよう

かさを真上から見ると？

教 下 p.96

みさき…㋐は五角形、㋑は八角形。どれも多角形に見えるね。
こうた…辺の数が増(ふ)えると、形がだんだん丸くなって円に近づいていくね。

1 正多角形

教 下 p.97〜98

円をかいた折り紙を、下の図のように3回折ってから、直線AB(エービー)で切り、開いてみよう。どんな形ができるかな。

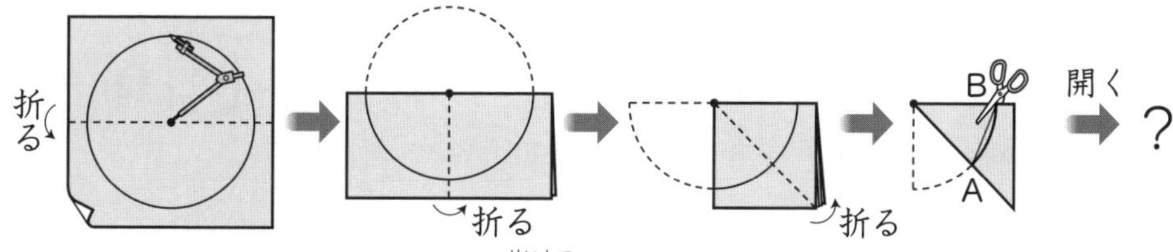

1 上のようにして作った八角形の性質(せいしつ)を調べましょう。

1 8つの辺の長さを調べましょう。
また、8つの角の大きさを調べましょう。
2 右の㋐、㋑の多角形についても、辺の長さや角の大きさをそれぞれ調べましょう。
3 右の㋐、㋑の多角形は、それぞれ何といえばよいですか。
4 右の多角形は、正多角形といえますか。
また、その理由も説明しましょう。

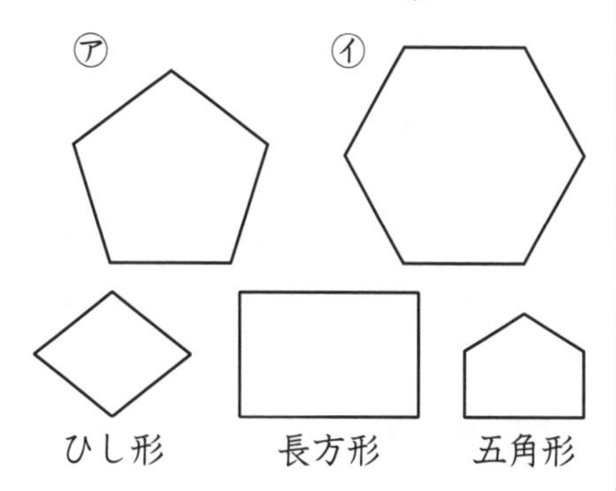

ねらい 辺の長さや角の大きさに注目して、多角形の性質を調べます。

考え方 辺の長さがすべて等しく、角の大きさもすべて等しい多角形を、**正多角形**(せいたかくけい)といいます。

答え 1 8つの辺の長さはすべて等しい。
8つの角の大きさはすべて等しい。

2 ㋐…5つの辺の長さはすべて等しい。5つの角の大きさもすべて等しい。

㋑…6つの辺の長さはすべて等しい。6つの角の大きさもすべて等しい。

3 ㋐…正五角形　㋑…正六角形

4 ひし形…いえない。
(理由)ひし形は、4つの辺の長さはすべて等しいが、4つの角の大きさがすべて等しくはないから。

長方形…いえない。
(理由)長方形は、4つの角の大きさはすべて90°で等しいが、4つの辺の長さがすべて等しくはないから。

五角形…いえない。
(理由)図の五角形は、5つの辺の長さも5つの角の大きさも、それぞれすべてが等しくはないから。

教 下p.99

2 正八角形をかきましょう。

1 右の正八角形で、下のことを調べましょう。
㋐ 点O(オー)から頂点(ちょうてん)A(エー)、B(ビー)、…、H(エイチ)までの長さ
㋑ 点Oのまわりにできる8つの角の大きさ

2 1で調べたことをもとに、正八角形をかきましょう。

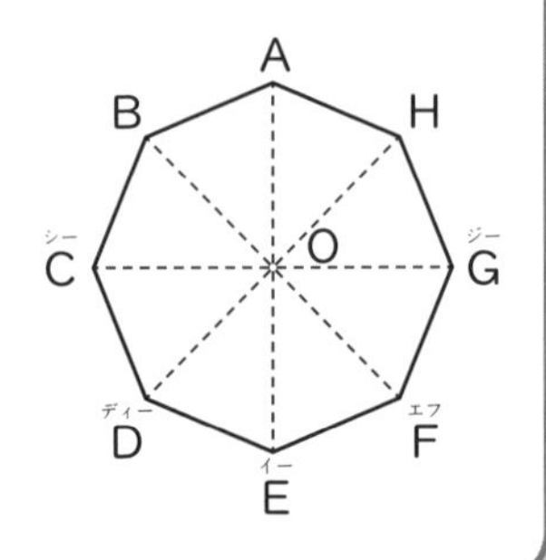

ねらい 正八角形の性質(せいしつ)をもとにして、正八角形のかき方を考えます。

考え方 2 すべての辺の長さが等しいこと、すべての角の大きさが等しいことを確(たし)かめます。

答え 1 ㋐ すべて等しい。

㋑ すべて等しい。

こうた…㋐で調べたことから、正八角形の頂点はすべて、点 O を中心とし、OAの長さを半径とする円の上にあります。

2

あの角度は、円の中心のまわりの角(360°)を8等分したものだから　360÷8＝45
正八角形は、円の中心のまわりの角を45°ずつに等分して半径をかき、円と交わった点を頂点として結んでかきます。

練習

教 下 p.99

△1 円の中心のまわりの角を等分する方法で、正五角形や正六角形をかきましょう。

ねらい 教科書99ページの図をもとにして、正五角形、正六角形のかき方を考えます。

答え
いの角度…360÷5＝72
うの角度…360÷6＝60
正五角形は、円の中心のまわりの角を72°ずつに等分してかきます。
正六角形は、円の中心のまわりの角を60°ずつに等分してかきます。
図は省略(しょうりゃく)。

教 下 p.100

3 教科書100ページの図のようにしてかいた多角形は、何という多角形ですか。理由も説明しましょう。

1 2人の考えの続きを説明しましょう。
2 このかき方で、1辺の長さが5cmの正六角形をかきましょう。

ねらい 円の半径を使って正六角形をかくことができる理由を考えます。

考え方 1 右の図で、6つの三角形はどれも合同な正三角形です。合同な図形では、対応(たいおう)する辺の長さや、対応する角の大きさが等しいことから、かいた形が正六角形になるわけを説明します。

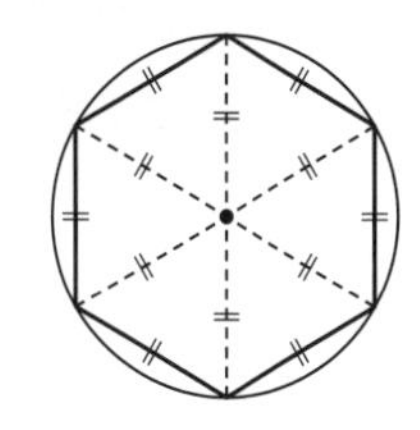

答え 3 正六角形

1 **こうたの考え(例)**

6つの三角形はどれも合同な正三角形になります。だから、六角形の角の大きさはどれも60°の2つ分で120°になり、辺の長さはどれも半径と等しくなります。
つまり、6つの角の大きさがすべて等しく、6つの辺の長さもすべて等しいから、
正六角形になります。

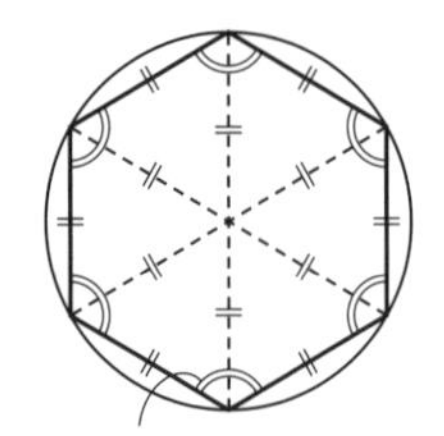

60×2＝120で
120°になる。

あみの考え(例)

6つの三角形はどれも合同な正三角形になります。だから、円の中心のまわりの角は、どれも60°で等しくなっています。
つまり、円の中心のまわりの角を6等分しているから、**正六角形**になります。

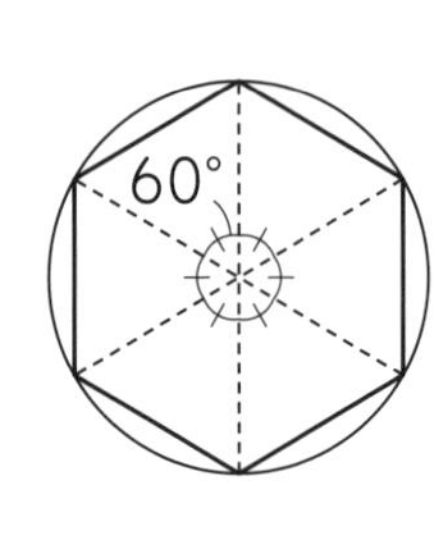

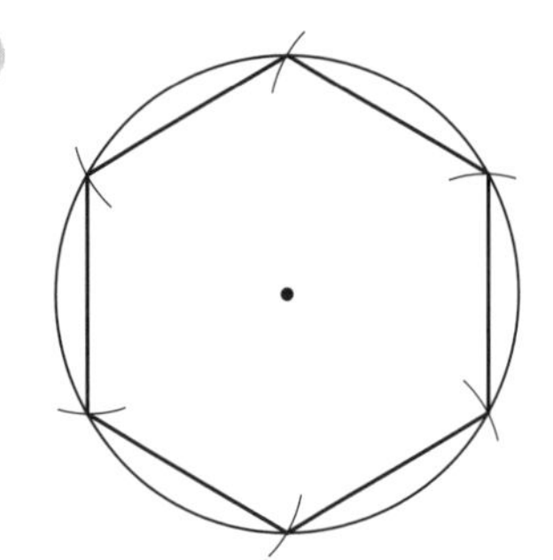

1 半径5cmの円をかく。
2 半径の長さにひらいたコンパスで円のまわりを区切っていく。
3 円のまわりの区切ったところを順に結んで1辺の長さが5cmの正六角形をかく。

教科書のまとめ

テスト前にチェックしよう！

教 下 p.97〜100

□ 1 **正多角形**

辺の長さがすべて等しく、角の大きさもすべて等しい多角形を、**正多角形**(せいたかくけい)という。

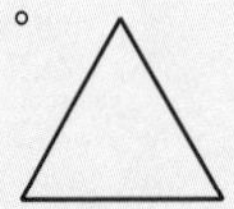
正三角形

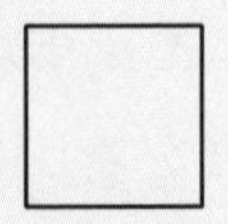
正四角形
(正方形)

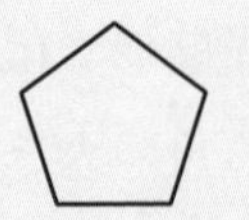
正五角形

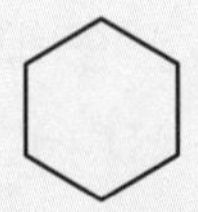
正六角形

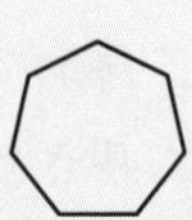
正七角形

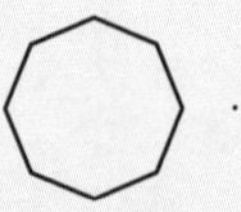
正八角形

…

□ 2 **正多角形のかき方**

正多角形は、円の中心のまわりの角を等分して半径をかき、円と交わった点を頂点(ちょうてん)として結ぶと、かくことができる。

2 円のまわりの長さ

正六角形のまわりの長さは　5×6＝30　30 cm
正方形のまわりの長さは　10×4＝40　40 cm
はると…上の２つの円は、どちらも直径が 10 cm。
円のまわりの長さは、何cmになるのかな。

教 下 p.101～103

1 円のまわりを円周(えんしゅう)といいます。
円周の長さと直径の長さの関係を調べましょう。

1 どのようにして調べればよいですか。

(1) りくさんの考えで、正多角形を使って、円周の長さは直径の長さのおよそ何倍になっているか調べましょう。

2 右の図を見て、下のことを調べましょう。

㋐ 正六角形のまわりの長さは、円の直径の長さの何倍になっていますか。

㋑ 正方形のまわりの長さは、円の直径の長さの何倍になっていますか。

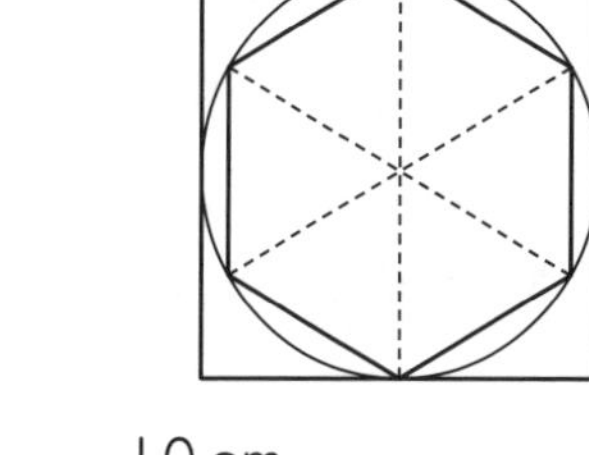

3 右の図のように、直径10cmの円の内側に正十二角形をかきました。
実際(じっさい)に長さをはかって、正十二角形のまわりの長さは、円の直径の長さの何倍になっているかを求めましょう。

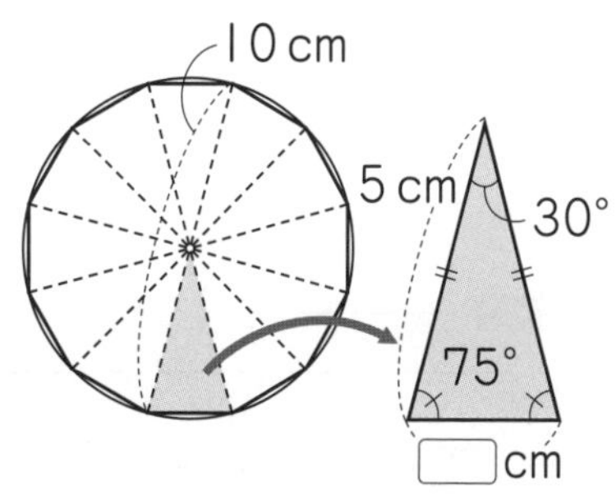

(2) 教科書101ページのみさきさんの考えで、いろいろな大きさの円について、円周の長さは直径の長さの何倍か調べましょう。

4 円の形をしたいろいろなものの円周の長さと直径の長さをはかって、表に整理しましょう。

5 円周の長さは、直径の長さの何倍になっていますか。
答えは四捨五入(ししゃごにゅう)して、$\frac{1}{100}$の位までのがい数で求めましょう。

ねらい 正多角形の性質(せいしつ)を使い、円周の長さと直径の長さの関係を調べます。

答え ① 省略（しょうりゃく）

② 直径10cmの円で考えると

㋐ 円の直径が10cmだから、正六角形の1辺の長さは5cmになる。正六角形のまわりの長さは　5×6＝30(cm)になるから、直径の長さ10cmの**3倍**になる。

㋑ 円の直径が10cmだから、正方形の1辺の長さは10cmになる。正方形のまわりの長さは　10×4＝40(cm)になるから、直径の長さ10cmの**4倍**になる。

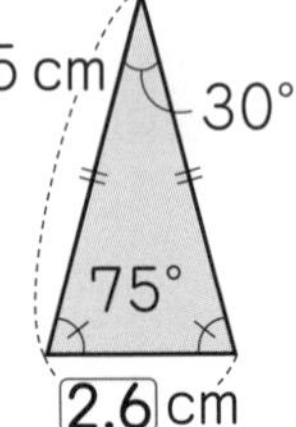

③ [2.6]×12÷10＝[3.12]（倍）

④ 省略

⑤ かんの場合で考えると

22÷7＝3.142…　　答え　**約3.14倍**

教 下 p.104

2 直径の長さが10cmの円の、円周（えんしゅう）の長さを求めましょう。

ねらい **円周の長さを求める式を考えます。**

考え方 円周率（えんしゅうりつ）＝円周÷直径　の式をもとにして考えます。

答え 円周の長さを□cmとして、

3.14＝□÷10

□＝3.14×10

＝31.4　　答え　**31.4cm**

―― 練習 ――

教 下 p.104

⚠1 下の円の、円周の長さを求めましょう。

① 直径12cmの円　② 直径3cmの円　③ 半径1cmの円

ねらい **円周の長さを求める式を利用して、円周の長さを求めます。**

考え方 円周の長さは　**円周＝直径×円周率**　で求めることができます。

答え ① 12×3.14＝37.68　　答え　**37.68cm**

② 3×3.14＝9.42　　答え　**9.42cm**

③ 半径が1cmだから、直径は2cmとなるから

2×3.14＝6.28　　答え　**6.28cm**

教 下 p.104

△2 右のきょり測定器(そくていき)は、車輪の円周の長さが1mになっています。
きょり測定器の車輪の直径の長さは何cmですか。
答えは四捨五入(ししゃごにゅう)して、$\frac{1}{10}$の位までのがい数で求めましょう。

□×3.14＝100

ねらい **円周の長さを求める式をもとにして、直径の長さを求めます。**

考え方 きょり測定器の直径の長さを□cmとして、

円周＝直径×円周率

の式にあてはめて、□を求めます。

答 え 1m＝100cmだから、車輪の直径の長さを□cmとして、

□×3.14＝100

□＝100÷3.14

＝31.84…

答え　約31.8cm

教 下 p.105

△3 右の図は、円を半分に折って切ったものです。
まわりの長さを求めましょう。

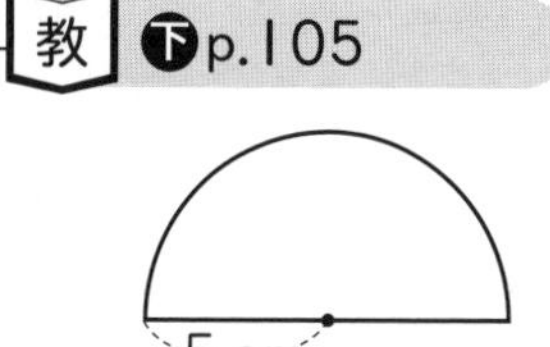

ねらい **円を半分にした形のまわりの長さを求めます。**

考え方 下のまっすぐな部分の長さをたすのをわすれないようにします。

答 え 円の部分の半径は5cmだから、直径は5×2＝10(cm)となります。
円の部分の長さは、円周の半分の長さだから、

10×3.14÷2＝15.7

下のまっすぐな部分は直径だから10cmです。
まわりの長さは　15.7＋10＝25.7

答え　25.7cm

ますりん通信　円周率を求めて

答 え 2200年前　$3\frac{1}{7}$＞円周率＞$3\frac{10}{71}$＝3.140845…

1500年前　$\frac{355}{113}$＝3.1415929…

教 下p.106

3 円の直径の長さが変わると、それにともなって、円周の長さはどのように変わりますか。

1 直径の長さを□cm、円周の長さを○cmとして、円周の長さを求める式を書きましょう。

2 □(直径)が1、2、3、…と変わると、○(円周)はそれぞれいくつになりますか。表に書きましょう。

3 円周の長さは、直径の長さに比例していますか。

4 直径が12cmのときの円周の長さは、直径が4cmのときの円周の長さの何倍ですか。

ねらい **直径の長さが変わるとき、それにともなって円周の長さがどのように変わるか調べます。**

考え方 2 1でつくった式の□に1、2、3、…を順にあてはめて、円周の長さを求めます。

3 直径の長さが2倍、3倍、…になると、それにともなって円周の長さがどのように変わるかを調べます。

4 直径の長さと円周の長さが比例することを利用して考えます。

答え 1 円周＝直径×円周率で、円周率は3.14だから

○＝□×3.14

2

直径 □(cm)	1	2	3	4	5	6	7	8	
円周 ○(cm)	3.14	6.28	9.42	12.56	15.7	18.84	21.98	25.12	

3 直径の長さが2倍、3倍、…になると、円周の長さも2倍、3倍、…になるので、円周の長さは、直径の長さに**比例している。**

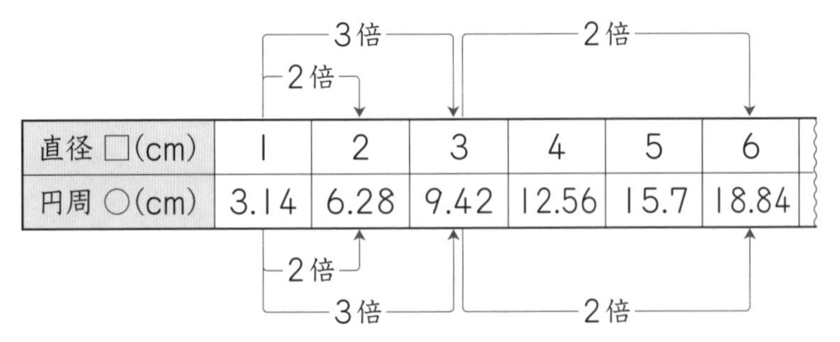

直径 □(cm)	1	2	3	4	5	6	
円周 ○(cm)	3.14	6.28	9.42	12.56	15.7	18.84	

4 直径の長さは12÷4＝3(倍)となっている。

円周の長さは直径の長さに比例するので、直径の長さが3倍になると、円周の長さも**3倍**になる。

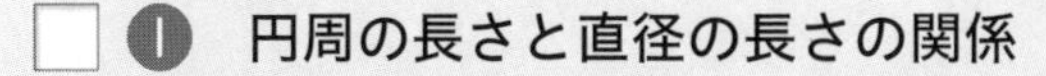

テスト前にチェックしよう！

□ ❶ **円周の長さと直径の長さの関係**

- 円周(えんしゅう)の長さは、直径の長さの約3.1倍になっている。
- **どんな大きさの円でも、円周の長さと直径の長さの割合(わりあい)は等しく**なっている。
- **□(直径)が2倍、3倍、…になると、それにともなって○(円周)も2倍、3倍、…になる**ので、○(円周)は□(直径)に比例する。

□ ❷ **円周率**

円周の長さが、直径の長さの何倍になっているかを表す数を、**円周率**(えんしゅうりつ)という。円周率は約3.14である。

円周率＝円周÷直径

□ ❸ **円周の長さの求め方**

円周の長さは、下の式で求められる。

円周＝直径×円周率

いかしてみよう

教 下p.107

高さ123mの観らん車があります。

① この観らん車の回転する部分の直径は何mですか。

② この観らん車が1周すると、ゴンドラに乗った人は何m動いたことになりますか。

答えは四捨五入(ししゃごにゅう)して、$\frac{1}{10}$の位までのがい数で求めましょう。

③ この観らん車のゴンドラは、分速20mで動いているとします。
ゴンドラに乗って1周するのに、何分かかりますか。
答えは四捨五入して、一の位までのがい数で求めましょう。

答え

① 123－8.3＝114.7　　答え　**114.7m**

② 観らん車を直径114.7mの円と考えると、動いた長さは、この円の円周の長さと同じになるから

114.7×3.14＝360.158（1を2に直して四捨五入）　　答え　**約360.2m**

③　かかる時間を□分とすると

20×□＝360.2

□＝360.2÷20

＝18.01

答え　約18分

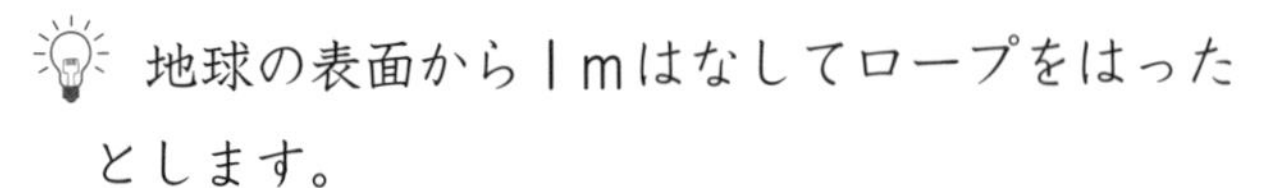

地球の表面から1mはなしてロープをはったとします。

ロープは、地球のまわりの長さよりどれだけ長くなりますか。

予想してから計算しましょう。

考え方　1m＝0.001kmだから、ロープは、半径が6000＋0.001＝6000.001（km）の円と考えることができます。

答え　地球のまわりの長さは

6000×2×3.14＝37680

ロープの長さは

6000.001×2×3.14＝37680.00628

長さのちがいは

37680.00628－37680＝0.00628（km）

答え　6.28m長くなる。

計算のきまりを利用して、下のように計算してもよい。

6000.001×2×3.14－6000×2×3.14

＝(6000.001－6000)×2×3.14

＝0.001×2×3.14

＝0.00628（km）

たしかめよう

教 下 p.108

半径6cmの円を使って、正五角形と正六角形をかきましょう。

考え方 円の中心のまわりの角を、下の角度にそれぞれ等分する方法でかきます。

正五角形…360÷5=72 ➡ 72°

正六角形…360÷6=60 ➡ 60°

正六角形は、円のまわりを半径の長さに開いたコンパスで区切ってかくこともできます。

答え 正五角形　正六角形

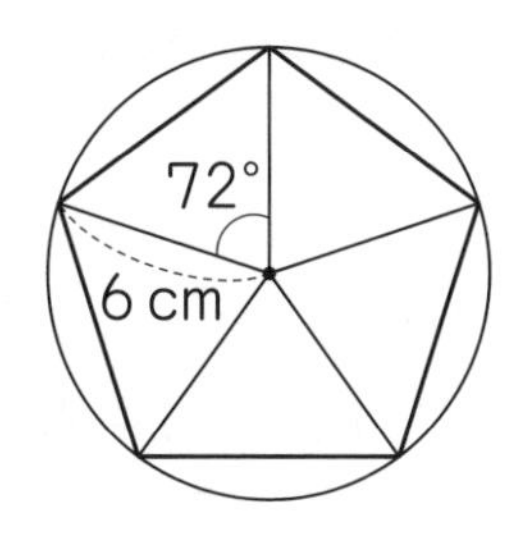

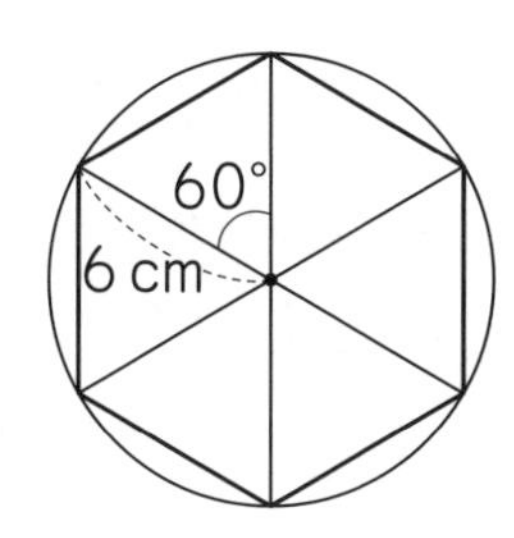

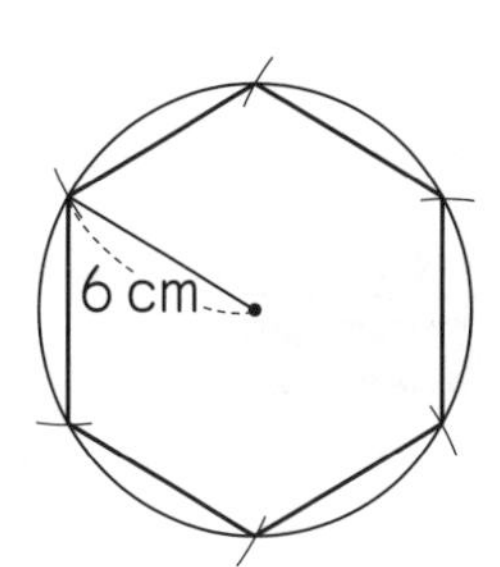

正六角形の１つの辺の長さは、円の半径の長さと同じだね。

下の円の、円周の長さを求めましょう。

① 直径7cmの円　② 半径6cmの円

答え

① 7×3.14=21.98　答え 21.98cm

② 6×2×3.14=37.68　答え 37.68cm

円周の長さが314mの円の半径は、何mですか。

考え方 直径の長さを□mとして、円周=直径×円周率（えんしゅうりつ） の式にあてはめます。

答え 直径の長さを□mとして、

$\square \times 3.14 = 314$

$\square = 314 \div 3.14$

$= 100$

直径が100mだから、この円の半径は、$100 \div 2 = 50$

答え　**50m**

 下の図のまわりの長さを求めましょう。

①

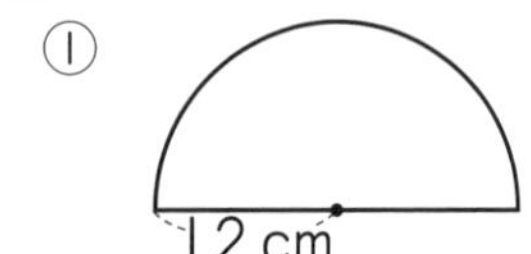

②

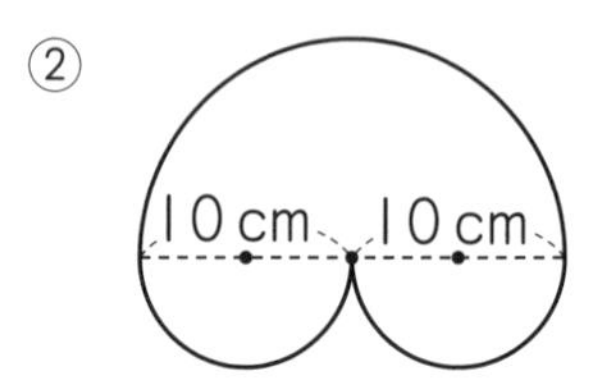

考え方 ②は半円を組み合わせた形です。

答え

① $12 \times 2 \times 3.14 \div 2 + 12 \times 2 = 61.68$　答え　**61.68cm**

② 上の部分の半円の直径の長さは　$10 + 10 = 20$ (cm)

下の部分の1つの半円の直径の長さは10cmとなるから

$20 \times 3.14 \div 2 + 10 \times 3.14 \div 2 \times 2 = 62.8$

答え　**62.8cm**

 右の図で、外側の円の円周の長さは、内側の円の円周の長さより何cm長いですか。

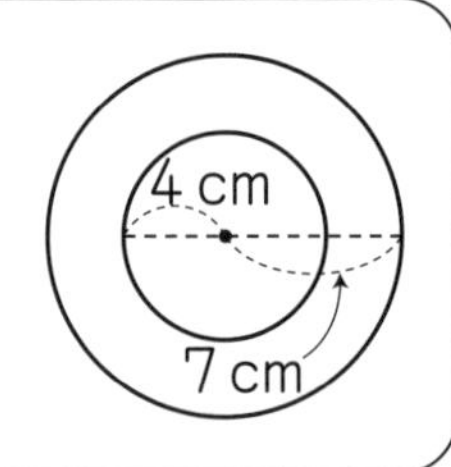

答え $7 \times 2 \times 3.14 - 4 \times 2 \times 3.14 = 43.96 - 25.12$

$= 18.84$

答え　**18.84cm長い。**

計算のきまりを利用して、下のように計算してもよい。

$7 \times 2 \times 3.14 - 4 \times 2 \times 3.14 = (7 - 4) \times 2 \times 3.14$

$= 3 \times 2 \times 3.14$

$= 6 \times 3.14$

$= 18.84$ (cm)

△6 直径28cmの円の円周の長さは、直径7cmの円の円周の長さの何倍ですか。それぞれの円の円周の長さを計算で求めないで答えましょう。

考え方 円周の長さは、直径の長さに比例(ひれい)することを使って考えます。

答 え 直径の長さは28÷7＝4で4倍になっています。
円周の長さは直径の長さに比例するから、直径の長さが4倍になると、円周の長さも4倍になります。

答え　4倍

つないでいこう 算数の目 ～大切な見方・考え方

1 円の性質(せいしつ)を、わかっている正多角形の性質から説明する

❶ **はると**…教科書109ページの正六角形は、6つの合同な正三角形を組み合わせた形になっています。
6つの正三角形の1辺の長さは、円の半径の長さ5cmと等しく、正六角形のまわりの長さはその6つ分だから、まわりの長さは5×6＝30(cm)で、直径の30÷10＝3(倍)となります。
円はこの正六角形の外側にあるので、円周の長さは正六角形のまわりの長さよりも少し長くなります。
したがって、円周の長さは直径の3倍より長くなります。

❷ ㋑

角柱と円柱

立体をくわしく調べよう

1 角柱と円柱

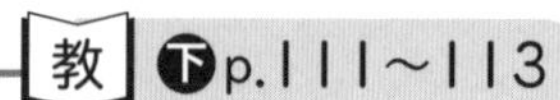

1 下の㋐～㋔の立体を、立体を囲む面に注目して、2つのなかまに分けてみましょう。

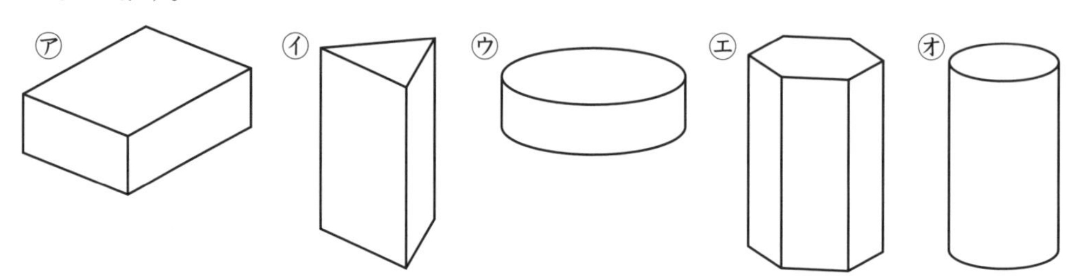

1 みさきさんは、下のようななかまに分けました。
(1)、(2)は、それぞれどんな立体のなかまといえるでしょうか。

みさき

(1) ㋐ ㋑ ㋓

(2) ㋒ ㋔

㋚ ㋛ ㋜ ㋝

2 下の面と平行になっている面は、どの面ですか。

3 上の面と下の面の形は、合同になっていますか。

4 まわりの面は、どんな形ですか。

5 角柱の側面と底面は、どのように交わっていますか。

6 ㋚、㋛、㋜、㋝の底面の形は、それぞれどんな形ですか。

7 直方体や立方体は、何という角柱ですか。

ねらい 平面だけで囲まれている立体の性質を調べます。

答え

1 (1)…立体を囲む面が、平面だけの立体。

(2)…立体を囲む面が、平面だけではない立体。

(㋒、㋔は、まわりの面が平面にはなっていない。)

2 上の面

3 合同になっている。

4 長方形

5 垂直(すいちょく)に交わっている。

6 ㋚…四角形(長方形)　㋛…三角形

㋜…六角形　㋝…四角形(台形)

7 直方体や立方体は底面が四角形の角柱だから、**四角柱**です。

教 下p.113

2 角柱の側面、頂点(ちょうてん)、辺の数を調べましょう。

1 教科書113ページの表のあいているところに、数を書きましょう。

2 表を見て、気づいたことを話し合いましょう。

ねらい 角柱の側面や頂点、辺の数を調べて、角柱の性質をさらに調べます。

答え

1

	三角柱	四角柱	五角柱	六角柱
1つの底面の頂点の数	3	4	5	6
側面の数	3	4	5	6
頂点の数	6	8	10	12
辺の数	9	12	15	18

2 (例)**みさき**…表をたてに見ると、側面の数は1つの底面の頂点の数と同じである。頂点、辺の数はそれぞれこの2倍、3倍になっている。

り　く…表を横に見ると、1つの底面の頂点の数が1増(ふ)えると、側面、頂点、辺の数はそれぞれ1、2、3ずつ増える。

表をたてや横に見ると、いろいろな関係がわかるね。

教 下 p.114

3 教科書112ページの(2)のような、右の㋟、㋠の立体の性質(せいしつ)を調べましょう。

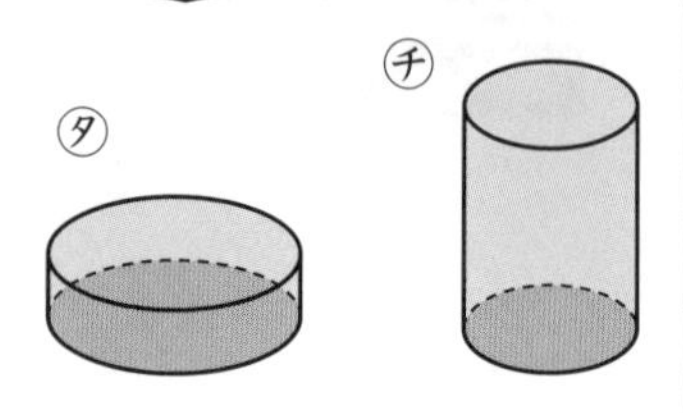

1 下の面と平行になっている面は、どの面ですか。
2 上の面と下の面は、何という形ですか。
また、合同になっていますか。
3 側面は、どのようになっていますか。
4 角柱や円柱の高さは、どの部分の長さになるでしょうか。

ねらい 平面だけで囲まれてはいない立体の性質を調べます。

答え
1 上の面
2 円、合同になっている。
3 平面にはなっていない。(曲面(きょくめん)になっている。)
4 底面に垂直(すいちょく)な直線で、2つの底面にはさまれた部分の長さ。

―― 練習 ――

教 下 p.115

 身のまわりから、角柱や円柱の形をしたものをさがしましょう。

ねらい 身のまわりのいろいろな形を立体としてとらえ、角柱や円柱の形をしたものをさがします。

答え 省略(しょうりゃく)

教 下 p.115

 角柱や円柱の見取図をかいてみましょう。

ねらい 角柱や円柱の見取図をかきます。

考え方 どことどこが平行になっているかを調べ、ますめを利用して、それらが平行になるようにかきます。
見取図では、見えない部分は点線(---)で示します。

答え

①

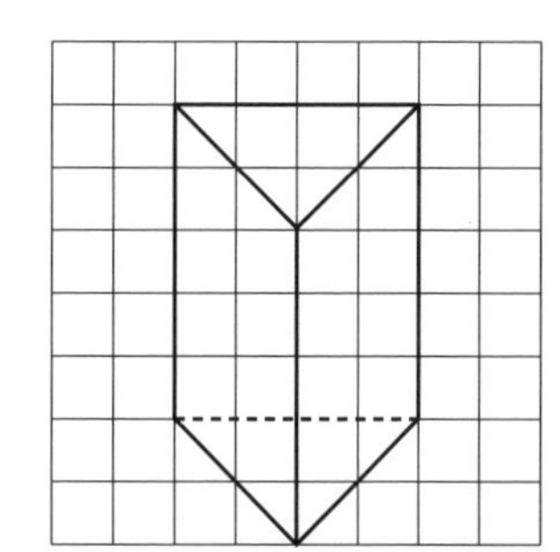

②

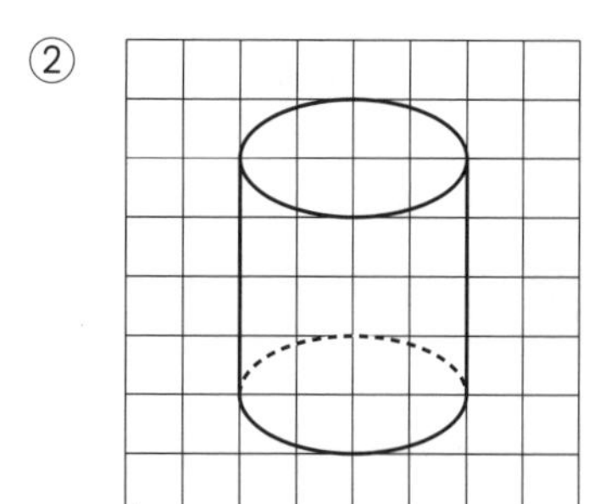

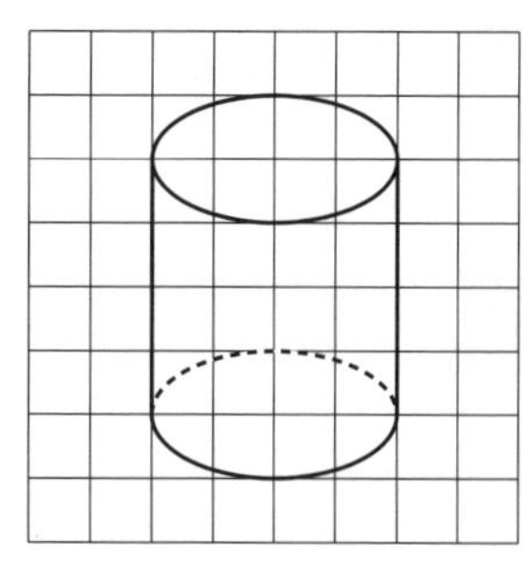

教科書のまとめ

テスト前にチェックしよう！

□ 1 角柱の底面と側面

右のような立体を、**角柱**（かくちゅう）という。

角柱で、上下に向かい合った2つの面を**底面**（ていめん）といい、まわりの四角形の面を**側面**（そくめん）という。

底面が三角形、四角形、五角形、六角形、…の角柱を、それぞれ三角柱、四角柱、五角柱、六角柱、…という。

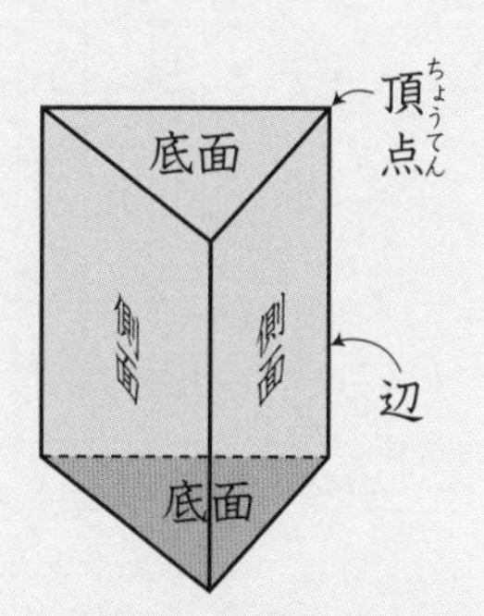

□ 2 円柱の底面と側面

右のような立体を、**円柱**（えんちゅう）という。

平らでない面を、**曲面**（きょくめん）という。

円柱の側面は、曲面になっている。

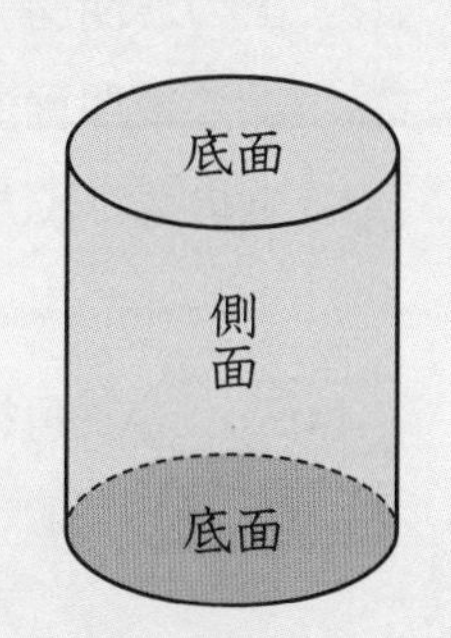

□ 3 角柱と円柱の高さ

角柱、円柱の底面に垂直な直線で、2つの底面にはさまれた部分の長さを、角柱、円柱の**高さ**（たか）という。

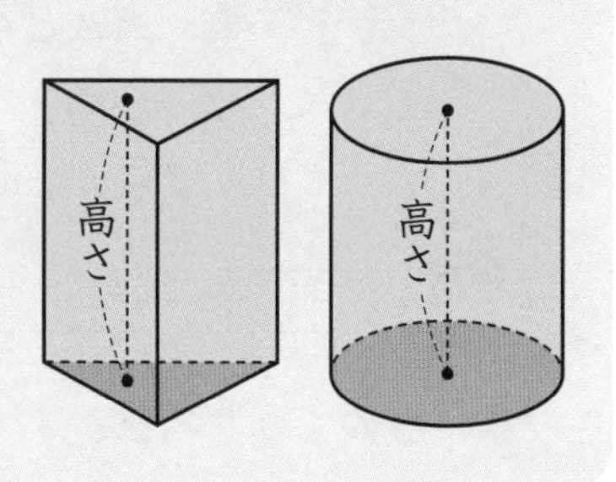

2 角柱と円柱の展開図

教 下p.116

1 工作用紙で、右のような三角柱を作りましょう。

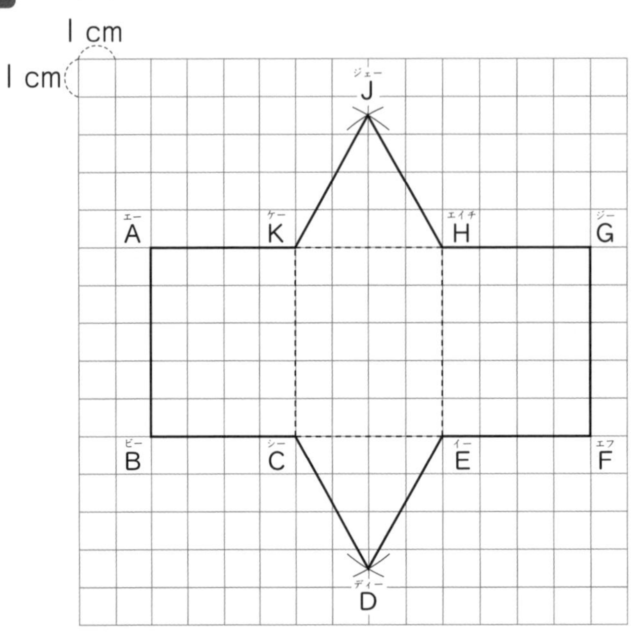

1 上の展開図で、高さはどこを見ればわかりますか。

2 上の展開図を組み立てたとき、点Jに集まる点はどれですか。

3 上のような展開図をかいて、三角柱を作りましょう。

ねらい 角柱の展開図のかき方を考えます。

答え

1 **側面の長方形のたての長さ**
(辺AB、辺KC、辺HE、辺GFの長さ)

2 **点Aと点G**

3 **省略**

練習

教 下p.116

△1 右のような角柱があります。

① この角柱は、何という角柱ですか。

② この角柱の高さは何cmですか。

③ この角柱の展開図をかきましょう。

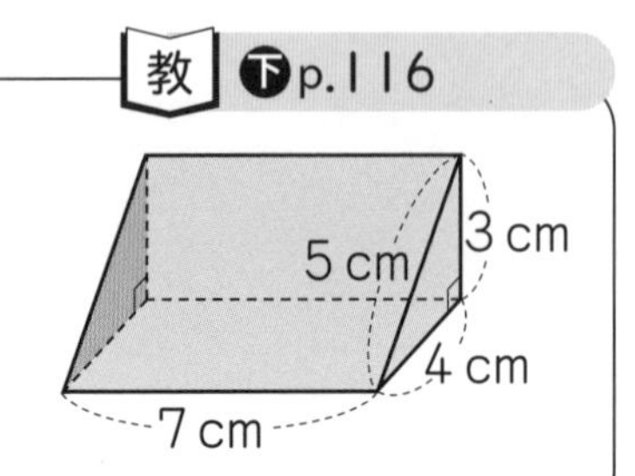

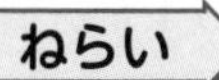
ねらい　三角柱の展開図をかきます。

考え方　① 何角柱かを答えるときは、底面の形を考えます。

③ 側面の3つの長方形のたてと横の長さがどうなるかを考えます。

答え　① 三角柱

② 7cm

③ (展開図の例)

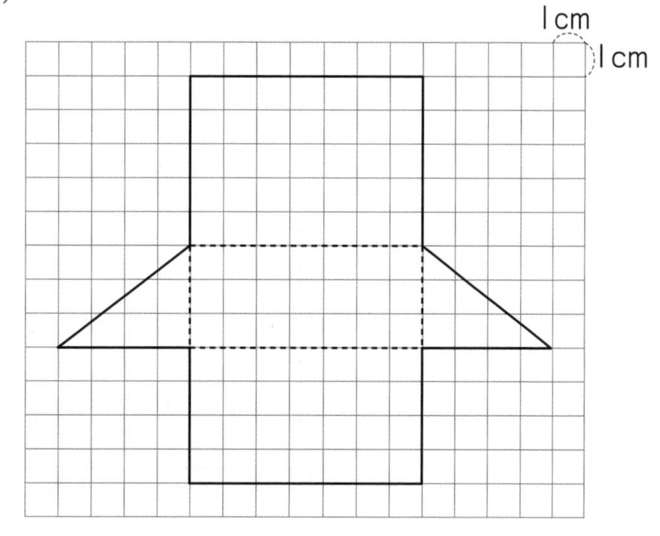

教 下p.117

2 工作用紙で、右のような円柱を作りましょう。

① 円柱の側面を切り開くと、どんな形になりますか。

② 下の展開図で、辺ADの長さはどのように決めればよいですか。

③ 辺ADの長さは何cmですか。

④ 右のような展開図をかいて、円柱を作りましょう。

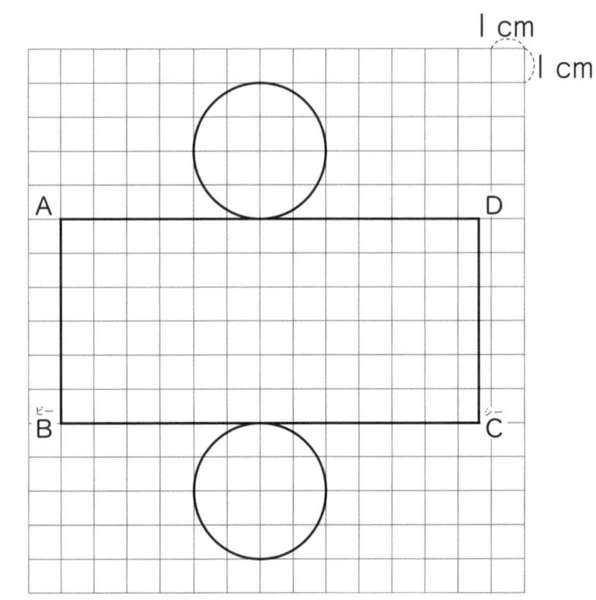

ねらい **円柱の展開図のかき方を考えます。**

考え方 ② 辺ADはどこの長さと同じになるか考えます。

答え ① **長方形**

② **底面の円周の長さを求めて決めます。**

③ 底面の円周の長さと同じで、底面は直径4cmの円だから、

$4 \times 3.14 = 12.56$　　　答え　12.56cm

④ 省略

―― 練習 ――

教 下p.117

△2 右のような円柱の展開図をかきましょう。

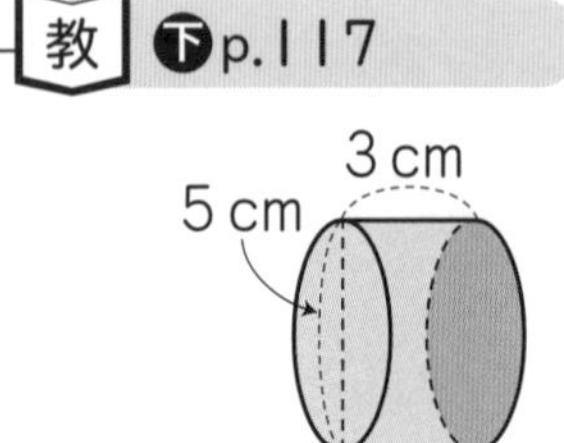

ねらい 円柱の展開図をかきます。

考え方 側面の長方形のたてと横の長さを考えます。

答え 円柱の側面の長方形の横の長さは、底面の円周の長さと同じだから、5×3.14＝15.7(cm)になります。また、たての長さは円柱の高さと同じ3cmになります。

（展開図の例）

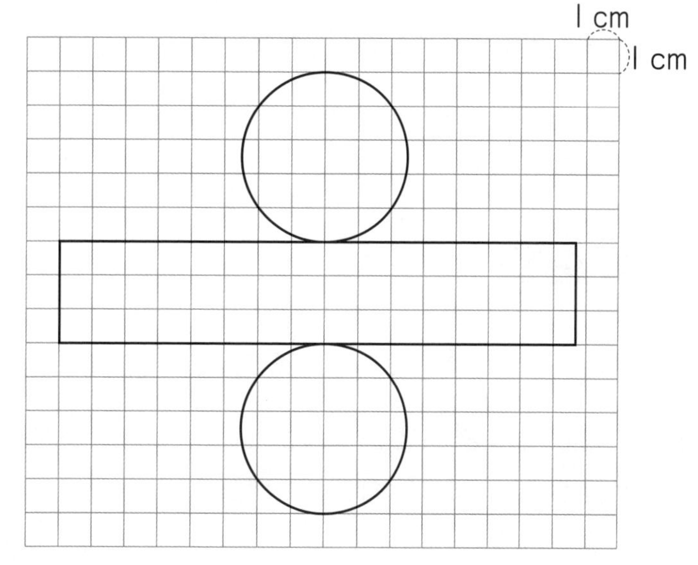

教科書のまとめ

テスト前にチェックしよう！

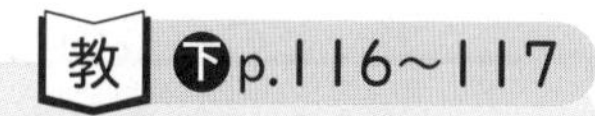

□ ❶ **三角柱の展開図のかき方**

直方体や立方体と同じように、**面の形やつながり方、辺の長さ**に注目すると、三角柱の展開図がかける。

□ ❷ **円柱の展開図のかき方**

円柱の展開図は、側面を長方形にしてかくことができる。

この長方形の**横の長さは底面の円周の長さと等しく、たての長さは高さと等しい。**

たしかめよう

教 下p.118

△1 右のような角柱があります。

① この角柱は、何という角柱ですか。

② 面ABCDEに平行な面はどれですか。

③ 底面に垂直(すいちょく)な辺を全部答えましょう。

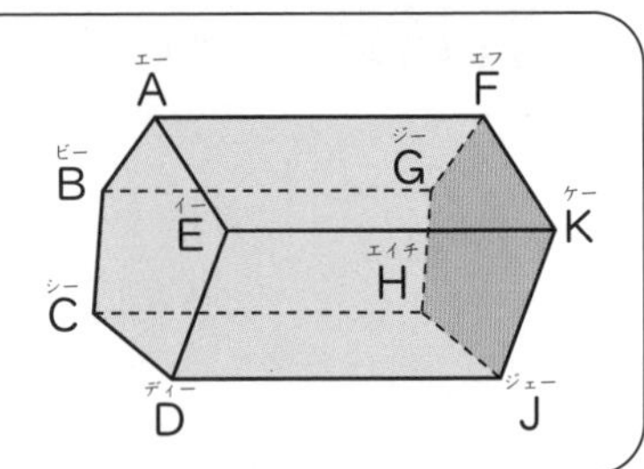

考え方 ① 何角柱かを答えるときは、底面の形を考えます。

③ 高さにあたる辺は、底面に垂直になっています。

答え ① 五角柱

② 面FGHJK

③ 辺AF、辺BG、辺CH、辺DJ、辺EK

△2 右の図のような角柱の展開図(てんかいず)を組み立てます。

① この角柱は、何という角柱ですか。

② この角柱の高さは何cmですか。

③ 点Aに集まる点を全部答えましょう。

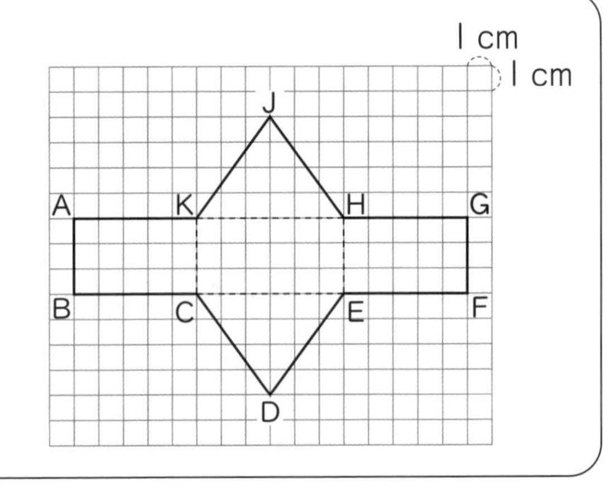

考え方 ① 底面がどの部分になるかを考えます。

② 角柱の高さは、側面の長方形のたての長さです。

③ 組み立ててできる立体をイメージして考えます。

答え ① 三角柱　② 3cm　③ 点J、点G

△3 右のような円柱の展開図をかきます。

① 底面の円の半径は何cmですか。

② 側面の長方形のたて、横はそれぞれ何cmですか。

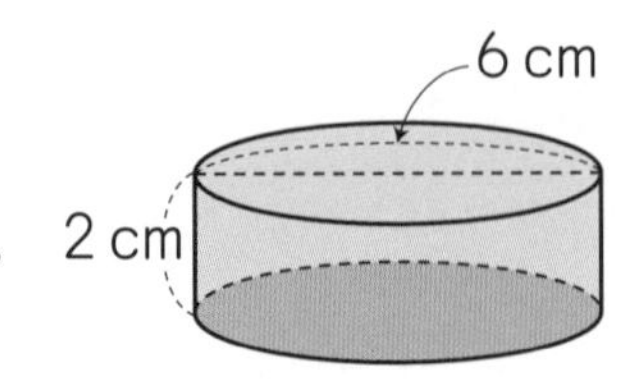

考え方 ② 側面の長方形のたて、横の長さは、それぞれどの部分と同じになるかを考えます。

答え ① 底面の円の直径が6cmだから、

6÷2＝3　　答え　3cm

② 側面の長方形のたての長さは、円柱の高さと等しいから、2cm。
側面の長方形の横の長さは、底面の円周の長さと等しいから

6×3.14＝18.84　　答え　たて2cm、横18.84cm

つないでいこう 算数の目 〜大切な見方・考え方

教 下p.119

1 立体の性質(せいしつ)を、面の特ちょうや面どうしの関係に注目して調べる

❶ しほ…㋑　はると…㋐　あみ…㋒

❷ りく…直方体も立方体も、底面の形が 四角形 だから、どちらも 四角 柱です。

考える力をのばそう

もとにする大きさに注目して 教 下 p.120〜121

1 答え

❶ ㋑

❷ 115%、1.15

❸

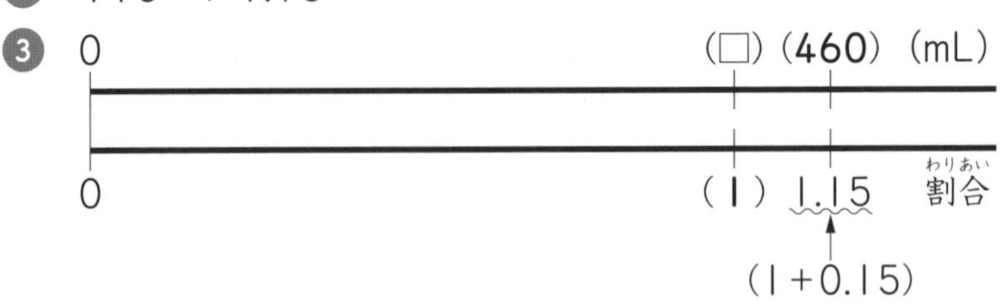

❹ 増量前のシャンプーの量は□mL だから

□×1.15=460

□=460÷1.15

=400

答え 400 mL

2 答え 軽量化前のノートの重さを□gとして、

□×0.8=96

□=96÷0.8

=120

答え 120g

❶ 量の関係を正しく表しているのは、**あみの図**

みさき…20%軽量化したノートの重さは、もとのノートの重さの 80 %だから…。

算数で読みとこう

地球温だん化について考えよう 教 下 p.122〜123

1 答え

❶ (例)年れいが11〜20年の木が二酸化炭素をすう量がいちばん多いです。各年れいを通して、スギがヒノキより多く二酸化炭素をすいます。ただ、年れいが21〜30年のときだけヒノキのほうがスギよりも多く二酸化炭素をすいます。年れいが1〜10年と81〜90年のときは、ヒノキはほとんど二酸化炭素をすいません。
年れいが高くなると、スギもヒノキも二酸化炭素をすう量は少なくなります。

❷ (例)1986年にいちばん面積が広かったのは、年れいが21〜30年でした。それから31年後の2017年にいちばん面積が広かったのは、年れいは51年以上の人工林であることがわかります。人工林の総面積が増えていることからも、2017年のほうがすう量は多いようにも思います。でも、年れい別面積の割合を見ると、2017年は51年以上の割合がほぼ半数で、ほかの年数のものより二酸化炭素をすう量が少ないことを考えると、人工林がすう二酸化炭素の量の増え方はそんなに多くないものと思われます。

2 **答え** ❶ (例) データ4の9つのことすべてに取り組んだとします。

その取り組みにより、減らすことができる二酸化炭素の量の合計は、170.4kgです。

もとにする量は、1780kgだから、上から2けたのがい数で求めると

$$170.4 \div 1780 \times 100 = 9.57\cdots$$
$$= 9.6\ (\%)$$

を減らすことができます。

5年のふくしゅう

教 下p.124～128

1 ① $3.14=1\times\boxed{3}+0.1\times\boxed{1}+0.01\times\boxed{4}$

② 3.14は、0.0314を$\boxed{100}$倍した数です。

③ 3.14を$\frac{1}{100}$にした数は、$\boxed{0.0314}$です。

2 偶数（ぐうすう）…2、14、18、20
奇数（きすう）…3、5、9、13、15、19

3 ① 1、3　② 1、2　③ 1、3、9

4 ① 28　② 72　③ 84

5 ① $\frac{1}{9}$　② $\frac{7}{8}$　③ $\frac{6}{5}\left(1\frac{1}{5}\right)$

6 ① $\frac{3}{5}+\frac{2}{3}=\frac{9}{15}+\frac{10}{15}=\frac{19}{15}\left(1\frac{4}{15}\right)$

② $\frac{5}{6}+\frac{2}{21}=\frac{35}{42}+\frac{4}{42}=\frac{\overset{13}{\cancel{39}}}{\underset{14}{\cancel{42}}}=\frac{13}{14}$

③ $1\frac{4}{9}+\frac{1}{6}=1\frac{8}{18}+\frac{3}{18}=1\frac{11}{18}\left(\frac{29}{18}\right)$

④ $3\frac{1}{4}+2\frac{2}{7}=3\frac{7}{28}+2\frac{8}{28}=5\frac{15}{28}\left(\frac{155}{28}\right)$

⑤ $2\frac{1}{6}+\frac{7}{10}=2\frac{5}{30}+\frac{21}{30}=2\frac{\overset{13}{\cancel{26}}}{\underset{15}{\cancel{30}}}=2\frac{13}{15}\left(\frac{43}{15}\right)$

⑥ $\frac{4}{5}-\frac{3}{4}=\frac{16}{20}-\frac{15}{20}=\frac{1}{20}$

⑦ $\frac{7}{9}-\frac{1}{12}=\frac{28}{36}-\frac{3}{36}=\frac{25}{36}$

⑧ $1\frac{5}{8}-\frac{3}{10}=1\frac{25}{40}-\frac{12}{40}=1\frac{13}{40}\left(\frac{53}{40}\right)$

⑨ $\frac{9}{10}-0.3=\frac{9}{10}-\frac{3}{10}=\frac{\overset{3}{\cancel{6}}}{\underset{5}{\cancel{10}}}=\frac{3}{5}\left(\frac{9}{10}-0.3=0.9-0.3=0.6\right)$

7 $\frac{1}{2}$時間

① 3.7 × 4.2
　　74
　148
　15.54

② 2.6 × 3.4
　104
　78
　8.84

③ 3.56 × 4.8
　2848
　1424
　17.088

④ 60.2 × 0.52
　1204
　3010
　31.304

⑤ 7.5 × 2.44
　300
　300
　150
　18.300

⑥ 0.7 × 0.6
　0.42

⑦ 9.8 ÷ 3.5 = 2.8
　70
　280
　280
　0

⑧ 16.2 ÷ 3.6 = 4.5
　144
　180
　180
　0

⑨ 2.01 ÷ 1.34 = 1.5
　134
　670
　670
　0

⑩ 4.4 ÷ 8.8 = 0.5
　440
　0

⑪ 7.5 ÷ 12.5 = 0.6
　750
　0

⑫ 6.12 ÷ 0.18 = 34
　54
　72
　72
　0

9 ① 6.3 ÷ 2.9 = 2.17 → 2.2
　58
　50
　29
　210
　203
　7

② 7.31 ÷ 1.2 = 6.09 → 6.1
　72
　110
　108
　2

③ 18.6 ÷ 9.7 = 1.91 → 1.9
　97
　890
　873
　170
　97
　73

10 135×0.8＝108　　答え　108円

11 83.5÷2.5＝33あまり1　　答え　33ふくろできて、1kgあまる。

12 ① 10×6÷2＝30　　答え　$30cm^2$

② 9×6＝54　　答え　$54cm^2$

③ (6＋10)×7.5÷2＝60　　答え　$60cm^2$

④ 12×16÷2＝96　　答え　$96cm^2$

5年のふくしゅう

13 ① $6\times6\times6=216$ 答え 216cm^3

② $3\times6\times2=36$ 答え 36cm^3

③ 左の図のように、左と右の2つの直方体に分ける。

左の直方体の体積は

$5\times(12-5)\times(8-5)=105$

右の直方体の体積は

$5\times5\times8=200$

全体の体積は $105+200=305$

答え 305cm^3

④ 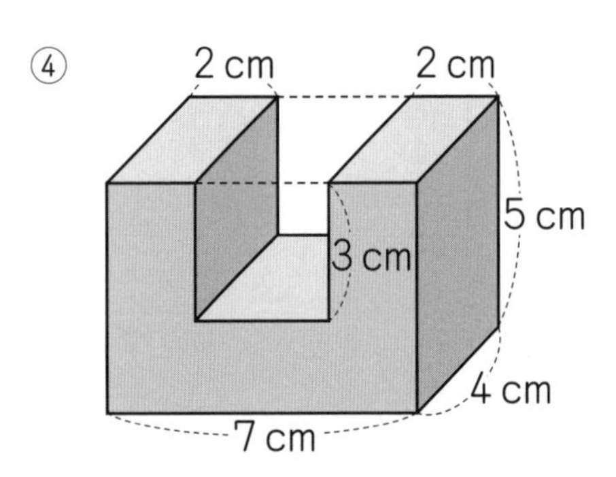

左の図のように、大きな直方体を考える。

大きな直方体の体積は

$4\times7\times5=140$

切り取られた直方体の体積は

$4\times(7-2-2)\times3=36$

求める体積は $140-36=104$

答え 104cm^3

辺AB（エービー）、辺BC（シー）、辺ACのどれか1つの長さ

15 ① $180-(50+65)=65$ ㋐…65°

② $180-(100+35)=45$ $180-45=135$ ㋑…135°

③ $360-(95+90+75)=100$ ㋒…100°

④ $360-(75+130+80)=75$ $180-75=105$ ㋓…105°

16 $5\times2\times3.14=31.4$ 答え 31.4cm

17 ① 三角柱

② 3cm

③ (例)

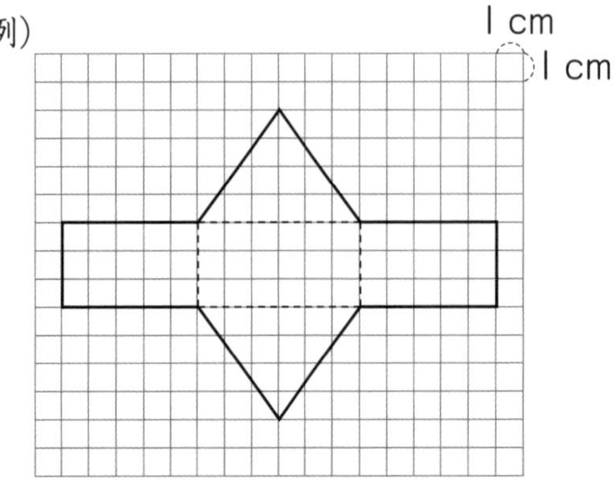

横の長さ□(cm)	1	2	3	4	5	6	7
面積　○(cm^2)	3	6	9	12	15	18	21

横の長さ□cmが2倍、3倍、…になると、それにともなって面積○cm^2も2倍、3倍、…になるから、面積○cm^2は、横の長さ□cmに**比例**（ひれい）**している。**

① (98+120+113+105+124)÷5=112　　答え　**112mL**

② 112×20=2240　　答え　**2240mL**

• 1m^2あたりのにわとりの数で比（くら）べる。

Aの小屋　9÷10=0.9

Bの小屋　12÷15=0.8　　答え　**Aの小屋**がこんでいる。

• 1羽あたりの面積で比べる。

Aの小屋　10÷9=1.11…

Bの小屋　15÷12=1.25　　答え　**Aの小屋**がこんでいる。

① 50×3=150　　答え　**150km**

② 1200÷15=80　　答え　**分速80m**

③ かかる時間を□秒として、

25×□=600

□=600÷25

=24　　答え　**24秒**

① **0.03**　② **0.8**　③ **1.25**　④ **0.005**

① 3.2÷8=0.4　**40%**

② 370÷250=1.48　**148%**

① 校庭…**30%**　　体育館…53−30=23　**23%**

教室…72−53=19　**19%**　　ろう下…82−72=10　**10%**

その他…100−82=18　**18%**

② 30÷10=3　　答え　**3倍**

③ あわせると53%だから、全体のおよそ$\frac{1}{2}$となる。　　答え　**およそ$\frac{1}{2}$**

プログラミングを体験しよう！

教 下 p.130

1 省略

2 ① 180−60＝120 だから、120°

手順

3 回くり返す
　前に 10 cm進みながら直線をかく
　120 ° 右に回転する

かたちであそぼう

しきつめもよう

教 下 p.131

考え方 下の図のように、平行四辺形の一部分をうつして形を変えます。
これをくり返しておもしろい形を作り、それをしきつめてみます。

答え （例１）

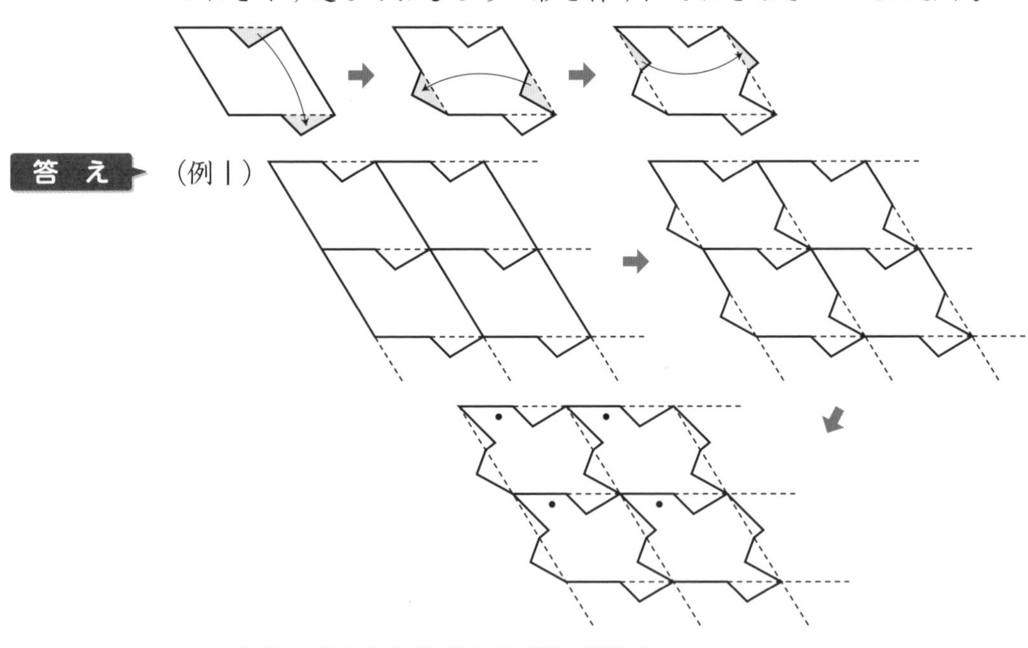

（例２）

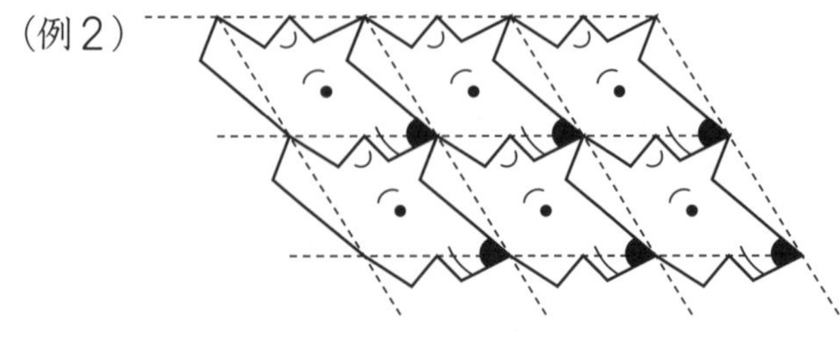

ほじゅうのもんだい

教 下 p.132〜137

10 分数のたし算、ひき算を広げよう

教 下 p.132〜133

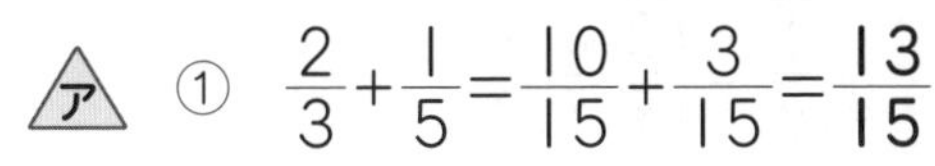

ア

① $\frac{2}{3}+\frac{1}{5}=\frac{10}{15}+\frac{3}{15}=\mathbf{\frac{13}{15}}$

② $\frac{1}{4}+\frac{3}{5}=\frac{5}{20}+\frac{12}{20}=\mathbf{\frac{17}{20}}$

③ $\frac{3}{7}+\frac{4}{3}=\frac{9}{21}+\frac{28}{21}=\mathbf{\frac{37}{21}}\left(\mathbf{1\frac{16}{21}}\right)$

④ $\frac{3}{2}+\frac{6}{5}=\frac{15}{10}+\frac{12}{10}=\mathbf{\frac{27}{10}}\left(\mathbf{2\frac{7}{10}}\right)$

⑤ $\frac{4}{5}-\frac{1}{6}=\frac{24}{30}-\frac{5}{30}=\mathbf{\frac{19}{30}}$

⑥ $\frac{1}{3}-\frac{2}{7}=\frac{7}{21}-\frac{6}{21}=\mathbf{\frac{1}{21}}$

⑦ $\frac{6}{5}-\frac{3}{8}=\frac{48}{40}-\frac{15}{40}=\mathbf{\frac{33}{40}}$

⑧ $\frac{7}{3}-\frac{3}{2}=\frac{14}{6}-\frac{9}{6}=\mathbf{\frac{5}{6}}$

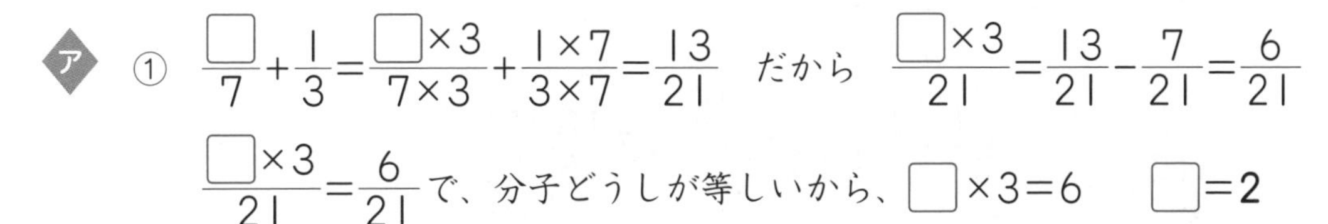

ア

① $\frac{\square}{7}+\frac{1}{3}=\frac{\square\times3}{7\times3}+\frac{1\times7}{3\times7}=\frac{13}{21}$ だから $\frac{\square\times3}{21}=\frac{13}{21}-\frac{7}{21}=\frac{6}{21}$

$\frac{\square\times3}{21}=\frac{6}{21}$ で、分子どうしが等しいから、$\square\times3=6$　$\square=\mathbf{2}$

② $\frac{\square}{9}-\frac{3}{7}=\frac{\square\times7}{9\times7}-\frac{3\times9}{7\times9}=\frac{43}{63}$ だから $\frac{\square\times7}{63}=\frac{43}{63}+\frac{27}{63}=\frac{70}{63}$

$\frac{\square\times7}{63}=\frac{70}{63}$ で、分子どうしが等しいから、$\square\times7=70$　$\square=\mathbf{10}$

③ $\frac{3}{4}-\frac{\square}{3}=\frac{3\times3}{4\times3}-\frac{\square\times4}{3\times4}=\frac{1}{12}$ だから $\frac{\square\times4}{12}=\frac{9}{12}-\frac{1}{12}=\frac{8}{12}$

$\frac{\square\times4}{12}=\frac{8}{12}$ で、分子どうしが等しいから、$\square\times4=8$　$\square=\mathbf{2}$

④ $\frac{\boxed{ア}}{5}+\frac{\boxed{イ}}{3}=\frac{\boxed{ア}\times3}{5\times3}+\frac{\boxed{イ}\times5}{3\times5}=\frac{19}{15}$ だから $\frac{\boxed{ア}\times3}{15}+\frac{\boxed{イ}\times5}{15}=\frac{19}{15}$

分子どうしが等しいから、$\boxed{ア}\times3+\boxed{イ}\times5=19$

$\boxed{ア}$、$\boxed{イ}$にあてはまる数の組を考えると、$\boxed{ア}=3$、$\boxed{イ}=2$のとき、

$3\times3+2\times5=19$となるから、$\square$にあてはまる数は、順に**3**、**2**

イ

① $\frac{5}{12}+\frac{1}{3}=\frac{5}{12}+\frac{4}{12}=\frac{\overset{3}{\cancel{9}}}{\underset{4}{\cancel{12}}}=\mathbf{\frac{3}{4}}$

② $\frac{7}{12}+\frac{3}{8}=\frac{14}{24}+\frac{9}{24}=\mathbf{\frac{23}{24}}$

③ $\frac{9}{10}-\frac{2}{5}=\frac{9}{10}-\frac{4}{10}=\frac{\overset{1}{\cancel{5}}}{\underset{2}{\cancel{10}}}=\mathbf{\frac{1}{2}}$

新しい算数5下 プラス

④ $\frac{11}{6}-\frac{3}{4}=\frac{22}{12}-\frac{9}{12}=\mathbf{\frac{13}{12}}\left(\mathbf{1\frac{1}{12}}\right)$

考え方 分母を通分したとき8になることから、分母に入る数を考えます。

① $\frac{\boxed{3}}{\boxed{4}}+\frac{\boxed{1}}{\boxed{8}}=\frac{7}{8}$ $\left(\frac{\boxed{1}}{\boxed{8}}+\frac{\boxed{3}}{\boxed{4}}=\frac{7}{8}\right)$　② $\frac{\boxed{1}}{\boxed{2}}-\frac{\boxed{3}}{\boxed{8}}=\frac{1}{8}$

ウ

① $1\frac{1}{4}+3\frac{2}{3}=1\frac{3}{12}+3\frac{8}{12}=\mathbf{4\frac{11}{12}}\left(\mathbf{\frac{59}{12}}\right)$

② $\frac{3}{7}+3\frac{1}{3}=\frac{9}{21}+3\frac{7}{21}=\mathbf{3\frac{16}{21}}\left(\mathbf{\frac{79}{21}}\right)$

③ $2\frac{1}{3}+1\frac{1}{6}=2\frac{2}{6}+1\frac{1}{6}=3\frac{\overset{1}{\cancel{3}}}{\underset{2}{\cancel{6}}}=\mathbf{3\frac{1}{2}}\left(\mathbf{\frac{7}{2}}\right)$

④ $\frac{7}{10}+3\frac{1}{6}=\frac{21}{30}+3\frac{5}{30}=3\frac{\overset{13}{\cancel{26}}}{\underset{15}{\cancel{30}}}=\mathbf{3\frac{13}{15}}\left(\mathbf{\frac{58}{15}}\right)$

ウ

① $2\frac{3}{4}+1\frac{1}{3}=2\frac{9}{12}+1\frac{4}{12}=3\frac{13}{12}=\mathbf{4\frac{1}{12}}\left(\mathbf{\frac{49}{12}}\right)$

② $2\frac{5}{6}+1\frac{1}{2}=2\frac{5}{6}+1\frac{3}{6}=3\frac{\overset{4}{\cancel{8}}}{\underset{3}{\cancel{6}}}=3\frac{4}{3}=\mathbf{4\frac{1}{3}}\left(\mathbf{\frac{13}{3}}\right)$

③ $\frac{7}{10}+2\frac{1}{3}=\frac{21}{30}+2\frac{10}{30}=2\frac{31}{30}=\mathbf{3\frac{1}{30}}\left(\mathbf{\frac{91}{30}}\right)$

④ $4\frac{3}{5}+\frac{9}{10}=4\frac{6}{10}+\frac{9}{10}=4\frac{\overset{3}{\cancel{15}}}{\underset{2}{\cancel{10}}}=4\frac{3}{2}=\mathbf{5\frac{1}{2}}\left(\mathbf{\frac{11}{2}}\right)$

エ

① $2\frac{2}{3}-1\frac{3}{8}=2\frac{16}{24}-1\frac{9}{24}=\mathbf{1\frac{7}{24}}\left(\mathbf{\frac{31}{24}}\right)$

② $4\frac{2}{3}-\frac{2}{5}=4\frac{10}{15}-\frac{6}{15}=\mathbf{4\frac{4}{15}}\left(\mathbf{\frac{64}{15}}\right)$

③ $3\frac{1}{2}-1\frac{1}{6}=3\frac{3}{6}-1\frac{1}{6}=2\frac{\overset{1}{\cancel{2}}}{\underset{3}{\cancel{6}}}=\mathbf{2\frac{1}{3}}\left(\mathbf{\frac{7}{3}}\right)$

④ $2\frac{2}{3}-\frac{1}{6}=2\frac{4}{6}-\frac{1}{6}=2\frac{\overset{1}{\cancel{3}}}{\underset{2}{\cancel{6}}}=\mathbf{2\frac{1}{2}}\left(\mathbf{\frac{5}{2}}\right)$

エ ① $4\frac{1}{3}-1\frac{4}{5}=4\frac{5}{15}-1\frac{12}{15}=3\frac{20}{15}-1\frac{12}{15}=\mathbf{2\frac{8}{15}}\left(\mathbf{\frac{38}{15}}\right)$

② $3\frac{1}{2}-1\frac{5}{6}=3\frac{3}{6}-1\frac{5}{6}=2\frac{9}{6}-1\frac{5}{6}=1\frac{\cancel{4}^{2}}{\cancel{6}_{3}}=\mathbf{1\frac{2}{3}}\left(\mathbf{\frac{5}{3}}\right)$

③ $1\frac{1}{3}-\frac{7}{8}=1\frac{8}{24}-\frac{21}{24}=\frac{32}{24}-\frac{21}{24}=\mathbf{\frac{11}{24}}$

④ $2\frac{1}{6}-\frac{2}{3}=2\frac{1}{6}-\frac{4}{6}=1\frac{7}{6}-\frac{4}{6}=1\frac{\cancel{3}^{1}}{\cancel{6}_{2}}=\mathbf{1\frac{1}{2}}\left(\mathbf{\frac{3}{2}}\right)$

先に仮分数(かぶんすう)になおしてから通分してもよい。

オ ① $\frac{2}{5}+0.2=\frac{2}{5}+\frac{\cancel{2}^{1}}{\cancel{10}_{5}}=\frac{2}{5}+\frac{1}{5}=\mathbf{\frac{3}{5}}$ (**0.6**)

② $0.75-\frac{1}{4}=\frac{\cancel{75}^{3}}{\cancel{100}_{4}}-\frac{1}{4}=\frac{3}{4}-\frac{1}{4}=\frac{\cancel{2}^{1}}{\cancel{4}_{2}}=\mathbf{\frac{1}{2}}$ (**0.5**)

③ $0.25+\frac{2}{3}=\frac{\cancel{25}^{1}}{\cancel{100}_{4}}+\frac{2}{3}=\frac{1}{4}+\frac{2}{3}=\frac{3}{12}+\frac{8}{12}=\mathbf{\frac{11}{12}}$

④ $\frac{4}{7}-0.3=\frac{4}{7}-\frac{3}{10}=\frac{40}{70}-\frac{21}{70}=\mathbf{\frac{19}{70}}$

分けた水の量は全体で

$\frac{1}{3}+0.3+\frac{2}{5}=\frac{1}{3}+\frac{3}{10}+\frac{2}{5}=\frac{10}{30}+\frac{9}{30}+\frac{12}{30}=\frac{31}{30}$

残っている水の量は

$1.5-\frac{31}{30}=\frac{15}{10}-\frac{31}{30}=\frac{45}{30}-\frac{31}{30}=\frac{\cancel{14}^{7}}{\cancel{30}_{15}}=\frac{7}{15}$

答え $\frac{7}{15}$ L

11 ならした大きさを考えよう

 下p.133

$(82+69+92+85+100+70)\div6=83$

答え 83cm

㋐ $(78+80+80+78+81+77)\div6=79$

㋑ $(79+78+79+97+79+76+79)\div7=81$

㋒ $(81+79+80+78+82)\div5=80$

答え ㋑、㋒

12 比べ方を考えよう(1)

教 下 p.133〜134

キ　1個あたりのねだんを調べると

10個で180円のたまごは　180÷10=18(円)

6個で120円のたまごは　120÷6=20(円)

答え　**6個で120円のたまご**

キ　1m^2あたりにとれたりんごの重さを調べると

果じゅ園A(エー)では　880÷40=22(kg)

果じゅ園B(ビー)では　930÷50=18.6(kg)

果じゅ園C(シー)では　1800÷100=18(kg)

答え　**果じゅ園A**

ク　時速は　216÷3=72

分速は　72÷60=1.2

1.2km=1200mだから、秒速は　1200÷60=20

答え　**時速72km、分速1.2km(1200m)、秒速20m**

ク　2時間半=2.5時間だから、時速は　135÷2.5=54

分速は　54÷60=0.9

0.9km=900mだから、秒速は　900÷60=15

答え　**時速54km、分速0.9km(900m)、秒速15m**

ケ　50×2=100

答え　**100km**

ケ　60×3.5=210

答え　**210km**

コ　かかる時間を□分とすると、3.6km=3600mだから

600×□=3600

□=3600÷600

=6

答え　**6分**

コ　① 350÷50=7

答え　**秒速7m**

② □秒後とすると、

7×□=245

□=245÷7

=35

答え　**35秒後**

13 面積の求め方を考えよう

教 下 p.134〜136

サ　① 9×6=54　**54cm^2**　　② 20×12=240　**240cm^2**

 ① $6\times\square=24$ ② $\square\times5=35$

$\square=24\div6$ $\square=35\div5$

$=4$ 答え 4 $=7$ 答え 7

 ① $3\times7=21$ 21cm^2 ② $4\times4.5=18$ 18cm^2

 底辺の長さを5cmとみると、高さは9cmだから、この平行四辺形の面積は

$5\times9=45$ (cm^2)

底辺の長さを□cmとみると、高さは3cmだから、

$\square\times3=45$

$\square=45\div3$

$=15$

答え 15

 ① $8\times5\div2=20$ 20cm^2 ② $12\times6\div2=36$ 36cm^2

 ① $\square\times6\div2=42$ ② $9\times\square\div2=54$

$\square=42\times2\div6$ $\square=54\times2\div9$

$=14$ $=12$

 ① $8\times4\div2=16$ 16cm^2 ② $4\times7\div2=14$ 14cm^2

 底辺の長さを9cmとみると、高さは3cmだから、この三角形の面積は

$9\times3\div2=13.5$ (cm^2)

底辺の長さを6cmとみると、高さは□cmだから、

$6\times\square\div2=13.5$

$\square=13.5\times2\div6$

$=4.5$

答え 4.5

 ① $(4+8)\times5\div2=30$ 30cm^2 ② $(9+3)\times4\div2=24$ 24cm^2

 ① 高さを□cmとして、

$(16+8)\times\square\div2=72$

$\square=72\times2\div(16+8)$

$=144\div24$

$=6$

答え 6cm

② 台形ABCD(ディー)の(上底＋下底)の長さは$16+8=24$ (cm)だから、面積が半分になるようにするには、台形ABCE(イー)の(上底＋下底)の長さを$24\div2=12$ (cm)にすればよい。BCの長さが8cmだから、AEの長さは

$12-8=4$

答え 4cm

新しい算数5下 プラス

14 比べ方を考えよう(2)　　教 下 p.136

① 55%　② 30%　③ 127%　④ 30.9%　⑤ 400%

① 60%　② 7%

③ $\frac{9}{10}=0.9$ だから　90%　$\left(\frac{9}{10}=\frac{90}{100}\right.$ だから　$\left.90\%\right)$

④ $\frac{4}{5}=0.8$ だから　80%　$\left(\frac{4}{5}=\frac{4\times20}{5\times20}=\frac{80}{100}\right.$ だから　$\left.80\%\right)$

⑤ $\frac{3}{4}=0.75$ だから　75%　$\left(\frac{3}{4}=\frac{3\times25}{4\times25}=\frac{75}{100}\right.$ だから　$\left.75\%\right)$

① 0.06　② 0.85　③ 0.425　④ 1.4　⑤ 0.008

① 0.7、$\frac{7}{10}\left(\frac{70}{100}\right)$　② 0.25、$\frac{1}{4}\left(\frac{25}{100}\right)$

③ 1.05、$\frac{21}{20}\left(\frac{105}{100}\right)$　④ 0.125、$\frac{1}{8}\left(\frac{125}{1000}\right)$

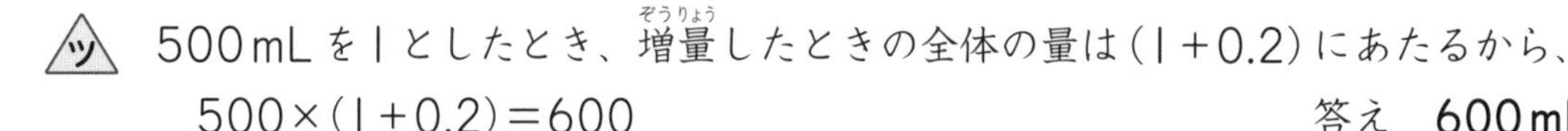
500mLを1としたとき、増量（ぞうりょう）したときの全体の量は(1+0.2)にあたるから、

500×(1+0.2)=600　　答え　600mL

ツ　わりびき前のねだんを1としたとき、わりびき後のねだんは(1−0.3)にあたるから、わりびき前のねだんを□円とすると、

□×(1−0.3)=1400

□=1400÷(1−0.3)

=1400÷0.7

=2000　　答え　2000円

17 多角形と円をくわしく調べよう　　教 下 p.136

① 5×3.14=15.7　15.7cm

② 直径の長さは　2×2=4(cm)だから　4×3.14=12.56　12.56cm

③ 直径の長さは　8×2=16(cm)だから　16×3.14=50.24　50.24cm

円の直径の長さを□cmとすると、

□×3.14=28.26

□=28.26÷3.14

=9

半径の長さは　9÷2=4.5　　答え　4.5cm

18 立体をくわしく調べよう

① 台形の面が底面となるから、**四角柱**

② 4cm

③ (例)

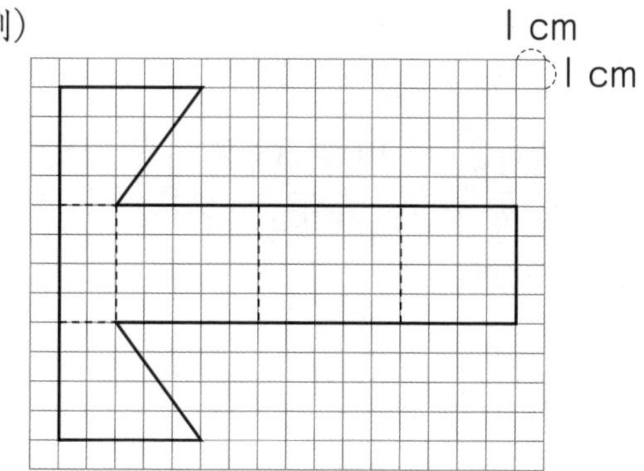

① 五角形の面が底面になるから、**五角柱**

② 五角形の面(底面)にはさまれた面が側面となるから、
この角柱の高さは3cm

このあとの「おもしろ問題にチャレンジ」では、
どんな問題があるのか、
楽しみだね。

おもしろもんだいにチャレンジ　教 下 p.139～140

13 面積の求め方を考えよう　教 下 p.139～140

1 ① ㋐ 名前（ 台 形 ） 面積（1＋3）×3÷2＝6（cm^2）

㋑ 名前（平行四辺形） 面積 2×3＝6（cm^2）

㋒ 名前（ 台 形 ） 面積（3＋1）×3÷2＝6（cm^2）

㋓ 名前（ 三角形 ） 面積 4×3÷2＝6（cm^2）

しほ…㋐～㋓の面積は 同じ だね。

② （2＋2）×3÷2＝6（cm^2）

③ （4＋0）×3÷2＝6（cm^2）

2 ① （右のように㋐の図の四角形を分けた場合）

三角形BCDの面積は

3×7÷2＝10.5（cm^2）

として求められるが、三角形ABDの面積は求めることができない。

（右のように㋐の図の四角形を分けた場合）

三角形ABCも三角形ACDも面積は求めることができない。

2つの場合とも、四角形ABCDの面積を**求めることができない。**

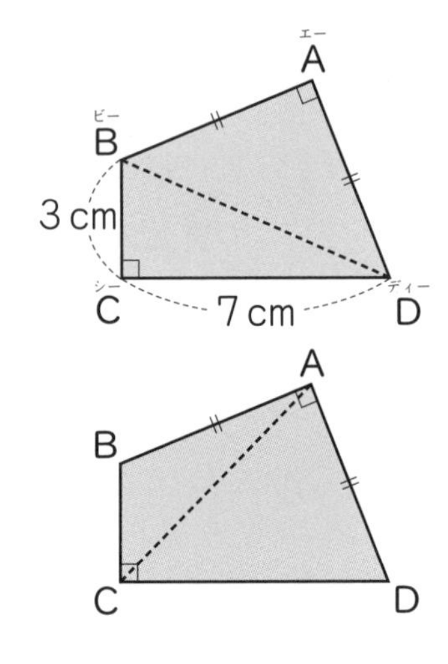

② （右のように㋐の図の四角形を合わせた場合）

2つの合同な四角形を合わせて台形をつくると、この台形の面積を求めることができる。

だから、四角形ABCDの面積は、この台形の面積の半分の大きさとして**求めることができる。**

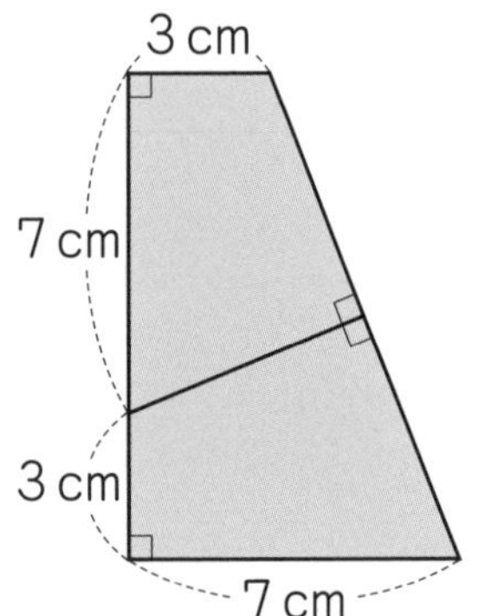

③ ②より、台形の面積を求めると

（3＋7）×（7＋3）÷2＝50（cm^2）

だから、四角形ABCDの面積は 50÷2＝25（cm^2）

答え **25cm^2**

④　しほさんが見つけた正方形は、右のような図形であるから、この正方形の１辺の長さは

7＋3＝10（cm）　　答え　10cm

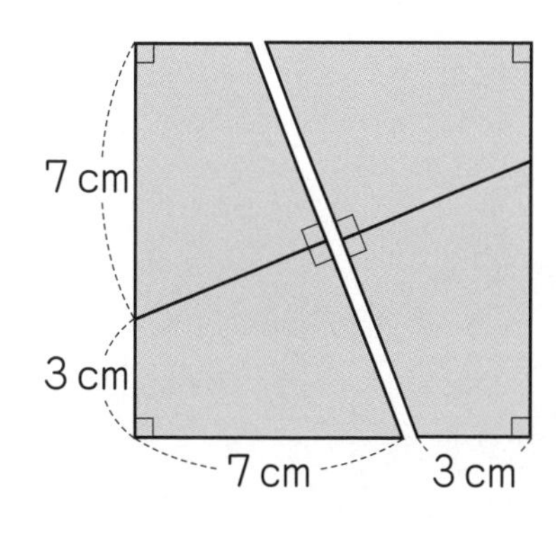